과학기술로 만드는

따뜻한 사회

한국과학기술한림원

- 과학기술에 전문적 경륜과 식견을 가진 석학들을 회원으로 엄선, 각 부문별 전문성을 효율적으로 활용함으로써 국가 과학기술의 진흥과 창달에 기여하기 위해 1994년에 설립되었습니다.
- 2005년 기초과학연구진흥법 제11조(한국과학기술한림원의 설립 등)에 의거 법정기구화되었습니다.
- 독립성, 자율성 및 전문성을 바탕으로 하는 순수 민간 과학아카데미로, 편견 없는 대정부 정책자문을 통해 올바른 과학기술정책의 수립을 유도하고 있으며, 범부처적 국가 과학기술정책에 대한 자문과 건의를 통한 과학기술발전의 장기적 비전을 제시하고 있습니다.
- 우리나라의 과학기술 선진국 진입을 위한 기초 과학기술 진흥사업을 수행하고 있으며, 외국 한림원 및 과학기술 국제기구 등과의 학술교류를 통해 과학기술 민간외교의 중심체 역할을 담당하고 있습니다.

과학기술로 만드는 따뜻한 사회

1판 1쇄 찍음 | 2013년 12월 26일
1판 1쇄 펴냄 | 2013년 12월 31일

지은이 | 나도선 외
발행인 | 주정희
발행처 | 자유아카데미
등록 | 제 406-2003-017호, 1980. 7. 12

주소 | 경기도 파주시 회동길 37-42 파주출판도시
전화 | 031-955-1321
팩스 | 031-955-1322
홈페이지 | www.freeaca.com
전자우편 | main@freeaca.com(대표)
editor@freeaca.com(편집)

ISBN 978-89-7338-271-2 03500

머리말

과학기술은 우리의 삶을 편안하고 행복하게 해 줄 뿐만 아니라 국가경제를 발전시키는 원동력이기도 하다. 작게는 소소한 일상생활에서 크게는 나라를 지키는 국방에 이르기까지 한 나라의 과학기술 수준은 국가의 안녕 및 국민의 행복과 직결되어 있다. 세계가 경이로운 눈으로 바라보는 '한강의 기적' 역시 조선, 반도체, 정유, 자동차 등 첨단기술을 적용한 세계적인 제품개발이 있었기에 가능하였던 일이다. 지난 반세기 동안 세계 최빈국이었던 한국이 제15위의 경제대국으로 부상한 쾌거 역시 발전된 과학기술의 뒷받침이 없었으면 불가능하였을 것이다.

세계 최고의 인터넷망과 높은 스마트폰 보급률로 인해 한국인의 삶의 방식은 세계 어느 도시보다도 최첨단을 누리고 있다. 사람들은 스마트폰을 통해 언제 어디에서나 TV 시청, 길 찾기, 정보 검색, 영화 감상은 물론 게임도 하고 쇼핑

한국과학기술한림원
『석학, 과학기술을 말하다』 시리즈⑰

과학기술로 만드는
따뜻한 사회

나도선 외 지음

자유아카데미

도 한다. 지구 반대편에 있는 사람과 이메일과 실시간 채팅은 물론 얼굴을 보면서 영상통화를 즐기기도 한다. 서울의 대중교통망도 세계 최고 수준이다. 거미줄 같은 지하철 망과 노선버스를 이용하여 서울시내 어디나 갈 수 있을 뿐만 아니라 환승요금제의 혜택을 볼 수도 있다. 아마도 버스 정류장에서 버스를 기다리는 사람에게 다음 버스가 언제 도착할 것인지 예고해 주는 시스템을 갖춘 나라는 한국밖에 없을 것이다. 질병의 치료와 건강관리 분야에서도 한국은 세계 최고 수준이다. 또한 선 국민 건강보험과 수준 높은 의료기술로 한국인의 수명이 지난 반세기 동안 거의 30년이나 늘어났다. 이렇게 멋진 일상생활을 가능하게 한 것 역시 과학기술의 발전 덕분이다.

때로는 과학기술 관련 이슈가 사회갈등의 단초가 되기도 한다. 원자력 발전소 수명 연장 문제, 기후변화에 대한 대응, 환경오염, 전력난, 식품 첨가물의 안전성, 약물 오남용 등 과학적 전문지식 없이는 이해하기 어려운 많은 문제들이 산재해 있다. 후쿠시마 사태와 원자력 발전소의 부품비리 사건으로 인해 과학기술에 대한 부정적인 인식이 만연하고, 과학기술인에 대한 국민들의 신뢰도 크게 저하되었다.

또한 우리나라의 미래 청사진에도 먹구름이 드리워져 있다. 70억 인류의 삶의 터전인 지구는 기후변화로 몸살을 앓고 있으며 에너지 고갈과 수자원 부족으로 인류문명이 지속가능할 것인가에 큰 의문부호가 찍혀 있다. 이런 상황에서 에너지와 식량을 수입에 의존하고 있는 한국의 미래에는 빨간 경고등이 켜져 있는 셈이다. 게다가 북한의 핵 개발로 안보마저 위협받고 있는 실정이다. 지구촌이 당면하고 있는 난제 해결을 위해 세계적으로 많은 과학기술투자가 이루어지고 있다. 한국 정부도 예산의 어려움에도 불구하고 과학기술 투자를 적극 늘리고 있다.

이제 과학기술 이슈는 더 이상 과학자들만의 영역이 아니며, 과학자들과 일반인들의 의사소통이 과거 어느 때보다 중요한 시점이다. 이 책은 일반 대중들의 과학기술에 대한 이해를 돕기 위해 쓰여졌다. 책의 제목인 "과학기술로 만드는 따뜻한 사회"가 상징하듯이 이 책에서는 지구촌의 현안 해결을 위한 과학기술과 대중들의 삶의 질을 높이기 위한 과학기술을 중심으로 내용을 서술하였다. 책의 내용을 크게 4장으로 나누어, '건강한 삶을 위한 과학기술,' '편안한 삶을 위한 과학기술,' '지구촌 현안 해결을 위한 과학기술,' '대중을 보듬는 과학기술'을 소개하였다. 세부 항목으로는 질병, 유전정보, 고령 인구, 식생활, 깨끗한 물, 정밀 · 석유화학 기술, 로봇, 스마트 IT 서비스, 나노기술, LED 기술, 아름다운 지구, 에너지, 환경, 수의학, 통계조사, 저소득층을 위한 적정 기술 등 우리의 일상생활과 가까운 과학기술들을 기술하였다.

과학기술의 핵심 가치는 인류 삶의 질을 높이는 데 있다. 이러한 맥락에서 과학기술은 우리 사회에서 소외되고, 어려움을 겪는 사회적 약자들의 편에 서서 이들을 보살피는 '따뜻한 과학기술'의 역할도 감당하여야 한다. 이와 같은 취지에서 현재 과학기술이 어떻게 이러한 목적에 접근하고 있는지 그 진솔한 모습을 각 분야 최고의 전문가인 한림원 회원들이 각 주제에 대해 친절하게 설명하고 있다.

이 책에 담긴 글을 통해 우리 사회에 과학기술의 역할과 중요성을 알리고, 과학문화를 확산하여 삶의 질이 강조되는 시대성을 반영함과 동시에 국민에게 과학기술의 옳은 모습과 따뜻함이 전해질 수 있기를 기대한다.

이 책의 출판을 위해 많은 분들이 수고를 아끼지 않았다. 우선 주옥같은 원고를 제출해 주신 저자들에게 감사를 드린다. 한국과학기술한림원 박성현 원장님의 리더십이 아니었다면 16명이나 되는 저자들에게 원고를 의뢰하고 통일성 있는 원고를 수집하는 것이 불가능하였을 것이다. 마지막으로 원고 편집을 위해 꼼꼼히 작업을 지휘한 출판사 자유아카데미의 편집진, 그리고 과학 관련 서적이 시장에서 크게 인기를 끌지 못하는 세태에도 불구하고 이런 과학책의 출판을 기꺼이 감당한 경영진에게도 큰 감사를 드린다.

2013년 12월

저자 대표 나도선

(한국과학기술한림원 출판홍보담당 부원장)

차례

1. 건강한 삶을 위한 과학기술

2. 편안한 삶을 위한 과학기술

3. 지구촌 현안 해결을 위한 과학기술

4. 대중을 보듬는 과학기술

1.

건강한 삶을 위한 과학기술

scientific technology

질병을 극복하는 의과학 기술

정명호 (전남대학교 의과대학 교수)

질병 발생의 원인은 크게 외적인 원인, 내적인 원인, 그리고 외적인 원인과 내적인 원인이 합해진 복합적 원인으로 나눌 수 있다.

외적인 원인으로는 최근 전 세계적으로 이슈가 되고 있는 후쿠시마 원전에서 발생한 방사선과 같은 여러 가지 독성 물질을 포함하는 환경적인 원인과 바이러스, 세균, 곰팡이 등과 같은 감염성 병원체를 들 수 있다. 내적인 원인으로는 생물체 내부에 선천적이거나 후천적인 이상을 생각해 볼 수 있으며, 복합적인 원인으로는 위의 두 가지 원인이 함께 유기체에 작용하는 것을 들 수 있다.

인간은 지구 상에 존재하면서부터 수많은 질병의 외적, 내적, 복합적 위협에서 스스로를 지켜 내기 위한 방법을 발견 또는 발명하여 지금까지 생존을 유지해 오고 있다. 만약 인간이 질병을 이겨 내지 못하였다면 인간은 이미 지구 상에서 멸종하였을 것으로 생각된다. 따라서 인간이 질병을 극복하기 위해 과학을 발전시키는 것은 어쩌면 인류의 생존을 위해 필수적이고 본능적인 행동이라고 할 수 있다.

이 주제에서는 몇 가지 대표적인 질병과 그것을 극복하기 위한 의과학자들의 노력에 대해 알아보자.

백신의 개발

인간이 과학의 발전으로 질병을 극복한 대표적인 성공 사례로 현대인에게는 다소 생소한 천연두(天然痘, smallpox)의 박멸을 들 수 있다. 지금은 단지 문헌에만 존재해서 천연두의 위력을 느낄 수 없지만 18세기 유럽에서는 천연두로 매년 약 40만 명이 목숨을 잃었으며, 20세기의 100여 년 동안 전 세계에서 약 3~5억 명이 천연두로 사망하였다. 세계보건기구(WHO, World Health Organization)는 가장 최근인 1967년에 그해에만 전 세계적으로 약 1,500만 명이 천연두에 감염되었고 그 중 200만 명이 목숨을 잃었다고 발표하였다. 그리고 천연두에서 회복한 사람들도 천연두 바이러스에 의해 피부가 손상되어 얼굴에 많은 흉터가 남아 평생 곰보라고 불리는 스트레스를 받으며 살아가야만 하였다.

이렇게 강력하게 인류를 위협하였던 천연두는 1796년에 영국의 의사 제너(Edward Jenner)가 질병을 예방하는 백신이라는 무기를 발명하고, WHO가 적극적으로 백신 접종을 실시함으로써 지구 상에서 자취를 감추게 되었다. 그리고 마침내 1979년에 WHO는 지구 상에서 천연두 바이러스를 완전히 제거하였다고 공식 발표하였다. 현재 천연두 바이러스는 연구를 위한 실험용 샘플을 제외하고는 존재하지 않는다. 이와 같이 천연두는 백신의 보급으로 박멸된 첫 번째 질병으로 이름을 남기고 역사의 뒤편으로 사라졌다.

인간은 태어나면서부터 질병 예방을 위해서 여러 백신을 맞는데, 대표적인 백신으로는 결핵을 예방하기 위한 BCG 백신, B형 간염 백신, 백일해, 디프테리아, 파상풍을 막기 위한 DTP 백신, 소아마비 백신, 홍역, 볼거리, 풍진을 예방하기 위한 MMR 백신, 여름이면 모기로 인해서 전파되는 일본뇌염 예방 백신 등이 있다. 만약 위에 언급한 백신들이 없었다면 전염성이 강하고 치사율이 높거나 큰 후유증을 남길 수 있는 전염병에 대한 공포감이 인류를 극심한 혼란 상태로 몰아넣었을 것이다.

최근에 사람들을 두려움에 떨게 한 신종인플루엔자라는 바이러스성 질환의 예방과 2010년 우리나라 축산 농가를 시름에 잠기게 하였던 구제역의 확산을 막은 것도 모두 백신 때문에 가능하였다.

이와 같이 백신의 중요성과 활용 범위는 더욱 확대되고 있다. 오늘날에는 세균성이나 바이러스성 질환 예방뿐만 아니라 암을 예방하는 백신까지 만들어지고 있다. 2006년 「타임」지가 최고의 발명품으로 선정한 가다실(Gardasil®) 이라는 백신은 전 세계에서 두 번째로 흔한 여성 암인 자궁경부암을 예방하는 백신이다. 자궁경부암은 우리나라에서도 하루 3명이 사망할 정도로 흔한 암으로, 백신의 개발로 사망률이 떨어질 것으로 기대된다.

이외에도 남성의 전립선암에 사용되는 백신이 미국 FDA 승인을 받아서 판매되고 있으며, 흑색종, 뇌종양, 비호지킨 림프종 같은 여러 종류의 암을 예방하는

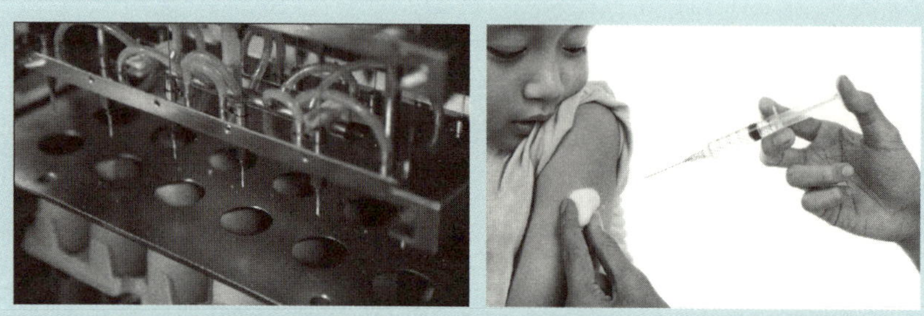

| **그림 1** 유정란을 이용한 백신의 생산 설비와 백신 접종을 하는 어린이 (자료: 녹십자, Shutterstock)

백신들의 개발이 이루어지고 있다. 이와 같이 백신은 현재도 인간의 생존에 많은 기여를 하고 있지만, 멀지 않은 미래에는 더욱 발전하여 질병 없는 세상을 만드는 데 더욱 큰 역할을 할 것으로 기대된다.

심장 질환의 중재적 치료법

심장에 발생하는 질환 중 심근경색증은 심장 근육에 혈액을 공급하는 관상동맥이라는 혈관이 막혀서 생기는 질병이다. 치료를 위해서는 세부적으로 어느 부위의 관상동맥이 막혀 있는지를 알아야 한다.

오늘날에는 현대 의과학 기술의 발달로 지름이 2~3밀리미터밖에 되지 않는 혈관을 영상진단법을 통해 직접 눈으로 볼 수 있다. 영상진단 기술의 발달로 최

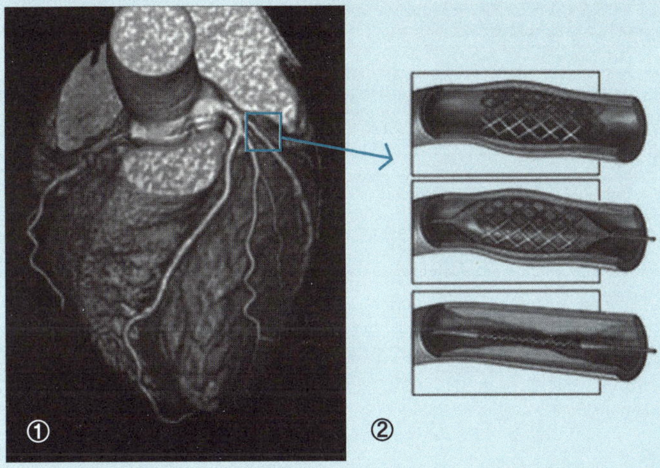

그림 2 ① CT 촬영을 이용해서 심장과 관상동맥을 본 사진, ② 좁아진 관상동맥을 풍선을 덮은 스텐트를 이용해서 넓히면 풍선은 제거되고 스텐트만 남아서 혈관을 넓히게 된다.

근에 이용되고 있는 128채널 CT(Computed Tomography)의 경우 심장을 촬영하는 데 불과 몇 분밖에 걸리지 않고 영상의 정확도도 실제 심장을 3차원으로 보는 것과 유사한 수준을 구현할 수 있다.

영상진단의 발전으로 혈관을 직접 눈으로 보고 심근경색증을 확진한 후 막힌 관상동맥을 가장 빨리 뚫어 주는 것이 심근경색증을 치료하는 최선의 방법이다. 관상동맥을 뚫는 방법으로는 혈전 용해제를 사용해서 혈전을 녹여 주거나 막힌 부분을 넓혀 주는 풍선을 이용한 성형술 그리고 약물을 용출하는 스텐트라는 의료 기구를 사용하는 방법 등이 많이 사용되고 있다. 현재 미국의 의료기구 회사

| 그림 3 101세 급성 심근경색증 환자의 시술 성공 (자료: 정명호)

에서는 금속으로 만들어진 스텐트가 몸 안에서 서서히 흡수되어 일정 기간이 지나면 몸 안에서 사라지게 하는 기술을 개발 중에 있으며 거의 실용화 단계에 도달해 있는 것으로 알려져 있다.

세포 치료법

앞에서 설명한 심근경색증으로 인해서 심장 기능이 떨어진 환자에게 심장 세포의 재생을 위해 아직 다 자라지 않은 심근세포와 심근세포의 성장을 돕는 물질, 유전자 등을 투여해서 심근 기능을 회복시켜 주는 연구도 이루어졌다. 소수의 연구이기는 하지만 환자 자신의 골수에서 채취한 단핵세포를 심근경색이 발생한 지 일주일 내에 투여해서 심장 기능을 회복시켰다는 연구도 있었다. 2011년에는 국내에서 세계 최초로 환자 자신의 줄기세포를 이용해서 심장의 회복을 돕는 줄기세포 치료제가 판매 허가를 받기도 하였다.

이외에도 인도 누에(Antheraea mylitta)에서 생산된 실크를 이용해서 만든 3차원 구조물에 심장 근육세포를 키워 손상된 심장에 붙여 치료하는 방법도 연구 중에 있다.

앞에서는 세포 치료의 일부분인 심근경색증 치료에 대해서 알아보았지만 세포 치료의 분야는 훨씬 광범위하다. 세포 치료 분야는 최근 들어 더욱 각광을 받고 있으며, 현재 우리 정부에서도 세포 치료 분야를 미래 성장의 원동력으로 생각하여 활발한 관심과 투자가 이루어지고 있다. 이렇게 중요한 세포 치료에 대한 기본 개념을 알아보면 세포 치료는 환자에게 시술자가 원하는 기능을 가진 자가(환자 본인, 현재 가장 부작용이 없는 방법), 동종(환자와 같은 인간, 면역거부 반응의 문제점), 또는 이종(인간과 다른 종으로써 예를 들면 돼지 등, 면역 거부 반응과 윤리성의 문제점)의 세포를 배양 후 주입하여 손상된 세포의 기능이나 조직을 회복 또는 대체시키는 치료법으로써 일반인들이 흔히 알고 있는 줄기세포 치료(stem cell therapy)가 세포 치료의 한 부분이다.

예를 들면 2011년 노벨 생리의학상을 수상한 랠프 스타인먼(Ralph M. Steinman) 교수는 수지상세포(dendritic cell)를 발견하였는데 이를 이용한 항암 치료법을 보면 암 환자의 혈액면역세포에서 수지상세포를 분리하여 분화시킨 다음 이를 환자의 암 조직 채취물이나 암 항원과 섞어 면역 기능을 강화시켜 다시 환자의 몸에

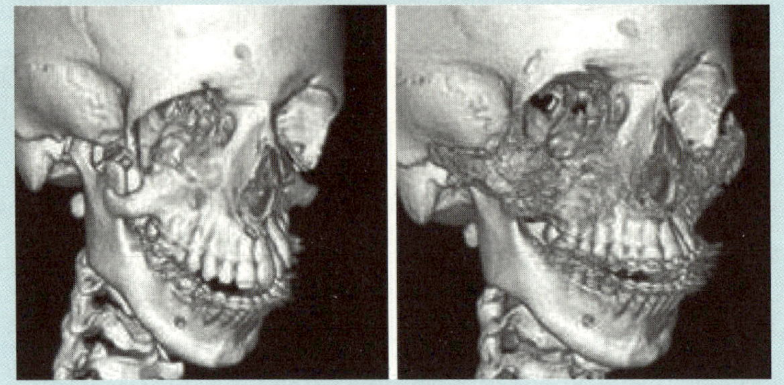

| **그림 4** 줄기세포를 광대뼈(cheek bones)로 분화시켜 치료한 예

주입해서 암을 치료하는 방법이다. 현재 이러한 치료제가 개발, 출시되어 있으며 실제 환자를 대상으로 임상 시험 중이다.

유전자 치료법

세포 치료와 함께 최신 치료법 중 하나인 유전자 치료(Gene therapy)는 치료 유전자나 유전 물질을 원하는 세포나 장기로 보내 유전적 결함이나 손상을 치료하거나 새로운 단백질이 발현되도록 하여 질병을 치료하는 것으로 생각할 수 있다. 유전자를 치료하는 방법은 크게 세 가지로 나누는데 결함 유전자를 제거하고 제거한 부분에 정상적인 유전자를 삽입하는 유전자 대체 방법, 결함이 있는 유전자의 염기 서열을 교정하는 유전자 교정 방법, 정상 기능의 유전자를 유전자 전달체에 실어서 표적세포에 전달하는 유전자 첨가 방법이 있다. 유전자 치료의 초기에는 한 개의 유전자가 결핍되어 생기는 대사이상 질환 같은 유전병을 치료하는 것이 목적이었으나 현재는 유전자가 관련된 모든 질환으로 그 범위가 넓어져서 거의 모든 질병에 대한 치료제로 연구되고 있는 상황이다. 유전자를 전달하는 방법은 환자에게서 추출한 세포를 배양하여 그 세포에 유전자를 주입한 후 그 세포를 다시 환자에게 넣어 주는 방법과 환자에게 직접 유전자를 주입하는 방법이 있는데, 현재는 전자가 많이 쓰이고 있다.

이 때문에 세포 치료와 유전자 치료는 같이 연구되는 경우가 많다. 최근 네이처에 발표된 것에 따르면, 영국의 한 연구팀이 유전자 이상으로 간경변을 앓고 있는 환자의 피부 세포를 줄기세포로 만든 후 이 세포의 유전자 결함을 치료하여 간세포로 분화시키고 생쥐의 간에 투입하였더니 6주가 지난 후 정상적인 기능을 회복하는 것을 확인하였다고 한다. 이 연구는 앞에서 언급한 세포 치료와 유전자 치료를 같이 병행한 것으로 볼 수 있는데, 세포 치료에서 자가 치료의 경우 유전적 결함을 가지고 있는 세포이므로 배양을 해도 같은 유전적 결함을 가지고 있기 때문에 배양 중 유전자 치료를 통해서 유전자 결함을 복구한 후 환자에게 이식함으로써 치료하는 것이다.

당뇨병 치료법

요즘에는 주위에 당뇨병에 걸린 사람을 쉽게 볼 수 있을 정도로, 당뇨병은 흔한 질병이다. 당뇨병은 체내 혈당을 조절하는 인슐린이라는 호르몬이 제대로 작용하지 못해서 혈액 중에 혈당치가 정상치보다 올라가는 질병이다. 따라서 당뇨병 치료에는 인슐린이 가장 중요한 해결책이다.

당뇨병 환자들은 혈당을 일정 시간 간격으로 측정해서 확인해야 하는데, 현재 가장 일반적인 방법은 작은 바늘을 이용해서 소량의 혈액을 채취한 후 키트를 이용해서 검사하고, 혈당치 조절을 위해 환자 자신이 직접 인슐린 주사를 놓는 것이다. 그런데 이 과정에서 아무리 작은 바늘이라고 해도 약간의 통증과 아주 드물지만 감염 위험이 있다. 이러한 번거로움과 환자의 불편을 없애기 위해서 채혈을 하지 않고 혈당 수치를 측정하는 혈당 측정기를 개발 중인데 실제로 2011년에 도쿄대학교 연구팀이 동물 실험을 통해서 새로운 기술을 개발하였다. 일본의 다른 연구팀에서는 지름이 10마이크로미터 이하인 초극세 주사 바늘을 개발하여 5년 내에 상용화가 가능한 단계라고 발표하였는데, 이 바늘을 사용하면 통증을 거의 느낄 수 없다고 한다.

그렇지만 가장 좋은 치료법은 당뇨병의 근본적인 원인인 췌장의 인슐린 분비를 정상화시키는 것이다. 최근 국내 연구진은 당뇨병 치료법으로써 앞에서 언급한 줄기세포 치료법을 시도하여 성공하였다. 2011년 돼지의 췌장 세포를 이종 동물이며 인간과 같은 영장류인 당뇨병에 걸린 원숭이에게 이식하였는데, 이식된 돼지의 췌장 세포로 인해서 혈당 수치가 정상화되었다는 연구 결과를 얻은 것이다.

비록 췌장 세포가 이식된 원숭이를 지속적으로 관찰하여 부작용 유무를 확인하고 위험성을 철저히 검증하는 과정이 남아 있기는 하지만, 이 연구 결과는 수많은 당뇨병 환자들에게 희망을 주는 의과학의 성과라고 생각된다.

장기이식과 인공 장기

당뇨병 치료를 위해서 돼지의 췌장 세포를 당뇨병에 걸린 원숭이에게 이식하는 것은 장기이식의 한 방법이다. 현재 인체에 이식되는 장기는 크게 4가지로 나눈다. 화상 환자가 화상으로 손상된 부위에 자신의 피부를 이식하는 것처럼 신체 일부를 자기 자신에게 이식하는 자가이식, 신장이나 간 이식에 가장 흔하게 이루어지고 있는 같은 종, 즉 인간 사이에 장기를 이식하는 동종이식, 앞에서 설명한 돼지에서 원숭이로의 이식과 같이 장기를 종의 경계를 뛰어넘어서 이식하는 이종이식, 마지막으로 인공 심장, 인공 신장, 인공 간과 같은 인공 장기를 들 수 있는데 과거의 인공 장기는 단순하게 기계식 인공 장기만을 의미하였지만 현재는 조직공학을 이용한 생체 인공 장기까지 그 범위가 넓어지고 있다.

최근 고령화로 인해서 장기를 필요로 하는 심부전, 간부전, 신부전 등을 앓는 환자의 수가 늘어나고 있다. 그러나 기증자나 뇌사자의 장기를 이용하는 동종이식으로는 급증하는 이식 수요를 충족시키기 매우 어려운 상황이다. 이 때문에 이종 장기이식과 인공 장기의 개발이 더욱 절실하다. 이종 장기와 인공 장기를 이용하려는 연구에 대해서 알아보면, 장기이식을 받을 영장류의 이식 거부 반응

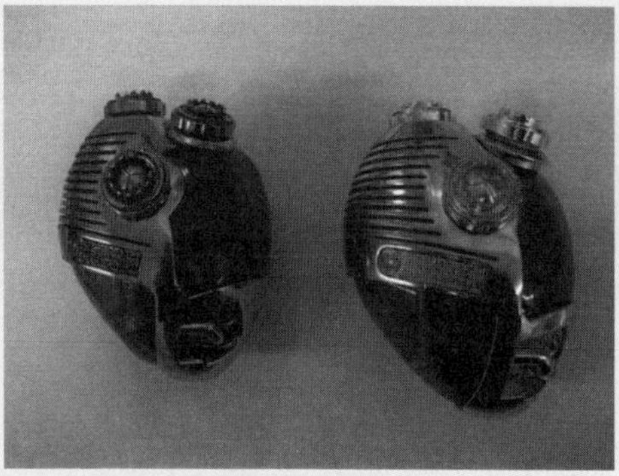

| 그림 5 인공 심장

을 피하기 위해서 미니돼지에 유전자를 삽입 또는 제거하여 만들어진 형질 전환 돼지의 심장을 영장류에 이식하여 최장 179일, 신장이식은 83일 동안 생존한 연구 결과가 2005년 미국 연구팀에 의해 보고되었다. 또한 만성 신부전으로 고통 받고 있는 전 세계 약 200만 명의 환자들이 신장의 기능을 대신하는 혈액 투석을 받기 위해서 일주일에 3~4회, 3~5시간을 굵은 혈액 투석관을 팔에 연결하고 있어야 한다. 신장이식이 투석보다는 훨씬 좋은 선택이지만 대기자에 비해서 공여자가 너무 적어 신장 이식률이 터무니없이 낮기 때문이다.

이렇게 신장 질환으로 고통 받는 환자들을 위한 체내 삽입형 인공 신장의 실험적 모형이 최근 미국에서 발표되었다. 수천 개의 실리콘 조직을 이용해서 만들어진 이 인공 신장은 혈액 내 독성을 제거하는 혈액 투석뿐만 아니라 비타민 D를 생산하고 호르몬을 생산하는 등의 인체 신장 조직과 유사한 기능이 가능하다고 한다. 아직 거쳐야 할 관문이 많이 남아 있어서 실용화까지는 많은 어려움이 따를 것으로 예상되지만 인공 장기의 발전 가능성과 방향을 보여 주는 좋은 예로, 앞으로 더욱 발전이 예상되는 분야이다.

암 치료법과 나노 기술

고령화로 인하여 이제는 너무 흔한 질병이 되어 버린 암에 대한 흥미로운 연구들을 몇 가지 살펴보면, 천연두를 지구 상에서 사라지게 한 백신을 이용한 치료법 개발을 들 수 있다. 현재는 췌장암이나 전립선암에서 백신이 어느 정도 효과가 있다는 연구 결과가 발표되고 있다. 이외에도 현재 광범위 항암 치료제로 쓰이고 있는 시스플라스틴이라는 항암제와 비슷한 효과를 보이는 은(銀)이 구토, 메스꺼움, 신장 손상과 같은 부작용을 줄이는 것으로 추정된다는 연구 결과가 발표되기도 하였다.

암은 치료도 중요하지만 초기 진단이 매우 중요한데, 이러한 초기 진단을 위해서 미국 연구팀은 자기나노 입자를 이용해서 암의 단백질과 기타 화학 성분을 측정함으로써 1시간 내에 암을 진단할 수 있는 마이크로 핵자기 공명 칩을 개발하였다고 발표하였다. 위 기술들이 실용화되면 암으로 인한 사망자들이 혁신적으로 줄어들 것으로 기대된다.

위에서 언급한 나노 입자와 같은 나노 바이오테크놀로지는 나노 혁명이라는 단어가 생겨날 정도로 현대 의학의 혁신을 이끌어 내고 있는 분야이다. 나노 입자는 10억 분의 1미터 크기의 입자를 말하는데, 나노 입자의 분자 상태는 고체에서 볼 수 없는 물리화학적 특성 외에도 독특한 전기적, 자기적, 광학적 특성을 나타낸다. 나노 기술은 이러한 나노 입자의 특성을 이용해서 지금보다 훨씬 조기에 질병을 진단하고, 치료에 필요한 약물을 직접 병변 부위로 이동시켜서 병변 부위만 정확하게 치료함으로써 약물의 부작용을 최소화하는 방법에 사용할 수도 있다. 이러한 나노 기술의 발달은 질병 발병 후 치료라는 현대의 의료 패러다임을 질병 예방, 즉 초기 진단 패러다임으로 바꿈으로써 근본적인 변화를 유도할 것으로 생각된다.

의료용 로봇

의료용 로봇은 일반인들이 생각하는 로봇의 이미지와는 조금 다르지만 마이크로 로봇과 같은 아주 작은 로봇의 개념에서부터 현재 의료 현장에서 실제로 사용되고 있는 의료용 수술 로봇까지 다양한 의료용 로봇을 볼 수 있다. 의료용 수술 로봇의 경우 수술창이 매우 작고 미세한 수술 시 수술자의 손 떨림 등 수술에 부정적인 영향을 끼칠 상황을 미리 프로그램화하여 걸러 주는 등 최첨단 기술이 도입되고 있다.

현재 수술용 로봇은 전량 수입 제품에 의존하고 있어 국산화를 위한 국내 연구진들의 노력이 한창 진행 중이다. 예를 들면 공상과학 영화에서 보는 것처럼 하체가 마비된 환자를 위한 몸 밖에 입는 로봇(외골격로봇)을 세계 3번째로 개발하여 실제 하반신이 마비된 환자를 대상으로 한 연구가 이루어지고 있다. 또한 앞에서 설명하였던 심근경색증 발생으로 인한 관상동맥을 뚫어 주는 시술에 로봇을 이용하는 연구도 실제로 진행되고 있으며, 이미 상당한 결과를 보여 주고 있다. 공상과학 영화에서나 가능하던 아주 작은 마이크로 로봇을 혈관 내로 진입시켜 막힌 혈관을 뚫은 후 약물을 직접 도포하는 꿈같은 일이 실제로 필자의 연구팀과 공대 로봇 연구소가 함께 현실로 만들어 가고 있는 것이다. 미국에서는 불의의 사고로 사지가 절단된 환자에게 광섬유를 이용하여 신경과 로봇팔의 센서를 연결하는 연구가 진행되고 있다.

현재는 지름 1밀리미터, 길이 5밀리미터 마이크로 로봇이 살아 있는 실험용 미니피그의 동맥혈관 안에서 강한 혈류와 혈압을 이겨내며 원하는 위치로 이동하는 것을 실제로 시연하기도 하였다.

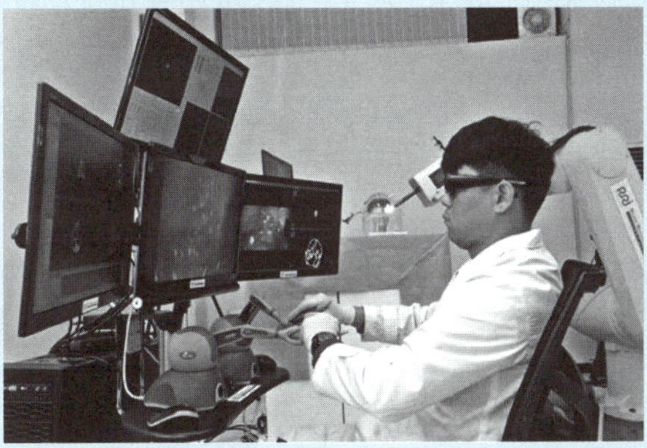

그림 6 정밀한 뇌수술 시 수술자를 도와줄 뇌수술 로봇을 연구진이 실시하고 있다.(자료: 전남대학교 로봇연구소)

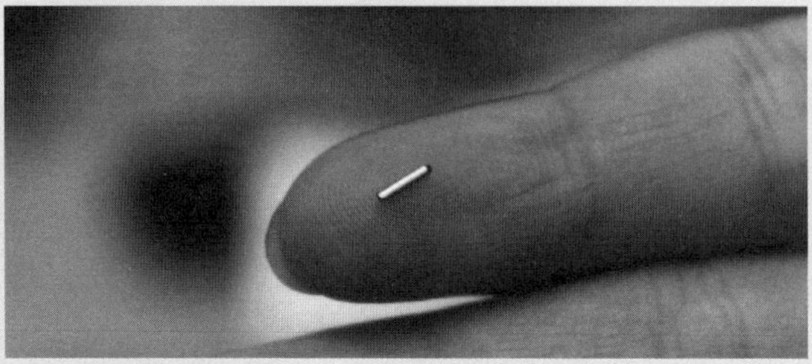

| **그림 7** 지름 1밀리미터, 길이 5밀리미터의 심혈관계 마이크로 로봇 (자료: 전남대학교 로봇연구소)

이와 같이 질병 극복을 위한 의과학 기술의 발전은 아무도 생각하지 못하고, 실현하지 못하였던 일들을 현실로 만들어 가고 있다. 그리고 이를 바탕으로 전 세계의 의과학자들이 수많은 난치병 및 불치병 환자들의 치료를 위하여 끊임없이 노력하고 있다.

이러한 질병 극복을 위한 의과학의 발전에 한국이 중심이 되는 미래가 펼쳐지기를 간절히 바라며, Heath Technology(HT)의 발전으로 많은 환자를 치료하고 국가 발전에도 기여할 수 있게 되기를 바란다.

scientific technology

100세 건강의 길잡이 유전체 정보

나도선 (울산대학교 의과대학 교수)

우리가 흔히 이야기하는 '체질' 이라는 것을 과학적으로 설명할 수 있을까? 술을 조금만 마셔도 얼굴이 빨개지는 사람이 있는가 하면, 말술을 마셔도 끄떡없는 사람이 있다. 또 같은 약물이라도 어떤 사람에게는 효과가 있고, 어떤 사람에게는 효과가 없을 뿐더러 심지어 부작용을 일으키기도 한다. 한 사람이 평생 동안 질병에 걸릴 확률은 가족력에 크게 영향을 받는다. 이렇게 사람마다 체질이 다른 것은 사람들의 유전 정보가 제각기 다르기 때문이다.

인간 유전 정보에 대한 체계적인 연구는 비교적 최근의 일이다. 인간의 유전 정보를 해석해 내기 위한 인간 유전체 프로젝트는 1990년에 시작되어 2003년에 완성되었다. 마침내 인간의 생로병사의 비밀을 간직한 유전자 지도가 과학자들의 손에 들어오게 된 것이다.

인간 유전체 프로젝트가 끝난 이후 질병의 예방과 치료에 있어 일대 혁명이 일어나고 있다. 인간의 유전 정보는 서로 0.5~1% 정도가 다르다는 것도 밝혀졌다. 이런 차이 때문에 개인별로 취약한 질병이나 약물에 대한 반응이 다르다는 것도 조금씩 밝혀지고 있다. 이제 우리는 자신의 유전 정보를 알고 그에 따라 건강을 관리하고 질병을 치료하는 시대로 접어들고 있다.

이 주제에서는 인간 유전체 프로젝트가 열어젖힌 질병의 예방과 치료 방법의 혁명적 변화에 대해 알아보자.

인간 유전체 프로젝트

유전체(genome)는 '유전자(gene)'와 '염색체(chromosome)'의 합성어로서 생물의 고유한 유전 정보 전체를 의미하며, '게놈'이라고도 한다. 50~100조 개에 이르는 인간 세포 하나하나에는 23쌍의 염색체가 들어 있는데, 염색체는 히스톤이라는 단백질을 감고 있는 DNA가 겹겹이 쌓인 덩어리로, 인간 세포 1개에 들어 있는 DNA를 풀어 헤치면 길이가 2미터에 이른다. DNA는 아데닌(A), 구아닌(G), 사이토신(C), 타이민(T)의 네 가지 염기가 일정한 규칙에 따라 일렬로 연결되어 있으며, 염기의 배열 순서에 유전의 비밀이 들어 있다.

인간 유전체 프로젝트(Human Genome Project)는 총 30억 개(각 염색체는 한 쌍으로 이루어져 있으므로, 실제로는 60억 개)나 되는 사람 DNA의 염기 배열을 알아내고, 이 염기 배열이 의미하는 유전 정보를 규명하기 위해 계획되었다. 1990년 미국 에너지

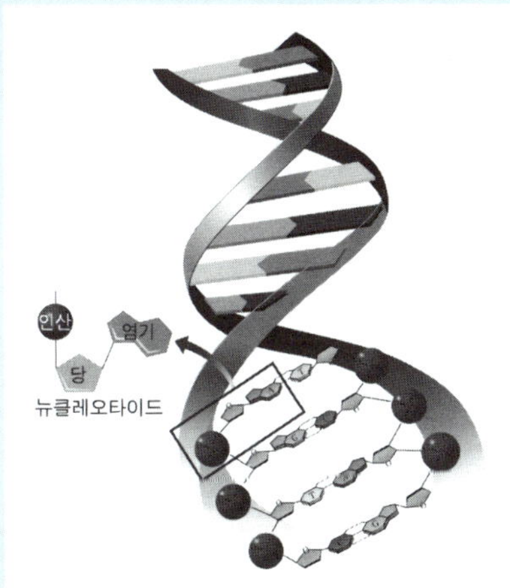

그림 1 염색체와 DNA 구조 모식도. 염색체는 DNA와 히스톤(histone)이라는 단백질 덩어리이다. DNA는 아데닌(A, adenine), 사이토신(C, cytosine), 구아닌(G, guanine), 타이민(T, thymine)의 4가지 염기로 구성되어 있다. A은 T과 짝을 이루고 C은 G과 짝을 이루어 염기쌍으로 존재한다. 긴 실 모양의 DNA는 공 모양의 히스톤을 감고 있으며, 이 구조가 겹겹이 쌓여 염색체를 이룬다.

부와 국립인간유전체연구소(NHGRI, National Human Genome Research Institute)를 중심으로 영국, 프랑스, 호주, 일본, 중국의 수백 명의 과학자들이 참여하였으며, 약 30억 달러(약 3조 원)의 연구비를 들여 2003년에 끝내기로 계획되었다. 그러나 1998년 벤터(Craig Venter) 박사가 설립한 셀레라(Celera) 사가 인간 유전체 프로젝트를 1억 달러의 비용으로 1년 안에 끝내겠다고 발표하면서 NHGRI와 셀레라의 경쟁이 과학계의 초미의 관심사가 되었다. 인간 유전체 지도 초안 발표 행사는 클린턴(Bill Clinton) 대통령의 주관으로 두 기관 대표인 콜린스(Francis Collins)와 벤터(Craig Venter)가 참석한 가운데 2000년 6월 26일 미국 백악관에서 열렸다.

인간 유전체 지도 초안 발표 3년 후인 2003년 4월 14일 NHGRI는 "인간 유전체의 99%를 99.99% 정확도로 분석을 완료하였다."라고 발표하면서 인간 유

그림 2 2000년 6월 26일 유전체 초안 발표 기자회견. 왼쪽부터 벤터, 빌 클린턴, 크릭. 사진에는 없지만 이 행사에는 영국의 토니 블레어 총리도 참석하였다. (자료: 멀티비츠 게티이미지코리아)

전체 프로젝트의 완료를 선언하였다[1]. 인간 유전체 프로젝트 시작 전에 유전학자들은 인간 유전체에는 적어도 10만 개의 단백질 유전자인 엑손(exon)이 있을 것으로 추정하였지만 프로젝트를 끝내고 보니 그 수가 3만 여 개에 지나지 않았다. 연구가 계속될수록 그 수가 줄어 지금은 2만 1,000개로 추정하고 있다.

단백질을 만드는 유전자 부분인 엑손은 30억 염기 배열 중 단지 1.5% 정도에 불과하고, 98.5%에 해당되는 부분은 그 기능을 알 수 없었다. 98.5% 부분의 기능을 규명하기 위해 2003년부터 NHGRI 주도로 ENCODE(Encyclopedia of DNA Elements)라는 컨소시엄을 만들어 연구한 결과, 최근에 전체 유전자의 80% 정도가 유전자의 발현 조절과 다양한 RNA(micro RNA, small interfering RNA, long non-coding RNA 등)를 만드는 데 관여하는 것으로 밝혀졌다. 이러한 연구 내용은 2012년 9

1 The International Human Genome Sequencing Consortium, Finishing the euchromatic sequence of the human genome, Nature 431, 931~945 (2004).

월에 30개 논문으로도 발표되었다[2]. 결국 나머지 20%의 기능도 언젠가 밝혀질 것임을 예상할 수 있다.

인간 유전체 프로젝트의 공식 데이터와 전 세계 학자들의 유전체 관련 연구 결과는 미국 국립보건원(NIH) 산하의 국가생명공학정보센터(National Center for Biotechnology Information)가 운영하는 젠뱅크(GenBank) 데이터베이스에 수록되어 있으며 누구나 인터넷을 통해 무료로 이용할 수 있다.

인간 유전체 프로젝트는 생물학 연구 전반에 일대 혁명을 불러일으켰으며, 그 혁명은 현재도 진행 중이다. 세포의 성장, 분화, 사멸은 물론 생물의 생로병사에 어떤 유전자들이 관여하는지, 그리고 유전자에서 만들어지는 단백질들은 어떤 네트워크를 이루어 세포의 신호를 전달하는지 속속 밝혀지고 있다. 이것은 질병의 원인과 치료, 특히 암 연구에 큰 진전을 가져왔으며, 신약 연구 개발에도 속도를 불어넣고 있다.

또한 인간 유전체 정보뿐만 아니라 침팬지, 개, 고양이, 소, 돼지, 쥐, 초파리, 대장균, 독감 바이러스 등 우리 주변의 수천 종 생물들의 유전체 정보도 밝혀지고 있어 신의 영역이던 자연계의 신비가 하나씩 벗겨지고 있다. 지구 상 모든 생물의 DNA의 이중나선 구조는 모두 같으며, 생명 유지에 필요한 필수적인 단백질 유전자들의 염기 배열도 매우 유사하다. 이러한 점에서 보면 사람은 자연의 일부일 뿐 특별한 존재가 아니라고 할 수 있다.

유전체 분석 비용은 무어의 법칙(반도체 집적회로의 성능이 18개월마다 2배씩 증가하고, 값

2 The ENCODE Project Consortium, An integrated encyclopedia of DNA elements in the human genome, Nature 489, 57~74, 11247 (2012)

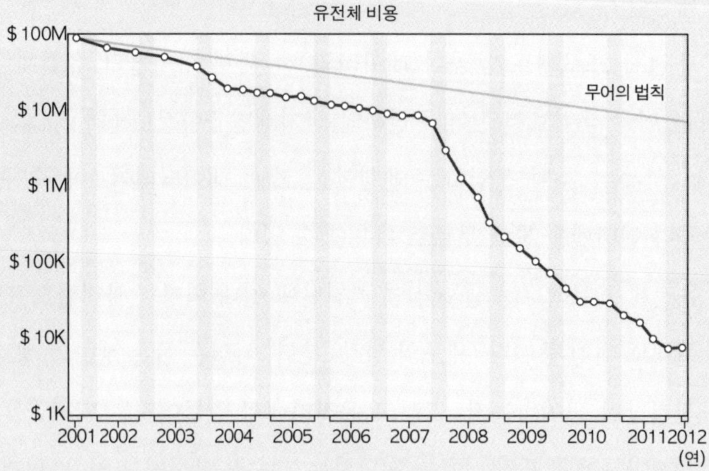

그림 3 연도별 인간 유전체 시퀀싱(분석) 비용. 유전자 분석 비용은 인건비, 운영 비용, 시퀀싱 기계 감가상각비, 데이터 분석비 등 유전자 분석에 수반되는 모든 비용을 포함한 금액이다. 직선은 무어의 법칙을 나타내고, 동그라미로 표시된 것이 시퀀싱 비용이다. 이 그래프는 NHGRI의 유전체 분석 비용 추정치인데 미국에서는 5,000달러에 유전체 분석을 해 주는 회사들이 성업 중이다.
(자료: Wetterstrand KA. DNA Sequencing Costs: Data from the NHGRI Large-Scale Genome Sequencing Program Available at: www.genome.gov/sequencingcosts. as of May 21/2012)

은 동일하다는 경험적 법칙)을 능가할 만큼 빠른 속도로 저렴해지고 있다. 2001년 1억 달러이던 비용이 2012년에는 1만 달러 이하로 떨어졌고 머지않아 1천 달러까지 내려갈 것으로 예상된다. 그리고 유전체 분석 비용이 내려가면서 관련 산업도 크게 성장할 것으로 기대된다.

유전체 분석으로 구한 첫 번째 생명

미국 위스콘신 주에서 2004년 10월에 태어난 볼커(Nicholas Volker)라는 남자 어린이는 만 2세가 되었을 때 장에 누공이 생겨 대변이 피부로 새어 나오는 기이한 병에 걸렸다. 위스콘신 대학 병원에서 치료를 받고 증상이 호전되었지만 얼마 지나지 않아 다른 곳에 또 누공이 생겼고, 이런 일이 반복되었다. 볼커의 병은 의료진들도 처음 접한 희귀 병이었다. 염증성 장질환(inflammatory bowel disease)과 유사하였지만 증상이 훨씬 심하였다. 의료진은 혈액 검사, 유전자 검사, 면역 검사 등 모든 검사를 하였지만 도무지 병의 원인을 알 수 없었다. 볼커는 100번 이상 수술을 받아 매우 쇠약해졌고 때때로 패혈증까지 겹쳐서 죽음의 문턱에 와 있었다.

2009년 6월 위스콘신 대학교 유전의학센터는 볼커의 유전체를 분석하기로 결정하였다. 이들은 엑솜 시퀀싱(exome sequencing: 전체 유전체 중 1.5%를 차지하는 2만 1,000개 단백질 유전자의 염기 서열을 분석하는 것)과 수개월 간의 데이터 분석을 통해 볼커의 단백질 유전자 중 X 염색체에 있는 XIAP(X-linked Inactivation of Apoptosis) 유전자에 변이가 있다는 것을 알아냈다. XIAP 유전자는 면역 체계에 관여하는 유전자로, 이 유전자가 염증성 장질환과 관련이 있다는 보고가 있었고, 염증성 장질환은 탯줄 줄기세포 이식으로 치료가 되는 병이었다. 볼커의 병은 염증성 장질환과는 달랐지만 죽어가던 볼커에게 줄기세포 이식은 마지막 희망이었다. 2010년 7월 볼커는 탯줄 줄기세포 이식 시술을 받았고 수개월 후에 건강을 회복하였다[3].

---

3 One In A Billion: A boy's life, a medical mystery. Journal Sentinel Online, Dec. 18, 2010

엑솜 시퀀싱으로 볼커를 치료한 이후 위스콘신 병원은 환자 치료에 필요한 경우 유전체 분석을 하는 정책을 채택하였다. 이 정책은 의료진, 유전학자, 유전 상담사, 그리고 윤리학자로 구성된 위원회가 정기적으로 모여 기존 치료에 더 이상 효과를 보이지 않는 환자가 유전체 분석 대상으로 합당한지를 논의하는 것이다. 베일러 의과대학, 앨러바마 대학교, 하버드 대학교, 워싱턴 대학교 등 유명 대학 병원들도 이 정책을 채택하였다. 유전체 분석 비용이 해마다 저렴해지고 있기 때문에 병의 원인을 알기 위해 유전체 분석을 하는 것이 일반화될 날도 멀지 않았다.

유전체 분석으로 암을 치료하다

2003년 미국 세인트루이스의 워싱턴 대학 의과대학 학생이던 와트만(Lukas Wartman)은 급성 림프구 백혈병(ALL, Acute Lymphoblastic Leukemia)에 걸렸다. 15개월 동안 화학요법 치료를 하여 백혈병이 나았으나, 5년이 경과하여 안심할 즈음 백혈병이 재발하였다. 이번에는 남동생의 골수를 이식받아 치료하였지만 3년 후인 2011년 7월 다시 암이 재발하였다. 두 번이나 재발한 암에서 살아날 가능성은 거의 없어 보였다.

마지막 희망은 그의 유전체를 분석해 보는 것이었다. 2011년 8월 워싱턴 대학 유전학 연구소 연구진은 엑솜 시퀀싱을 하였으나 암을 일으킬 만한 유전자 변이를 찾지 못하였다. 다행히 백혈병 세포의 RNA 분석에서 FLT3(세포성장인자 수용

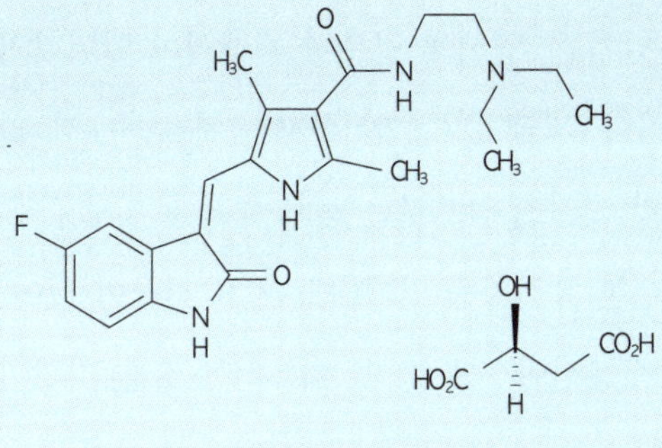

그림 4 수텐트(Sutent)의 화학 구조. 수텐트는 화이자(Pfizer)가 발매한 신약으로 화학명은 수니티닙(Sunitinib malate)이다. 원래 신장암 치료제로 개발된 약인데 와트만의 백혈병에도 효과가 있었다.

체 단백질을 만드는 유전자) RNA가 과잉 생산되는 것을 발견하였다. FLT3 RNA 과잉 생산이 FLT3 단백질 과잉 생산을 부르고, 이는 과다한 세포 성장 신호로 이어져 암이 발생한 것으로 추정하였다. 과연 FLT3를 차단하는 약물이 있을까? 연구진은 신장암 치료제인 수텐트(Sutent)의 작용기전이 세포 증식 신호 전달에 관여하는 수용체 티로신키나제(receptor tyrosine kinase)를 차단한다는 점, 그리고 수텐트가 FLT3를 차단하는 효과도 있다는 점에 주목하였다. 수텐트는 일반 항암제와는 달리 머리가 빠지거나 토하는 등의 부작용이 없고 알약으로 먹는 항암제여서 편리하였다. 와트만이 수텐트를 복용한지 2주가 지나자 백혈병 세포가 혈액에서 완전히 사라졌다[4]. 와트만은 운이 좋았다. 유전체 분석으로 병을 찾아냈고 거기에 맞는 약도 있었기 때문이다. 2012년 9월 현재 그는 워싱턴 대학 병원에서 교수로서 건강하게 환자들을 진료하고 있다.

---

4 In Treatment for Leukemia, Glimpses of the Future, New York Times, July 7, 2012

암을 일으키는 유전자의 변이는 상당히 다양하다. 와트만의 경우와 같이 유전자 하나에 변이가 일어난 경우도 있지만, 염색체 일부에 재배열이 일어나거나 여러 곳에 변이가 일어난 경우도 많다. 지금까지는 암 환자를 치료하는 데 있어서 유전체 분석을 하는 경우가 많지 않지만 앞으로는 점차 증가할 것으로 예상된다. 유전체 분석으로 변이가 발생한 유전자를 찾아내도 치료 약물이 없어 치료하지 못하는 경우도 많다. 유전체 분석이 모든 암을 치료하는 요술 지팡이는 아니지만, 유전체 분석 덕택에 불과 수년 전까지만 해도 상상하기 어려웠던 치료법이 가능해졌다는 점만은 분명하다.

단일 염기 다형성

지구에는 70억 인구가 살고 있지만 똑같은 사람은 단 한 명도 없다. 일란성 쌍둥이도 완전히 같지는 않다. 이와 같이 사람들이 제각기 다른 이유는 유전체의 염기 배열이 0.5~1.0% 차이가 나기 때문이다. 단일 염기 다형성(SNP, Single Nucleotide Polymorphism)은 염기 배열에서 염기 한 개가 서로 다른 부분들을 말한다. SNP 이외에도 유전자에는 다양한 형태의 변이가 있다. 유전자의 일부가 삽입되거나 삭제될 수도 있고 단위 반복수(copy number)가 다를 수도 있다. 0.5~1.0%의 염기 배열 차이는 피부색, 키, 눈동자 색 등의 겉모습은 물론이고 고혈압, 당뇨병, 암이나 치매 등 각종 질병의 감수성에 대한 비밀을 간직하고 있다.

전장 유전체 연관성 분석(GWAS, Genome Wide Association Study)은 전체 유전체의

SNP 차이를 분석하여 특정 질병이나 형질 등의 표현형(phenotype)이 어떤 유전형(genotype)과 관련이 있는가를 찾아내는 연구 방법이다. 예를 들어 당뇨병 환자들과 건강한 사람들의 유전체를 GWAS 방법으로 분석하여 당뇨병과 관련이 있는 SNP를 찾아내는 것이다.

황반변성(망막의 황반에 변형이 일어나는 질병)의 GWAS 연구에서는 염색체 1번에 있는 보체인자 H의 유전자에 변이가 있는 사람들은 노인성 황반변성(AMDm age-related macular degeneration)에 걸릴 확률이 7.4배나 증가한다는 것을 발견하였다[5]. 보체인자 H는 염증 반응에 관여하므로, 이 결과는 노인성 황반변성이 염증 반응과 관련이 있다는 것을 의미한다. GWAS 연구 방법이 아니었으면 이러한 중요한 사실을 알아내지 못하였을 것이다.

지난 5년간 당뇨병, 파킨슨병, 심장병, 비만, 크론병, 전립선암 등 많은 GWAS 연구에서 질병 감수성 또는 알코올 의존성 등의 표현형에 관련 있는 SNP들이 발견되었다. 하지만 황반변성 연구에서 7.4배 차이를 발견한 것과는 달리 대부분의 SNP는 대조군과의 차이가 적어 의미를 부여하는 데 어려움이 있다. 그럼에도 불구하고 GWAS 연구가 사람들의 '체질'의 차이에 접근하는 편리한 방편이라는 점은 분명하다.

---

5 R. Klein, et al., Complement Factor H polymorphism in age-related macula degeneration, Science 308, 385-89 (2005)

약물유전체학

같은 약이라도 어떤 환자에게는 효과가 없거나 심지어 부작용을 나타내는 경우도 있다. 약물유전체학(pharmaconomics)은 약리학(pharmacology)과 유전체학(genomics)의 합성어로, 사람들의 유전 정보를 이용하여 효과가 있는 약물을 선택하여 처방함으로써 약물 효과는 높이고 부작용은 줄이기 위해 연구하는 분야이다. 약물유전체학 연구는 어떤 약물이 환자의 SNP 유전형에 따라 효과 또는 부작용이 다른가를 연관 분석하여 의미를 도출한다.

심혈관 질환 환자의 혈전 생성을 막는 데 널리 쓰이는 약물인 와파린(warfarin)은 혈중 농도가 너무 높으면 출혈이 일어나고, 낮으면 약효가 없기 때문에 혈중 농도를 정확히 유지시켜야만 한다. 문제는 적정 혈중 농도 유지에 필요한 복용량이 사람에 따라 0.5~20밀리그램까지 차이가 크다는 것이다. 임상에서는 처음에는 표준 용량을 처방하고 환자의 혈중 농도를 매일 검사하면서 용량을 높이거나 낮추는 방법으로 맞추어 나간다. 와파린의 약효가 환자의 유전형과 관련이 있는가를 규명한 GWAS 연구에서 약효와 관련이 있는 3개의 유전자(VKORC1, CYP2C9, CYP4F2)가 발견되어 와파린의 처음 복용량을 정하는 데 유용하게 사용되고 있다[6].

C형 간염은 간경화와 간암을 일으키는 심각한 질병이다. C형 간염의 표준 치료는 페그-인터페론-알파(PEG-interferon-α)와 리바비린(ribavirin)을 48주 동안 쓰

---

6 G. Cooper, et al., A genome-wide scan for common genetic variants with a large influence on warfarin maintenance dose, Blood 112, 1022-27 (2008)

는 것인데, 이 치료법은 40~50%의 환자에서만 효과가 있다. 최근 밝혀진 바에 의하면 19번 염색체에 있는 IL28B라는 유전자의 SNP가 약물 치료를 2배 높인다고 한다. 하지만 약효가 없는 50% 환자들의 공통된 변이는 아직 찾아내지 못하였다[7].

클로피도그렐(Clopidogrel, 상품명: Plavix)은 동맥경화 환자에게 혈전을 막기 위해 쓰는 약으로 세계적으로 두 번째로 많이 처방되는 약이다. 싸이토크롬 P450(CYP, cytochrome P450)은 간에서 약물을 활성화하는 효소군을 지칭한다. 간에서 클로피도그렐을 활성화하는 효소인 CYP2C19에 기능 상실 변이가 있는 환자들은 약효가 적다는 것이 발견되었다[8]. 이러한 기능 상실 변이는 백인종의 18%, 흑인종의 33%, 황인종은 51%나 된다.

미국의 질병통제센터에 의하면 미국에서는 매년 200만 명이 약물 부작용으로 입원하고 그중 10만 명이 사망한다고 한다. 만일 약물 부작용을 줄일 수 있다면 개인적 고통과 손실은 물론 국가적으로도 큰 손실을 막을 수 있다. 약물 부작용은 심혈관질환, 우울증, 주의력 결핍 장애, 에이즈, 결핵, 천식, 당뇨병 등 장기간 치료해야 하는 질병, 그리고 암 치료제와 같이 세포 독성이 큰 약물의 경우 심각한 문제가 되므로 이런 약물에 대해 많은 연구가 이루어지고 있다.

고콜레스테롤혈증 환자들이 흔히 처방받는 약물인 스타틴(statin)은 때로는 근육 염증을 일으킨다. 스타틴 복용 환자들의 GWAS 연구에서 SLCO1B1 유전자

---

7 D. Ge, et al., Genetic Variation in IL28B predicts Hepatitis C treatment-induced viral clearance, Nature 461, 399-401 (2009)

8 A. Shuldiner, et al., Association of Cytochrome P450 2C19 genotype with the antiplatelet effect and clinical efficacy of clopidogrel therapy, Journal of the American Medical Association 302, 849-57 (2009)

에 SNP 변이가 있는 환자들은 스타틴으로 인한 근육 염증이 발생할 확률이 17배나 높다는 것을 발견하였다[9]. 항생제 플록사펜(Floxapen)의 부작용은 간 독성으로, 플록사펜을 처방받은 환자들을 대상으로 GWAS 분석을 시행한 결과, HLA 유전자에 SNP 변이(HLA-B*5701)가 있는 환자들은 간 독성의 위험이 80배나 높다는 것을 발견하였다[10]. 따라서 이러한 약물을 처방하기 전에 환자들의 유전형을 검사하면 부작용의 위험을 피할 수 있다.

항암제 부작용과 SNP와의 연관성에 대해서도 많은 연구가 이루어져 약물 처방에 이용하고 있다. 임상에서는 5-플로로유라실(5-flourouracil, Efudex), 이리노테칸(irinotecan, Camptosar), 아자타이오프린(azathioprine, Imuran), 6-멀캅토퓨린(6-mercaptopurine) 등의 항암제를 처방할 때 유전형에 따라 약물을 처방하고 있다.

위 사례들은 환자들의 유전형에 따라 약물을 처방한다면 부작용을 피할 수 있음을 의미한다. 현재 시판되고 있는 약물의 25% 정도는 임상에서 활용할 수 있는 GWAS 연구 결과가 있지만, 이런 정보들이 임상에서 다 활용되고 있지는 않다.

'맞춤의학'은 환자 개개인의 유전형에 따라 약물을 처방한다는 개념으로 사용되어 온 용어이다. 하지만 환자 개개인에 약을 맞출 수 있는 방법은 없다는 것을 이해할 필요가 있다. 무엇보다도 한 질병에 대해 많은 약물이 존재하지 않기 때문에 선택의 범위가 넓지 않다. 맞춤의학이란 용어보다는 유전형을 분석하여 부작용을 피하는 방법인 '정확한 의학'이라는 표현이 더 적절하다.

---

9 The SEARCH Collaborative Group, SLCO1B1 variants and statin-induced myopathy-a genomewide study, New England Journal of Medicine 359, 789-99 (2008)

10 A. Daly, et al, HLA-B*5701 genotype is a major determinant of drug-induced liver injury due to flucloxacillin, Nature Genetics 41, 816-19 (2009)

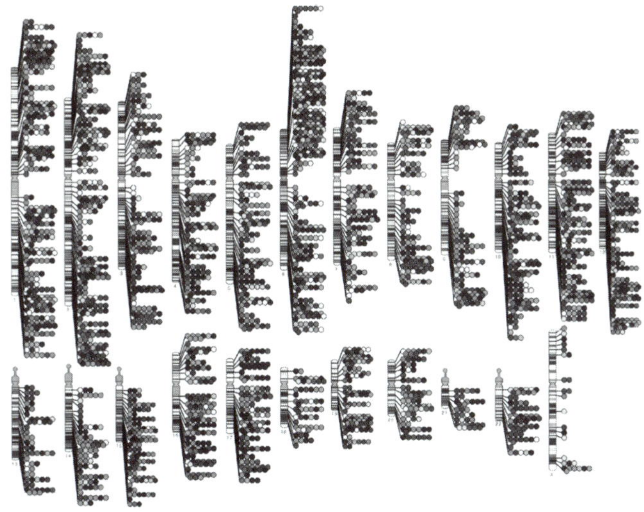

그림 5 2011년 9월까지의 GWAS 연구 결과. 이 도표는 23개 염색체의 어떤 부위가 249가지의 질병, 형질, 약물 반응에 관련되어 있는가를 도식적으로 표시한 것이다. 각각은 23개의 염색체를 나타내며 작은 원들은 특정 질병, 형질, 약물 반응 부위를 나타낸다.

전체 유전체 시퀀싱

GWAS 분석은 간편하지만 100만 개의 SNP만을 분석할 수 있다. 100만 개의 염기는 전체 인간 유전체인 60억 염기의 0.03%에 불과하여 유전형과 표현형과의 관계를 연구하는 데 한계점으로 지적되어 왔다. 최근 전체 유전체 시퀀싱 비용이 5,000달러 이하로 떨어짐에 따라 GWAS 분석보다는 엑솜 시퀀싱이나 전체 유전체 시퀀싱(Full Genome Sequencing) 방법을 쓰는 연구가 늘고 있다. 미국에서는 일루미나(Illumina)를 비롯하여 몇몇 회사가 엑솜 시퀀싱과 전체 유전체 시퀀싱 서비스를 시작하였고, 우리나라에서도 테라젠이텍스, 마크로젠 등이 유사한 서비스를 시작하였다. 이는 연구자들에게 날개를 달아준 것이라고 할 수 있다. 이제 연구자들은 지금까지 불가능하였던 생물학의 중요한 질문들에 도전할 수 있게 되었다. 또한 응용 면에서도 유전체 시퀀싱의 가능성은 무한하다. 엑솜 시퀀싱으로 죽어가던 생명을 살린 볼커와 와트만의 사례는 시작에 불과하다고 할 수 있다.

소비자 유전체학

이제 중요한 질문을 해 보자. 사람들이 자신의 유전자 정보에 대해 아는 것이 질병을 예방하고 건강을 증진시키는 데 어떻게 도움이 될까? 미국에서는 2007년부터 유전자 분석 서비스를 제공하는 회사가 등장하여, 현재 8개(23andMe, GenePlanet, Matrix Genomics, Theranostics Lab, Genelex, Kimball Genetics, Navigenics, and Pathway Genomics) 회사가 유전자 분석 서비스를 제공하고 있다.

업계 대표격인 23andMe는 100만 개의 SNP를 인식하는 DNA 칩(chip)으로 GWAS 분석을 시행한다. 이 회사는 48개 유전병의 보인자 여부, 118개 질병의 위험도, 20개 약물에 대한 약물 반응, 눈 색깔, 곱슬머리, 음주 및 흡연 성향 등의 형질(trait) 57개 등 총 243개의 항목을 99달러에 분석해 준다.

이 검사 결과를 어떻게 활용할 수 있을까? 만일 어떤 유전병의 보인자로 판명된다면 유전학자와 의사의 도움으로 차세대 유전병을 피할 수 있다. 118개 질병의 위험도는 인구 집단의 평균에 비해 상대적인 위험도로 표시된다. 당뇨병 가능성이 평균보다 상당히 높게 나왔다면 운동을 열심히 하고 체중 관리도 열심히 하여 당뇨병이 발병되지 않도록 노력할 수 있다. 전립선암이나 대장암의 위험도가 평균보다 높게 나왔다면 병원에 가서 더 정밀한 검사를 받을 수 있다. 이 검사들은 개인의 건강관리에 참고 자료가 될 뿐 절대적인 정보는 아니라는 점을 유념할 필요가 있다. 예를 들면 대장암 위험이 평균보다 2배 높다고 해서 반드시 대장암에 걸리는 것은 아니라는 말이다.

유전 정보를 이용하여 질병을 예방하고 건강한 삶을 살기 위해서는 넘어야 할 산도 많다. '절대적' 개인 정보인 유전 정보를 어떻게 관리해야 할 것인가? 정보 유출의 위험은 어떻게 막아야 하는가? 이런 질문들에 대한 사회적 합의와 법률 정비도 이루어져야 한다. 이제 유전체 정보는 더 이상 전문가들의 전유물이 아니다. 보통 사람들도 자신의 유전 정보를 알고 질병을 예방하며 건강을 지킬 수 있는 시대가 눈앞에 가까이 와 있다.

scientific technology

고령 인구의 건강을 지키는 치료기술

고광호 (차의과학대학교 약학대학 학장)

우리 사회는 이제 더 이상 환갑잔치를 하지 않을 만큼 고령화가 빠르게 진행되고 있다. 2020년대에는 노인의 인구 비율이 20%가 넘는 초고령 사회에 진입할 것이라는 전망도 있다.

늘어나는 고령 인구에게 무엇보다 중요한 화두는 얼마나 '오래' 사는 것(longevity)이 아니라 얼마나 '건강하게' 살 것인가(well-being)이다. 한편 수명이 늘어나는 반대급부로 고령자에게 빈도가 높은 노인성 질환의 발병이 급증하고 있다. 노인성 질환에는 뇌졸중, 당뇨병, 치매, 고혈압 등이 있으며, 이들 질환들은 고령자들이 건강한 육체와 활력 있는 정신을 유지하기 위해서는 반드시 극복해야 할 장애물이다. 따라서 고령 인구에서 빈번하게 발병되는 노인성 질환에 대한 이해를 증진하고, 이를 바탕으로 이들 질환을 슬기롭게 극복할 수 있게 하는 것은 매우 중요하다.

이 주제에서는 건강한 장수에 위협적이고 고령 인구에서 빈번하게 발병되는 뇌졸중, 당뇨병, 치매, 고혈압 등 4대 질환에 대한 정의, 증상, 위험 요인, 치료 기술 및 대처법에 관한 필수 지식을 간단히 소개하기로 한다. 이를 통해 현대에 눈부시게 발전한 과학기술이 고령 인구의 삶을 따뜻하게 하는 데 일조하기를 희망한다.

뇌졸중

뇌졸중은 뇌에 있는 혈관이 터지거나 막혀서 발생하는 뇌혈관 질환으로, 뇌혈관이 터져서 뇌 손상이 나타나는 뇌출혈과 뇌혈관이 막혀서 뇌 조직이 혈액을 공급받지 못하게 되는 뇌경색으로 나누어진다. 한의학에서는 '중풍', 서양 의학에서는 'stroke'로 불리는 것처럼 증상이 '벼락 치듯이' 갑자기 나타나는 특징이 있다. 뇌졸중은 벼락 치듯이 찾아와서 환자를 사망 또는 심각한 장애에 이르게 하기 때문에 환자뿐만 아니라 간병하는 가족의 고통도 매우 큰 무서운 질병이다.

우리나라 통계에 따르면 1980년대까지는 뇌경색 환자에 비해 뇌출혈 환자의 수가 많았지만, 현재는 뇌경색 환자가 전체의 약 70~80%로 더 많다. 뇌졸중은 연령에 따라 유병률이 급격하게 증가하기 때문에 고령 인구에서 더욱더 많은 주의와 관리가 필요한 질환이라고 할 수 있다.

뇌졸중의 두 가지 종류에 대해 알아보자. 먼저 뇌출혈(출혈성 뇌졸중)은 뇌내 출혈과 거미막밑 출혈로 나눌 수 있다. 뇌내 출혈은 뇌혈관이 터져서 피가 뇌 안에 고이면서 주변 뇌 조직이 손상되는 것으로, 대부분 고혈압이 원인이 되어 발생한다. 거미막밑 출혈은 일부 약한 뇌혈관이 꽈리 모양으로 부풀어 오른 동맥류가 터지면서 뇌의 거미막밑에 피가 고이는 경우로, 약 50%의 환자가 사망한다.

뇌경색(허혈성 뇌졸중)은 혈전성 뇌경색과 색전성 뇌경색, 열공성 뇌경색으로 나눌 수 있다. 혈전성 뇌경색은 동맥경화가 원인이 되어 내강이 좁아진 뇌동맥에 큰 피떡(혈전)이 생겨 혈액의 흐름이 막힌 경우이다. 색전성 뇌경색은 심장이나 경동맥에서 생긴 큰 피떡의 일부가 떨어져 나가(색전) 혈류를 타고 떠돌다가 뇌혈관을 막는 경우이다. 열공성 뇌경색은 작은 혈관이 막히는 경우로 치료 후 예후가 가장 좋다.

뇌졸중의 대표적인 5가지 증상은 편측 마비, 언어 장애, 시각 장애, 어지럼증, 심한 두통이다. 먼저 편측 마비는 갑자기 한쪽 사지에 힘이 빠져 움직이지 못하고, 저리거나 감각이 없어지는 증상을 말한다. 언어 장애는 갑자기 말이 어둔해지거나 나오지 않고, 남의 말을 알아듣지 못하는 상태이다. 시각 장애는 갑자기 한쪽 또는 양쪽 눈에서 사물이 흐리게 보이거나 잘 보이지 않는 것이다. 어지럼증은 갑자기 어지럽거나 휘청거리는 증상이다. 심한 두통은 갑자기 망치로 맞은 듯이 머리가 아주 심하게 아픈 상태를 말한다.

위의 증상으로 뇌졸중을 단정할 수는 없지만, 만일 갑자기 이런 증상이 나타나면 즉시 가까운 병원을 찾아 전문의의 진료를 받아야 한다. 이외에 일시적으로 이런 증상이 있다가 사라진 경우로 '일과성 뇌허혈'이 있다. 현재 증상이 사라졌다고 해도 이것은 이미 뇌졸중이 와 있거나 가까운 장래에 심각한 뇌졸중이 올 수 있다는 경고 신호이므로 반드시 전문의의 진료를 받아야 한다.

뇌졸중 없이 건강한 노년기를 보내고자 한다면, 평소에 위험인자를 줄이고,

뇌졸중의 증상을 숙지하고 있으며, 증상 발생 시 빠른 시간 내에 병원에 가는 것이 중요하다. 이 세 가지를 명심하면 뇌졸중을 이길 수 있다. 뇌졸중의 위험인자는 조절이 불가능한 위험인자와 조절이 가능한 조절인자로 구분할 수 있다. 나이, 성별, 가족력, 과거 병력 등 조절이 불가능한 위험인자는 어쩔 수 없다고 하더라도, 노력과 의지에 의해 조절이 가능한 위험인자들로는 고혈압, 흡연, 당뇨병, 심방세동, 고지혈증, 경동맥 협착, 비만, 운동 부족, 영양 불균형, 과도한 음주, 스트레스 등이 있으므로 생활습관의 개선과 약물요법을 병행함으로써 뇌졸중의 위험도를 크게 낮출 수 있다.

뇌졸중을 예방하기 위한 생활수칙은 다음과 같다.

- 담배는 반드시 끊고, 술은 하루 한두 잔 이하로 줄인다.
- 음식은 짜지 않게 골고루 먹는다.
- 기름진 육류보다는 신선한 야채와 생선을 충분히 섭취한다.
- 매일 최소 30분 이상 적절한 운동을 한다.
- 과도한 스트레스를 받지 않도록 한다.
- 고혈압, 당뇨병, 고지혈증을 꾸준히 관리, 치료한다.
- 뇌졸중의 응급 증상을 숙지하고 발생 즉시 병원에 간다.

뇌졸중이 발생하였을 때 가장 중요한 대처법은 최대한 빨리 응급 센터로 환자를 옮기는 것이다. 뇌졸중은 발생 시부터 병원 도착까지의 경과 시간이 회복에 절대적인 영향을 미치므로 가급적 1~2시간 안에, 가능한 빨리 응급 센터에 가야 한다. 3시간이 경과하면 치명적인 장애 발생을 줄일 수 있는 결정적 시기를 놓친 것이므로 치료 후에도 심각한 후유증이 남을 가능성이 높다.

뇌경색은 증상 발생 후 3시간 이내이면 혈전 용해제(조직 플라스미노겐 활성화제) 치료가 가능하다. 이는 약물로 뇌혈관을 막고 있는 혈전을 녹이는 것으로 상당한 효과가 있다. 3시간에서 6시간 이내이면 동맥 내 혈전 용해술(IAT)을 시행한다. 이는 피부 절개 후 대퇴동맥으로 카테터라는 관을 삽입하고 막힌 뇌혈관을 찾아 카테터를 밀어 넣은 뒤 이를 통해 혈전 용해제를 적정량 투여하여 뇌혈관이 다시 흐르도록 유도하는 시술이다. 6시간이 지난 경우라도 가급적 빨리 병원을 방문하면 혈전 용해 시술을 받지는 못하더라도 뇌부종을 억제하거나 다른 보조 치료(항응고제, 항혈소판제)와 조기 재활치료를 통해 경과를 개선시킬 수 있다.

뇌출혈은 출혈량이 적으면 자체적으로 흡수될 때까지 내과적으로 치료한다. 그러나 출혈량이 많거나 혈관 촬영에서 수술적 치료가 필요한 이상이 발견되면 수술을 시행해야 한다.

당뇨병

당뇨병은 췌장에서 분비되는 인슐린이라는 호르몬이 잘 분비되지 않거나 인슐린이 정상적으로 작용하지 않아 혈당이 높아져 소변으로 포도당이 배출되는 질병이다. 제1형 당뇨병과 제2형 당뇨병으로 나눌 수 있다. 제1형 당뇨병은 소아 당뇨, 인슐린 의존성 당뇨로 인슐린이 거의 분비되지 않기 때문에 평생 인슐린을 공급해야 한다. 제2형 당뇨는 어른 당뇨, 인슐린 저항성 당뇨로, 인슐린이 분비되지만 몸에서 적절히 작용하지 못해서 혈당이 높아지는 경우로, 고령 인구에서 발생하는 당뇨병의 대부분을 차지한다.

보통 '혈당이 높다.', '당뇨가 있다.'라고 하는 증상은 대부분 제2형 당뇨병에서 나타나는 증상으로, 다음과 같은 것이 있다.

- 3다(三多) : 다음, 다식, 다뇨
- 피로하다.
- 갑자기 시야가 흐려진다.
- 상처가 잘 아물지 않는다.

당뇨병은 적절히 치료하지 않으면 높은 혈당 외에 치명적인 합병증을 일으킬 수 있고, 이로 인해 삶의 질이 급격히 저하되며 생명을 위협할 수도 있다. 큰 혈관에 오는 합병증은 동반되는 동맥경화로 인해 발생하며, 심장마비, 뇌졸중, 팔다리의 절단으로 이어질 수 있다. 미세혈관에 오는 합병증은 녹내장, 백내장, 수정체 등의 안질환, 신장 질환, 신경계 질환 등을 발생시킨다.

당뇨병 발병을 높이는 위험 요인으로는 고령, 비만, 가족력, 병력, 인종 등을 들 수 있다. 특히 45세 이상의 고령인 자, 비만인 자, 가족 중 당뇨병이 있는 가족력이 있는 자, 임신성 당뇨 병력이 있거나 4.5킬로그램 이상의 신생아를 출산한 경험이 있는 자, 아시아인(당뇨병 발병률이 백인의 2배)은 다른 사람들에 비해 당뇨병에 걸릴 확률이 높으므로 평소 혈당 관리에 신경을 써야 한다.

표 1. 당뇨병의 진단 기준과 치료 기술

당화혈색소 검사에 따른 진단		치료 기술
4~5.6%	정상	균형 잡힌 식생활과 규칙적인 운동 습관
5.7~6.4%	예비 당뇨	식이요법과 운동요법
6.5% 이상	당뇨병	6.5~7.0% → 본격적인 당뇨 식이요법
		7.0~9.0% → 당뇨병 약 복용
		9.0% 이상 → 인슐린 치료

당뇨병은 소변 검사, 공복 혈당 검사, 당화혈색소 검사(가장 정확) 등으로 진단하며, 진단 결과에 따라 치료 방법을 달리해야 한다. 당뇨병은 질병 중에서도 복잡한 양상으로 발전하는 경우가 많아서 가능한 전문의와의 만남이 빠를수록 치료가 용이하다.

당뇨병 치료에는 식이요법, 운동요법, 약물요법이 사용된다. 먼저 식이요법을 살펴보면 당뇨병 조절에 도움이 되는 좋은 음식으로는 과일, 채소, 생선, 살코기, 닭고기, 현미, 저지방 우유와 치즈, 콩, 팥 등이 있으며, 기름기 많고 짠 음식, 흰쌀밥, 떡, 국수, 빵 등 밀가루 음식 등은 해가 되므로 피해야 한다.

식이요법과 함께 운동요법을 실행하는데, 적절한 운동은 체중, 심혈관계 위험, 낙상 위험, 우울증 등을 감소시키고, 인슐린 반응 효과, 근력과 균형 감각, 삶의 질을 향상시킴으로써 당뇨병 조절에 도움을 준다.

마지막으로 약물요법이 있는데, 당뇨병 치료에 사용되는 경구용 혈당강하제들은 주로 췌장에서 인슐린 분비를 촉진시키거나 분비된 인슐린의 작용을 증가시켜 몸 안의 혈당을 떨어뜨린다. 인슐린이 신체에서 분비되지 않는 제1형 당뇨병 환자의 경우에는 인슐린 주사를 맞아야 한다. 고령 인구에서 많이 나타나는 제2형 당뇨병 환자의 경우는 분비된 인슐린이 적절히 작용하지 않아서 혈당 및 기타 대사조절을 위해 더 많은 인슐린이 필요한 경우로, 식이요법, 운동요법, 경구용 혈당강하제로도 혈당이 조절되지 않을 경우에 최종적으로 인슐린을 주사한다.

표 2. 경구용 당뇨병 치료 약물

성분명(상품명)	작용기전	부작용
설포닐우레아 계열 • 아마릴 • 글리메피리드 • 게리드 • 그리메피드 • 아마그린	• 췌장을 자극해서 인슐린 분비 증가 • 체내 인슐린 이용 증가	• 저혈당증 • 위장 장애 • 가려움증 • 체중 증가
비구아나이드 계열 • 글루코파지 • 구루메포민	• 말초에서 인슐린 작용 강화 • 간에서 포도당 생성 저해 • 장에서 당분의 흡수 억제 • 식욕 억제	• 피곤, 졸음 • 오심, 설사
알파글루코시데이즈 억제제 계열 • 글루코바이	• 음식물로 섭취된 다당류를 소화시키는 효소 억제 • 식후 급격한 혈당 상승 억제	• 위장 장애

경구용 혈당강하제는 표 2와 같이 나눌 수 있으며 환자의 증상에 따라 두 종류 이상의 경구용 혈당강하제를 같이 복용하거나 인슐린과 함께 복용하기도 한다. 다른 질환에 사용되는 보통의 약물들은 주로 식후 30분에 복용하는 것이 많지만, 경구용 혈당강하제들은 식사 후 급격한 혈당 상승을 억제하기 위해 식전 또는 식후 즉시 복용한다.

치매

치매는 여러 가지 원인으로 신경 세포가 퇴행되어 기억력과 지적 능력이 약화되고 이로 인해 일상생활에 장애를 주는 병적 상태를 말한다. 나이가 들면서 사소한 일들을 깜박 잊어버리는 경우가 잦아지는데, 치매는 이러한 단순 건망증과 차이가 있다. 과거에는 치매를 망령, 노망이라고 부르면서 치료의 대상으로 여기지 않았으나, 최근에는 많은 연구를 통해 분명한 뇌 질환으로서 치료와 관리 대상으로 인식되고 있다. 치매는 주로 고령 인구에서 많이 발생하며 현재 심장병, 암, 뇌졸중과 함께 4대 주요 사인으로 불릴 만큼 치명적인 뇌신경 질환이다.

흔히 기억 장애만을 치매 증상으로 알고 있지만, 이외에도 치매는 다양한 증상을 나타낸다. 처음에는 기억 장애에서 시작하여 시간, 장소를 이해하지 못하고 배회, 망상, 실금 등이 일어난다. 원인에 따라 다르지만 크게 세 가지로 치매 증상을 나누어 보면 다음과 같다.

- 인지 기능 장애: 기억 장애, 언어 장애
- 행동 심리 증상: 공격성, 우울증, 배회
- 신경 증상: 손 떨림, 요실금

치매의 위험 요인은 나라와 인종에 따라 다르다. 우리나라에서 실시된 대규모 역학 조사 결과로부터 도출된 위험 요인 및 위험 집단은 다음과 같다.

- 고령, 여성, 저학력의 계층
- 사별, 이혼, 별거, 미혼 등 결혼 생활을 유지하지 못하는 사람
- 흡연자, 알코올 중독자
- 두부외상의 과거력이 있는 사람
- 우울증이 있는 사람

반면에 소량의 음주, 가벼운 암기 연습 및 중강도 이상의 규칙적 운동은 치매 위험을 낮추는 것으로 알려져 있다.

현재까지는 완벽한 치매 치료 기술이 없는 실정이다. 그러나 의학기술의 발달로 새로운 치료 기술들이 도입됨에 따라 치매도 고혈압, 당뇨병처럼 치료 가능한 신경질환으로 바뀌어 가는 단계에 있다. 치매는 만성적으로 진행되는 뇌신경질환이기 때문에 일관성 있게 지속적으로 관리하는 것이 중요한 치료 원칙 중 하나이다. 치매 환자 당사자뿐만 아니라 주변 가족들의 삶의 질을 유지, 향상시키는 것도 간과할 수 없는 치매 치료의 중요한 목표이다. 전문의들이 사용하는

치매 치료 기술은 비약물요법과 약물요법으로 나눌 수 있다.

비약물요법은 약물요법을 시행하기 전에 환경 치료, 정신 치료, 행동 치료, 회상을 통한 인지능 치료 및 다양한 재활 훈련 치료 등을 통해 치매의 진행을 늦추고 증상을 개선시키기 위한 것이다. 다양한 비약물요법만으로 문제 행동에 호전이 없으면 약물요법을 고려한다.

약물요법은 사용하는 약물에 따라 다음과 같이 시행한다. 아세틸콜린 분해 효소 억제제를 사용하는 경우, 치매가 진행되면 뇌 속의 아세틸콜린이라는 신경전달물질이 감소하는데, 아세틸콜린은 인지 기능과 관계가 깊다. 따라서 치매 치료에는 신경전달물질의 양을 증가시키는 약제들을 사용할 수 있다. 대표적으로 아세틸콜린의 분해를 막아 주는 아세틸콜린 분해 효소 억제제를 쓰면 치매로 인한 인지능 및 문제 행동 개선에 상당한 효과를 볼 수 있다. 하지만 아세틸콜린 분해 효소 억제제는 증세가 경미한 초 · 중기 치매 환자의 약 25~40%에서 인지 기능의 개선을 보이며, 증세가 심한 말기 치매 환자의 경우에는 치료 효과를 기대할 수 없는 단점이 있다. 부작용으로는 구토, 설사, 식욕 감퇴, 근육 경련 및 불면증 등이 있으며, 이러한 부작용은 약물 복용 초기에 주로 나타난다.

흥분성 신경전달물질 길항제(메만틴)는 신경 독소가 신경 세포를 퇴행시키는 작용점을 막는 약물이다. 이것은 치매의 후기 단계에서 사용할 수 있는 약물로, 단독 또는 아세틸콜린 분해 효소 억제제와 함께 병용하여 사용할 수 있다. 하지만 이 약물이 초기 치매 치료제로서 유효한지 여부는 임상적 증거가 충분하지 않다.

은행잎 추출물(Ginko Biloba)은 수천 년 동안 치매의 예방 및 치료 약물로 사용되어 왔다. 약용으로 사용되는 은행잎 제제는 건조된 은행잎으로부터 추출되며,

혈행을 개선하는 효과가 있다.

이외에도 아세틸-L-카르니틴(acetyl-L-carnitine)이 있는데, 이것은 일부 국가에서 치매 치료제로 사용되고 있으나, 치료 효과를 입증할 만한 증거가 부족하고 기대할 수 있는 이득도 미미한 것으로 평가되고 있다. 항산화비타민의 경우는 이론적으로 치매 치료에 효과적일 것이라는 주장이 근거 있게 수용되고 있으나, 현재까지 항산화제를 새로운 치매 치료제로서 사용하기를 권장하지는 않는다.

고혈압

심장은 수축과 이완을 반복하면서 혈액을 우리 몸 구석구석에 보내 주는 펌프 역할을 한다. 이때 동맥혈관의 내벽에 미치는 압력을 수치로 나타낸 것을 혈압이라고 한다. 심장이 수축할 때 밀려나온 혈액이 심장 밖 혈관 벽에 미치는 압력을 수축기 혈압이라고 하고, 심장이 확장할 때 혈관에서 유지되는 압력을 확장

표 3. 고혈압의 진단 기준

	수축기 혈압(mmHg)	이완기 혈압(mmHg)
정상	120 미만	80 미만
고혈압 전 단계	120~140	80~90
고혈압	140 이상	90 이상

기 혈압이라고 한다. 일반적으로 고혈압은 수축기 혈압이 140 mmHg 이상, 확장기 혈압이 90 mmHg 이상인 경우를 말한다.

고혈압에는 특별한 증상이 없다. 흔히 두통, 어지러움, 귀 울림 등의 증상을 고혈압의 대표 증상으로 생각하기 쉬우나 고혈압 환자에게서 이런 증상이 발생하는 빈도는 정상인과 크게 다르지 않다. 따라서 확진되지 않은 고혈압 환자 입장에서는 고혈압에 의한 합병증이 생기기 전에, 특히 혈압을 측정하여 확인하지 않는 한 고혈압이라는 것을 알기 어렵다. 이처럼 고혈압은 특별한 증상이 없이 진행되기 때문에 '침묵의 살인자'라고도 불린다.

고혈압의 위험 요인 중에는 환자의 노력에 의해 조절 가능한 요인과 조절이 불가능한 요인이 있다. 고혈압은 원인이 불분명한 본태성 고혈압과 원인 질환이 명확한 2차성 고혈압으로 나눌 수 있다. 2차성 고혈압에서는 심혈관 질환, 쿠싱 증후군, 알도스테론증 등 원인 질환을 적절히 조절할 경우 정상 혈압으로 회복될 수 있다. 본태성 고혈압의 경우에도 고령, 가족력, 비만, 염분섭취 과다, 칼륨 섭취 부족, 운동 부족, 흡연, 음주, 과도한 스트레스 등의 위험 요인이 관여하지만, 이 중에서 조절이 불가능한 고령, 가족력 등의 요인을 제외하면 환자의 노력에 의해 위험 요인을 조절하여 고혈압 발생 위험을 낮출 수 있다.

유전적인 요인은 조절 불가능한 위험 요인으로, 부모가 고혈압인 자녀들은 정상 부모를 가진 자녀들에 비해 고혈압 발생률이 두 배 정도 높다. 또한 연령과 성별도 조절 불가능한 요인으로 40대 이후에 고혈압이 발병하기 쉽고, 여성의 경우는 특히 폐경 이후에 발생률이 증가하여 남자에 비해 발병률이 더 높게 나타난다.

비만, 운동 부족, 과다한 염분 및 지방 섭취와 같은 조절 가능 위험 요인은 노력에 의해 위험 요인을 낮출 수 있다. 먼저 정상 체중에서 1% 증가할 때마다 혈압이 약 7mmHg 가량 증가하는데, 체중이 줄어들면 혈압이 다시 정상으로 돌아오는 경우가 많으므로, 정상 체중을 유지하고 꾸준히 운동하는 것이 고혈압의 예방과 치료에 매우 중요하다. 또한 염분 및 지방 섭취가 증가하면 체중이 증가하고 혈압이 높아질 가능성이 많다. 특히 지방 중에서도 포화 지방산 섭취가 불포화 지방산 섭취에 비해 혈압을 높이는 효과가 크다. 이 밖에도 조절 가능한 위험 요인인 흡연, 음주, 스트레스 등도 고혈압 발병 원인의 하나이다.

고혈압 환자의 치료 목표는 혈압을 적정 수준으로 조절함으로써 고혈압으로 인한 합병증 발생과 이로 인한 사망을 예방하는 것이다. 이를 위해 혈압을 140/90 mmHg 이하로 낮추는 동시에 다른 교정 가능한 심장 혈관 위험 요인을 조절해 나가야 한다.

먼저 생활요법이 중요한데, 생활요법은 식사습관, 운동, 금연, 절주 등과 같은 생활습관을 개선시키는 것으로, 모든 고혈압 환자의 혈압 조절과 합병증 위험을 줄이는 데 매우 유익하다. 우선 고혈압을 조절하고 다른 위험 요인을 줄이기 위해 다음과 같은 생활습관의 개선이 필요하다.

- 과체중이면 체중 감량
- 음주 절제(맥주 500cc 한 잔, 와인 200cc 정도)
- 규칙적인 유산소 운동(산보, 빨리 걷기, 달리기 등)
- 나트륨 섭취 제한

- 적절한 칼륨, 칼슘 및 마그네슘 섭취
- 금연 및 지방, 포화 지방, 콜레스테롤 섭취 제한

모든 고혈압 환자는 혈압의 정도와 관계없이 일단 생활요법을 실시해야 하지만, 생활요법만으로 혈압이 조절되지 않을 경우에는 고혈압의 발생 원인에 따라 약물 치료를 병행하도록 한다. 고혈압 치료 약물에는 여러 종류가 있기 때문에 반드시 의사와 상의하여 환자의 증상에 맞는 약물을 선택해서 치료에 사용해야 한다. 때로는 치료 효과를 증가시키고 부작용을 감소시키기 위해 서로 다른 종류의 혈압 약을 같이 투여할 수도 있다. 이런 맥락에서 소량의 이뇨제는 다른 혈압 약의 효과를 증가시킬 수 있다.

약물요법에 사용되는 약물과 그 효과는 다음과 같다.

베타차단제(프로프라놀롤)는 심장 박동수 반응을 감소시키며, 수축기 혈압의 상승을 억제하는 약물이다. 혈압을 낮추는 작용 외에 관상동맥질환로부터 심장을 보호하고 심장이 불규칙적으로 뛰는 부정맥을 억제하는 등 심장에 이로운 작용이 많아 널리 쓰인다. 그러나 이 약물은 기관지를 수축시키는 부작용이 있으므로 천식 등 호흡기 질환을 악화시킬 수 있는 단점이 있다.

알파차단제(프라조신)는 혈관을 넓혀서 혈압을 낮추는 작용 외에 전립선과 방광의 긴장도를 낮추는 효과가 있어서 고령 인구에서 전립선 비대증이 있는 고혈압 환자에게 좋은 약물이다. 처음 이 약물을 복용하면 앉았다가 일어설 때 어지러움과 현기증을 유발할 수 있다. 이러한 부작용을 방지하기 위해 초기에 소량을 투여하고 취침 전에 복용하도록 한다.

칼슘길항제(니페디핀, 베라파밀)는 혈관의 세포막에서 칼슘의 통로를 차단하여 혈관을 확장시킴으로써 혈압을 낮추는 역할을 한다. 혈관에 대한 작용 외에도 심장에 작용하여 심장의 수축력을 억제하고 박동수를 낮추는 작용도 있다.

안지오텐신 전환 효소 억제제[ACE angiotensin converting enzyme inhibitor]는 심장이나 혈관에 직접 작용하지 않고, 우리 몸에서 혈압을 올리고 염분과 수분을 축적시키는 레닌-앤지오텐신-알도스테론이라는 시스템을 억제해서 혈압을 낮추는 약물이다. 고혈압 치료에 선택적으로 종종 사용되고 있으며, 소변을 배출하게 하는 이뇨제와 함께 사용 시 효과가 좋은 것으로 알려져 있다.

이뇨제(루프이뇨제, 사이아자이드)는 수분과 염분을 신장을 통해 체외로 배출하는 약물이다. 체내에 순환하는 혈액의 양, 특히 혈장 양을 줄임으로써 혈압을 낮추는 역할을 한다. 이뇨제는 고혈압 초기에 단독으로 사용할 수 있으며 다른 고혈압 치료제의 효과와 부작용을 줄이기 위해 보조적으로 쓰이는 경우도 많다. 고령이나 다른 약물로 인해 몸 안에 염분이 축적되어 염분에 대한 조절이 필요한 경우에 유익한 치료 효과를 기대할 수 있다. 이뇨제는 염분과 함께 인슐린 생성에 필요한 칼륨도 함께 배출시키기 때문에 장기간 이뇨제를 사용하면 당뇨병을 유발할 수도 있다. 따라서 칼륨이 많이 함유된 과일과 야채를 섭취하여 부작용을 예방하는 것이 바람직하다.

마지막으로 고혈압 약물 복용 시 주의할 점은 다음과 같다.

첫째, 조급증을 버려야 한다. 고혈압 약물들은 그 효과가 천천히 나타나는 경우가 많으므로, 혈압이 빨리 떨어지지 않는다고 조급하게 생각하지 말고 꾸준히 지속적으로 약물을 복용해야 한다. 둘째, 다른 약물과 병용 시 사용에 주의해야 한다. 고령 인구에서는 여러 질환 치료 약물들을 동시에 복용하는 예가 많으므로, 함께 복용하는 약물의 성분이 혈압을 너무 높이거나 낮출 수도 있다. 따라서 혈압 약을 처방받을 때에는 의사에게 현재 복용하는 약물들을 알려주는 것이 바람직하다.

scientific technology

건강한 식생활을 보장하는 과학기술

이형주 (서울대학교 농생명공학부 교수)

식품은 우리 몸을 구성 유지하는 데 필요한 각종 영양소를 공급할 뿐만 아니라 생활하는 데 필요한 에너지를 공급한다. 또한 좋은 식품은 즐거움을 주는 풍요로운 생활의 기본 요건이 될 뿐만 아니라 각종 질병도 예방할 수 있어 고령화 사회의 삶의 질 향상에 크게 기여하게 될 것이다. 정부에서도 고부가 식품산업을 17개 신성장 동력의 하나로 선정한 바 있다.

산업화 사회에서는 식품에서 이물의 오염이나 식중독 위험도 대규모로 발생할 수 있어 식품안전 문제가 매우 중요한 문제로 대두된다. 따라서 식품 안전을 확보하기 위해서 '안전식품인증제' 등이 활용되고 있으며, 오염 미생물의 신속한 검출을 위한 여러 가지 과학기술이 개발되고 있다.

고품질 식품의 생산을 위해서 각종 첨단기술이 활용되고 있는데, 막이용 기술, 초고압 기술, 전자파 이용 기술, 초임계 추출 기술 등이 대표적인 예이다.

최근의 과학기술 진보에 따라 식품에 함유되어 있는 각종 성분이 세포 내 신호전달 체제와 유전자 발현 또는 각종 단백질의 활성에 깊이 관여한다는 사실과 작용 기작 등이 밝혀지면서 식품 성분에 의한 만성질환 예방과 건강 유지 가능성이 크게 부각되고 있다. 장래에는 개인별 유전자 특성과 나이, 성별, 직업 등 생활환경에 알맞은 맞춤형 식품을 제공할 수 있을 것으로 예측되면서 이러한 발전이 미래의 인류 생활 방식에도 크게 영향을 미칠 것으로 예상된다.

식품과 건강

건강하게 오래 살고 싶은 것은 모든 사람의 소망이며 행복의 요건으로, 이러한 건강에 가장 크게 영향을 미치는 요인은 식생활과 운동이다. 식품은 우리 몸을 구성하고 유지하는 데 필요한 각종 영양소를 공급할 뿐만 아니라 생활하는 데 필요한 에너지를 공급해 준다. 이와 같이 식품은 우리에게 절실히 필요한 영양소와 에너지를 만족시켜 주기 때문에 식사를 하는 것은 매우 즐거운 일로 느껴지게 되고 풍요로운 생활의 기본 요건이 된다. 이뿐만 아니라 좋은 식품은 수천 년 전부터 동서양을 막론하고 약과 유사한 효과를 나타낼 수 있는 것으로 인식되었다. 현대 과학에서도 식품은 고령화 사회에 필연적으로 수반되는 각종 만성 질환에서 발병 원인의 3분의 1 이상을 차지하고 있는 것으로 분석되고 있다. 따라서 좋은 식품을 섭취하는 것은 건강 유지뿐만 아니라 각종 질병 예방 효과

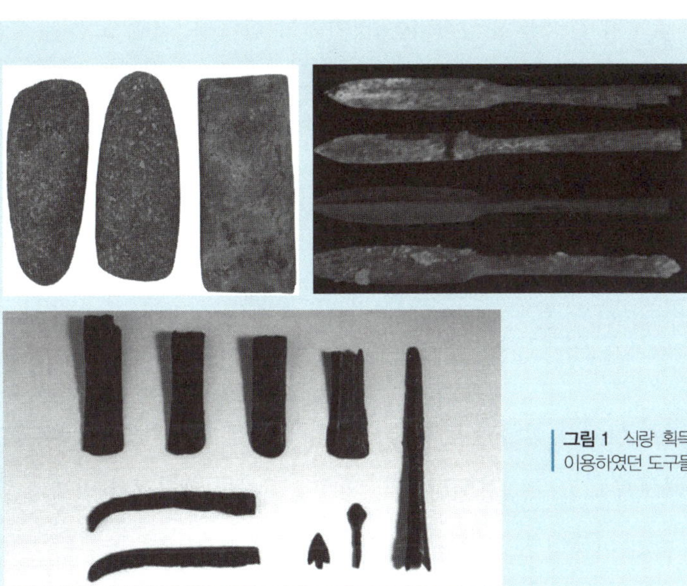

그림 1 식량 획득에 이용하였던 도구들

도 기대할 수 있다.

예로부터 사람에게 식량 공급은 생명과 관계되는 가장 절실한 문제이기 때문에 최우선적으로 해결해야 할 과제였다. 따라서 인류의 문명 역사는 결국 식량 공급 기술의 발전사라고도 볼 수 있다. 즉 문명 초기부터 나타나는 구석기, 신석기 시대의 토기 등은 대부분 식량 획득이나 저장 수단으로 사용된 것이며, 세계 4대 문명이라고 하는 것도 농업의 발달과 함께 정착 생활을 하며 획기적으로 안정적인 식량 공급이 가능하게 된 데에 기인한다고 볼 수 있다.

한 나라의 생활수준이 높아지게 되면 사람들은 고품질의 식품을 기대하게 된다. 고품질 식품이란 각종 영양소를 균형 있게 갖고 있는 것은 물론이고 안전하고 맛이 좋으며 건강을 향상시키는 것이어야 한다. 이러한 고품질 식품 생산에 중요한 식품의 안전, 가공, 기능성 식품 등에 활용되는 대표적 과학기술에 대해 알아보자.

식품의 안전성을 확보하는 과학기술

한 나라의 사회가 산업화 단계로 발전하게 되면 식생활도 자급자족이나 지역 소비 형태에서 대규모 가공이나 유통이 중요해지는 양상으로 바뀌게 된다. 그리고 이에 따라 이물의 오염이나 식중독의 위험도 대규모로 발생할 수 있어 식품 안전 문제가 매우 중요한 문제로 떠오르게 된다. 실제 식품의 오염이나 식중독 사고는 발생 시 인명 피해 등 커다란 사회 문제가 될 수 있기 때문에 정부나 기업으로서도 막대한 비용과 노력이 요구되어 식품의 안전성 확보는 고품질 식품에서 가장 중요한 문제라고 볼 수도 있다.

먼저 안전식품인증제에 대해 살펴보자.

안전식품인증제(위해요소 중점관리, HACCP, Hazard Analysis and Critical Control Points)는 식품의 원료 관리에서 제조, 가공, 조리, 유통에 이르는 모든 과정에서 식품의 안전성에 영향을 미치는 위해요소들이 식품을 오염시키는 것을 방지하기 위하여 각 과정의 위해요소를 과학적으로 분석하고 사전에 위해요소의 발생 원인을 차단함으로써 보다 안전한 식품을 공급하기 위한 중점 관리 체제를 말한다.

안전식품인증제는 식품의 안전성 문제를 사건이 발생한 후에 조치하기 위한

| 그림 2 안전식품인증 마크

것이 아니라 사전에 철저히 예방하기 위한 체제로서 식품의 안전성을 높이는 데 매우 효과가 크다. 이 체제에서는 식품 산업에서 '우수제조기준'이라고 불리는 위생관리기준에 의한 시설 및 설비를 철저히 확보하고, 식품 안전을 위해 세밀하게 개발된 위생표준절차를 엄밀하게 따르도록 되어 있다. 안전식품인증제의 기본 개념은 1950년대 말에 미국에서 시작되어 세계 여러 나라에 받아들여졌으며 우리나라에서도 1995년에 도입되어 현재 많은 부분의 식품 제조 공정에 적용되고 있으며, 안전한 식품을 공급하는 데 크게 기여하고 있다.

오염 미생물의 신속 검출도 중요한 문제인데, 식품의 안전성을 위협하는 요인은 미생물학적, 화학적 및 물리적 인자로 분류할 수 있다. 이들 중 미생물이 가장 큰 부분을 차지하고 있으며, 특히 식중독 유발 병원성 세균에 의한 영향이 가장 크다고 할 수 있기 때문에 식중독 세균 등을 신속하게 검출 분석하는 것이 매우 중요한 문제로 대두되고 있다. 또한 관련 기술도 매우 빠르게 발전하고 있다.

식품으로부터 식중독 세균을 검출하는 대부분의 전통적인 방법들은 분리하려는 유해 미생물을 선택적으로 배양시킨 다음 그 수를 정량할 수 있는 선택배지에 의존해 왔다. 이러한 선택 배지들은 높은 경제성에도 불구하고 배양에 오랜 시간이 걸리기 때문에 문제 발생 시 대응 시기를 놓치게 되는 점과 하나의 선택 배지로 한 종류의 균만을 선택적으로 분리해 내는 등의 단점이 있다. 따라서 이러한 단점을 최소화하기 위하여 면역학적 또는 분자생물학적 기법들을 접목시킴으로써 검출 시간과 민감성을 향상시키고 있으며, 미생물의 증식, 분리, 확인을 동시에 할 수 있는 꾸러미 형태의 제품들이 시판되고 있다.

미생물을 검출하기 위한 방법은 특이성과 민감도가 높은 항원 항체 반응을 활용하는 효소면역분석법 뭉치가 활용되고 있다. 또한 유전학적인 방법으로는 DNA 융합, 중합 효소 연쇄 반응, 미세 배열 기법(플라스틱 판 등에 수많은 미량의 DNA, RNA, 단백질 등을 고밀도로 집적 배열하고 유전자 등이 결합하는 정도를 측정하여 발현 유전자나 단백질 양상을 분석하는 방법) 등이 사용되고 있다.

중합 효소 연쇄 반응 방법은 일반적으로 원인 미생물을 분리하지 않고 대상 미생물의 특징적인 DNA의 일부만을 시험관 내에서 증폭시키는 것으로, 식품에 오염된 식중독 세균을 확인하는 데에도 가장 우수한 방법으로 인정되고 있다.

DNA 미세 배열 기법은 현재 최신 분석법 중 하나로 평가받고 있으며, 최근 5개 이상의 미생물을 신속하게 검출하는 체제가 발표된 바 있다.

테라헤르츠 분광/영상을 이용한 검출 방법은 테라헤르츠파를 이용하는 미생물 검출법으로, 테라헤르츠(THz = 10^{12}Hz) 주파수 대역은 신호원 개발이 어려워 응용이 더디었으나 최근 초고속 레이저 관련 기술이 발전함에 따라 연속 조정이 가능한 테라헤르츠 전자기파 생산이 용이하게 되었다. 이 방법은 기본적으로 바이러스나 세균류에서 테라헤르츠파가 어떤 식으로 흡수 또는 반사되는지를 계측하여 그 데이터를 데이터베이스와 비교만 하면 되므로 기존 방법과는 비교도 안 될 정도로 조작이 간단하다. 이러한 테라헤르츠파의 특성을 활용하면 포장된 상태에서 다양한 크기와 밀도를 가진 식품 이물의 검색이 가능하고, 물질 고유의 투과, 흡수, 반사 특성을 이용하여 검색된 식품 이물질의 성분 동정도 가능하다. 현재까지 이 기술을 이용하여 육안 구별이 어려운 탄저균과 소맥분의 판별, 식품 중 존재하는 미세한 금속 또는 유리 파편 등의 이물질을 검출한 예가 있다. 테라헤르츠파는 X선과 달리 인체 및 식품에 무해하므로 식품 중 존재하는 이물질 탐지에 큰 장점이 있다고 할 수 있다.

고품질 식품을 위한 가공 공정

오늘날과 같은 현대 산업화 사회에서는 여성의 사회 진출 증가, 생활수준의 향상, 그리고 고령화가 급격히 진행되면서 편리하게 이용할 수 있는 고품질 식품의 수요도 크게 늘어나고 있다. 시대가 바뀌더라도 식생활의 중요성은 변하지 않았기 때문에 과학기술의 발전은 언제나 식품 생산 또는 가공 공정에 바로 활용되어 왔는데 비교적 새롭게 응용되는 몇 가지 과학기술 사례를 살펴보면 다음과 같다.

■ 막 이용 기술

이 기술은 구멍 크기가 다양한 여과 막을 이용하여 분자량이 다른 여러 성분

표 1. 막 이용 기술

구분	내용
역삼투압기술	일반적으로 분자량이 가장 작은 염류 등을 용매에서 분리하기 위한 목적으로 사용되며 해수의 담수화, 각종 액상 식품의 저온 및 저에너지 농축, 가공 폐수에서 유용 성분의 회수와 재이용 등에 이용하고 있다.
한외여과기술	액체 성분 중 당류와 단백질 등 저분자 성분과 고분자 성분의 분리, 가공 폐수에서 유용 성분의 회수 등에 이용된다.
정밀여과기술	액체 및 기체에서 미립입자, 미생물의 제균, 생맥주, 술 제조 등에 이용한다.
전기투석기술	투석막에 전하를 걸어 하전입자를 분리하는 방법으로 액체 식품의 탈염, 해수에서 식염의 제조, 육아용 분유의 염류 조제에 활용된다.
다이내믹 막기술	밀여과, 한외 여과, 역삼투막 기술과 고정화 효소를 조합시킨 것이다.

을 크기별로 걸러 내거나 크기와 전하가 다른 여러 물질을 분리하는 방법이다. 일반적인 여과 막보다는 구멍 크기가 매우 작기 때문에 보통 강한 압력을 가해 분리한다. 막 이용 기술은 표 1에 제시한 것들이 있다.

■ 초고압 기술

500~10,000기압의 고압에서 식품을 처리함으로써 열을 사용하지 않고 살균, 가공, 조리 등을 하는 기술이다. 식품 가공 시 가열하게 되면 미생물의 사멸 등 바람직한 변화도 일어나지만 영양 성분이나 맛 성분이 파괴되어 품질이 저하

되는 경우가 대부분이다. 예를 들면 바로 짠 과일 주스는 맛이 좋지만 병에 담아 상품화한 것은 살균된 것이기 때문에 맛이 떨어진다. 생맥주의 경우도 마찬가지이다. 식품 가공에서 초고압 기술은 햄, 과즙, 녹즙 등의 살균에 이용되고 있다. 고압을 처리하게 되면 미생물의 세포막계가 손상되어 세포의 사멸과 증식 불능, 미생물 막의 유동 특성이 변화하기 때문이다. 초고압 기술은 식품의 보존성 향상, 미생물 오염 방지, 효소 반응의 조절, 발효의 정지, 물성의 개선 등 다양한 방면에 이용될 수 있다.

■ 전자파 이용 기술

여러 파장의 전자파를 이용하여 식품의 살균, 가열 등을 하는 기술이다. 여러 파장의 전자파는 에너지 수준에 따라 원자, 분자, 물체 수준에서 다양한 영향을 미칠 수 있으므로 식품에서도 살균, 살충, 발아 억제, 가열, 비파괴 계측 등에 이용되어 왔다. 전자파 이용 기술에는 마이크로파 열처리, 옴 가열, 방사선 조사, 고전압 펄스 전기장, 전자파에 의한 비파괴 분석 등이 있다.

먼저 마이크로파를 이용한 열처리 방법은 기존의 열처리 방법과 비교하였을 때 식품의 온도를 매우 빠르게 증가시키며, 원하는 온도를 만드는 데 적은 시간이 소요된다. 특히 고체나 반고체 물질의 적용이 용이하며, 포장된 식품에서도 이용이 가능하다. 물체 자체가 발열체이기 때문에 가열 장치를 예열할 필요가 없어 열효율이 매우 좋으며 짧은 시간 동안 높은 열을 생산함으로써 병원균을 효과적으로 파괴하고, 열에 의한 식품 성분의 분해를 줄일 수 있다.

옴 가열(Ohmic heat)이나 전기적 저항 가열은 연속적으로 흐르는 식품에 저압의 교류 전류를 적용하면 이 과정에서 식품의 전기전도도에 의해서 열이 발생하는데, 이와 같이 액체 또는 고체 물질 내의 전기 저항 효과를 이용하여 전기 에너지를 열로 전환시키는 방법이다. 옴 가열의 장점은 신속하고 균일하게 물질에 열을 처리할 수 있으며, 신속한 온도 상승으로 식품 내 미생물을 보다 효과적으로 제어할 수 있다는 것이다. 옴 가열은 내부에서 열을 발생시킨다는 점에서 마이크로파와 유사하지만 마이크로파에 비해서 일정하게 가열이 되고, 기존 기술에 비해 가열 속도가 월등히 빠르다는 것이 장점이다. 따라서 옴 가열은 식품의 안전성과 더불어 높은 수준의 식품 품질을 유지시켜 줄 수 있는 기술로, 식품의 데치기 과정, 증류수화, 발효, 그리고 추출 등의 과정에서 이용이 기대된다. 더불어 액화 식품이나 미립자 식품, 특히 인스턴트 음식, 과일, 채소, 고기 또는 어류 등의 살균이나 멸균 등에 이용될 수 있다.

방사선조사는 방사능 물질에서 나오는 이온화된 방사선 에너지를 식품에 쪼이는 것으로, 감자, 양파, 마늘 등의 발아 및 과일의 숙성을 지연시키거나 곡류, 육류, 생선류 등 식품의 병원균, 기생충 및 해충을 사멸시키는 데 사용된다.

고전압 펄스 전기장은 효모나 곰팡이 등 미생물의 사멸에 효과적인 방법으로 각광받고 있다. 미생물이 포함된 액상 식품에 짧은 시간 동안 높은 전압을 처리하면 세포막에 큰 충격을 주어 미생물을 사멸할 수 있다. 고전압 펄스 전기장 처리는 상온 또는 냉장 온도에서 몇 초 이내에 가능하기 때문에 식품의 품질에는 변화를 주지 않으면서 미생물의 사멸이 가능하다.

전자파에 의한 비파괴 분석은 전자파 에너지의 정적 이용으로 형태, 조직 구조, 색, 화학 성분, 식미 등의 품질, 제품 검사 및 평가에 이용할 수 있다.

■ 초임계유체 추출 기술

초임계유체를 사용해서 특정 성분을 추출 및 분리하는 데 이용하는 기술이다. 초임계유체는 액체와 기체의 경계인 임계 온도(critical temperature) 및 임계 압력 이상의 상태에 존재하는 유체로서 액체와 기체의 특성을 모두 갖는다. 초임계 상태(super critical state)에서는 특정 성분의 용해도가 액체에서와는 달리 특이적으로 높아질 수 있기 때문에 특정 성분의 추출과 분리에 효율적으로 사용될 수 있다. 따라서 식품, 천연 의약품, 향료 등의 천연물 성분을 손상 없이 분리 정제하는 데 이용된다. 식품 산업에서는 보통 초임계 탄산가스를 용제로 사용하고 있다.

초임계유체 추출 기술은 커피의 카페인 제거에 성공적으로 적용된 이래 향신료 및 향료의 추출, 식물과 어류의 유지 추출, 맥주 원료인 호프 성분 추출 등에 이용되고 있다.

맞춤형 기능성 식품

최근 생활수준이 급속하게 향상됨에 따라 개인 건강에 대한 관심이 고조되고 있으며, 국가적으로도 풍요로움과 건강 사회가 구현되는 복지사회 국가를 건설하고자 하는 것이 중요 목표가 되고 있다. 한편 산업화 사회에서는 영양의 과잉 섭취와 노인 인구의 증가로 인한 고혈압, 뇌졸중, 암, 당뇨 등 각종 성인병이 보건상의 큰 문제가 되고 있다. 이들 성인병은 발병 원인의 약 3분의 1이 매일 섭취하는 식품과 관련 있는 것으로 알려져 있어 좋은 식품의 개발이 영양적인 측면뿐만 아니라 국민보건 향상에도 크게 기여할 수 있다는 것을 보여 주고 있다.

기능성 식품은 영양소의 공급이나 풍요로운 감각뿐만 아니라 생체 조절 기능을 부여하는 식품을 말한다. 따라서 혈압 강하, 항암, 혈전 예방, 당뇨 예방 등의 각종 건강기능성을 나타냄으로써 식품과 약품의 중간 성질을 갖는다. 일단 인간에게 질병이 발생하면 개인, 가정, 국가적으로 모두 육체적, 정신적, 경제적 부담을 갖게 되므로 발병 전의 예방이 무엇보다 중요하다고 할 수 있다. 기능성 식품은 일상 섭취하는 식품의 형태로 각종 성인병 등을 예방할 수 있는 기능이 있다.

우리나라에서는 전통적으로 '약식동원(藥食同源)'이라고 하여 일상에서 섭취하는 식품을 통하여 건강을 유지할 수 있다는 생각이 보편화되어 왔다. 또한 전통의약도 식품의 형태를 가진 것이 많은데, 이 개념은 현대적인 기능성 식품과 매우 흡사하다. 이 전통을 바탕으로 우리나라에는 기능성 식품 소재로 활용할 수 있는 한의학, 천연물과학 자료와 소재 등이 오랫동안 광범위하게 축적되어 왔다.

최근 들어서는 특정 질병에 대한 여러 영양소의 기능이 새롭게 인식되고, 생물공학 등을 응용하는 생물 산업 분야의 신기술이 빠르게 발전하면서 새로운 건강 증진 기능을 갖는 식품 소재에 관한 연구가 진행되고 있다. 또한 이들을 이용한 제품 개발이나 대량 생산이 여러 나라에서 활발하게 이루어지고 있다. 건강기능성 식품을 개발하기 위한 식품 신소재는 대부분 생물공학 등의 첨단기술을 응용하게 되며, 생물 산업 중 비중이 큰 식품이나 제약 산업과 직접 연계가 가능하므로 앞으로 더욱더 발전할 것으로 예상된다.

현재 우리나라에서 개별 인정형 건강기능식품에 허가된 기능성에는 다음과 같은 것이 있다.

- 혈당 조절
- 관절/뼈 건강에 도움
- 항산화 활성
- 콜레스테롤 개선
- 면역 기능에 도움
- 장 건강에 도움
- 체지방 감소에 도움
- 피부 건강에 도움
- 혈압 조절

최근 과학기술 진보에 따라 식품에 함유되어 있는 각종 성분이 세포 내 신호 전달 체제와 유전자 발현 또는 각종 단백질 활성에 깊이 관여한다는 사실과 작용 기작 등이 밝혀지면서 식품 성분에 의한 만성질환 예방과 건강 유지 가능성이 크게 부각되고 있다. 장래에는 개인별 유전자 특성과 나이, 성별, 직업 등 생활환경에 알맞은 맞춤형 식품을 제공할 수 있을 것으로 예측되면서 이러한 발전이 미래의 인류 생활 방식에도 크게 영향을 미칠 것으로 예상된다. 이와 관련된 학문은 식품생명공학의 주요 분야로서 전반적인 생명공학 발전에도 크게 기여할 것으로 예상되며, 기능성 식품이 선도하는 고부가가치 식품 산업은 우리나라의 미래 성장 동력으로서도 간주되고 있다.

scientific technology

물, 몸, 건강

문광순 ((재)한국계면공학연구소 소장)

물은 지구 상 어디에나 자연적으로 존재하는 대표적인 액체이다. 지구 상에 존재하는 모든 생명체의 중요한 부분을 차지하는 물은 공기와 함께 생명체들의 영양소 섭취, 소화, 성장, 에너지 방출 등의 생명 활동에 꼭 필요한 물질이다. 물은 사람 몸의 약 80%를 차지하고 있어 깨끗한 물의 섭취와 적절한 배설은 몸의 건강 유지에 지대한 영향을 미친다. 한편 물은 생명체가 생명 활동을 하는 기후 조건에서 고체(얼음), 액체(물), 기체(수증기) 등 물질의 삼체 모든 상태로 존재할 수 있다. 이와 같은 물의 여러 가지 삼체 특성들을 활용하여 우리 인간들은 그 식량은 물론, 여러 가지 생활용품의 생산, 유통, 소비 등 산업사회 활동을 하면서 강, 하천, 호수 등 물가에서 인류 문명의 발전을 이루어 왔다. 이 주제에서는 이와 같이 매우 중요하지만 어디에나 자연적으로 존재하기 때문에 그 중요성과 가치가 잘 인식되고 있지 않은 물의 성질과 활용성, 그리고 전 지구적 물 환경 보존의 필요성 등에 대하여 간단히 생각해 보고자 한다.

* 본 글에서는 물의 기본적 성질과 그 활용성 등이 너무나 잘 알려진 기초적 사실들이므로 특별히 전문 문헌을 참조하지는 않았다. 단 관심이 있는 독자는 인터넷이나 위키백과(Wikipedia) 같은 공개 자료를 참조하면 도움이 될 것이다.

물의 존재

인류 문명의 4대 발상지는 물론, 오늘날 세계 각국의 모든 대도시들이 음용수의 공급이 용이한 강이나 큰 호숫가에 자리하고 있다는 것은 그리 놀라운 사실이 아니다. 사람은 물을 마시지 않으면, 최대 수 주간은 생명을 지탱할 수 있지만, 그 이상은 어렵다. 물은 인간의 직접적 생명 유지 활동 외에도, 농업용수, 공업용수, 교통로 등으로 사용된 후에 여러 가지 오염 물질들을 안고 바다로 흘러 들어간다.

■ 지구 상 물의 순환계

바다에서 일정량의 태양에너지를 받아 물이 증발하여 이룬 수증기(기체 상태의 물)가 응집하여 구름을 이루고, 구름이 바람을 타고 육지로 이동하여 비(증류수)를 내리면, 이를 다시 생명체들이 사용하면서 지구 상의 물 순환 고리가 완성된다. 이와 같은 자연적 물(증류수) 순환 작용은 지상의 모든 생명체들이 지속적 생명 활동을 유지할 수 있도록 자연이 우리에게 베풀어 준 커다란 혜택이기도 하다.

지구 상 수자원의 적절한 개발과 효율적 활용 문제는 식량문제, 환경문제와 더불어 인류가 함께 풀어야 할 심각한 문제 중의 하나이다. UN은 과도한 산업단지의 개발과 인구 밀집 지역의 형성에 따른 연수의 부족으로 인한 여러 가지 환경문제의 중요성을 인식시키기 위해 매년 3월 22일을 '세계 물의 날'로 정하여 국제적 관심을 촉구하고 있다.

현재 지구 상 모든 물은 염수인 바닷물이 약 97%이고, 그 외 연수(3%)의 양은 1조 3,338억 톤이다. 한편 연수의 68.7%는 대부분 빙하(그림 1)와 빙산에 얼음으로 갇혀 있고, 30.1%는 지하수, 기타 0.9%를 제외한 나머지 약 0.3%만이 사용 가능한 지표수이다. 이 지표수의 구성은 호수 87%, 습지 11%, 그리고 나머지 2%가 강물이다. 또한 모든 연수의 0.3%인 가용 지표수도 지구 상에 골고루 분포되어 있지 않다는 사실과, 최근 급격히 변화하고 있는 지구 기후 환경의 변화를 고려한다면, 다가오는 물 부족 현상에 대한 국민적 대비가 매우 중요한 사안

그림 1 지구 상 모든 연수의 68.7%는 빙하와 빙산이고, 그중 약 0.3%만이 사용 가능한 지표수이다. (자료: Shutterstock)

이라고 할 수 있다. 한편 사람을 비롯한 지구 상 모든 생명체 구성 물질의 상당 부분이 물로서, 이는 연수의 약 0.003%에 해당하는 양이다. 또한 인간 생활 활동에 필요한 물의 약 70%는 농경수로 사용된다.

이에 대한 현대 과학기술적 대안은 첫째, 우기에만 집중적으로 오는 빗물은 사용 가능한 연수의 유일한 원천이므로, 크고 작은 저수지, 강보, 건물 지하 저장조 등을 통하여 최대한 저장할 수 있는 기술과 시설을 개발하는 것이다. 둘째, 지금과 같은 대도시 건설법으로는 지표의 모든 부분이 콘크리트와 아스팔트로 덮여 있어 지표수가 지하로 스며들 기회가 없으므로, 지하수 저장 극대화 기술을 개발해야 한다. 셋째, 깨끗한 음용수 공급 기술 개발이 이루어져야 하며, 넷째, 생활용수와 오폐수의 효율적 처리 및 재활용, 중수에 대한 기술 개발도 해야 한다. 마지막으로 여러 가지 물환경 기술 개발 등에 힘써야 한다. 오늘날에는 이와 같은 여러 기술들이 개발 또는 시행되고 있는데, 특히 바닷물에서 직접 음용수를 생산하는 기술 개발이 주목할 만하다. 대형 발전소들의 폐열을 이용한 바닷물 증류법이나 베 보자기로 한약을 짜듯이 바닷물을 역삼투압법으로 짜서 음용수를 대량으로 생산하는 기술이 우리나라 기업들에 의하여 개발되어 중동 여러 나라에서 시공, 사용되고 있는데, 이것은 참으로 자랑스러운 일이다.

■ 물의 우주 기원

우주천문학에서는 혜성과 같은 외계에서 생성된 얼음 상태의 물이 지구에 전해졌을 수 있다고 생각한다. 지구보다 중력이 작은 달에는 예전에는 있었을 수도 있는 물이나 공기가 모두 우주 공간으로 사라져서, 거의 진공 건조 상태로 되었기 때문에 우리가 알고 있는 형태의 생명체 활동이 불가능하다. 한편 지구보다 약간 작은 화성에서 최근 화성탐사선 큐리오시티가 극지 땅속에 있는 얼음을 발견하여 생명체 존재 가능성이 이야기되기도 하였다. 그 밖에 태양계 내에 있는 천체로서는 토성의 주위를 돌고 있는 지구와 비슷한 크기의 엔세라타 위성이 얼음으로 구성되어 있다는 것이 밝혀졌을 뿐, 다른 천체에는 액체 물이 없다고 알려져 있다. 그럼에도 불구하고 외계문명탐사연구소(SETI) 같은 연구소에서는 전파 망원경을 통하여 과거 수십 년간 외계 생명체의 문명을 찾는 노력을 해 오고 있다.

최근 우주생물학에서는 외계 문명 또는 외계 생명체 찾기의 하나로, 태양계 밖에 있는 별 (항성) 주위를 돌고 있는 외계행성이나 그 외계행성 주위를 돌고 있는 외계행성-위성을 찾는 노력이 지속적으로 이루어지고 있다. 최근 케플러 망원경 관측으로, 태양계 외의 모든 별은 태양계와 같이 그 주위를 공전하고 있는 행성과 위성을 가지고 있는 항성계라는 것이 밝혀졌다. 이에 더하여 지구와 여러 가지 조건이 비슷하여 생명체의 존재 가능성이 높은 행성들이 속속 발견되고 있어, 우리의 가슴을 설레게 하고 있다. 이는 일찍이 지구와 같은 외계행성의 존재를 이야기하던 도미니카 수도승 브루노(Bruno, 1,5??~1,600)가 중세 가톨릭 교회의 이단으로 출교되어 로마의 한 광장에서 화형당한지 약 400여 년 만의 일이다.

■ 지구 상 물의 생성

지구를 떠나서 우주에서 지구를 바라보면, 어릴 적 가지고 놀던 푸른 유리 구슬과 같이 보인다. 지구 표면에서 우리가 보는 하늘은 공기의 산란작용으로 푸르게 보이지만, 인공위성에서 본 지구의 배경인 우주 공간은 빛이 반사하여 되돌아올 수 없어 완전히 검은색인 암흑세계이다. 한편 지구 표면은 약 71%를 덮고 있는 바닷물 때문에 전체적으로 푸른색을 띠고 있고(그림 2), 잘 보면 아주 얇은 지구 대기층의 푸르스름한 색도 보인다.

그림 2 인류 역사상 처음으로 인간이 지구를 떠나서 찍은 '아폴로 17' 지구 사진 – 푸른 바다와 흰 구름으로 덮여 있다. (자료: Wikimedia)

지구 상의 물은 모두 여러 가지 화학 반응에 의하여 생성된다. 그리고 거의 모든 물이 탄화수소체의 산화 반응에 의하여 이루어진다. 이때 탄화수소체의 탄소(C)가 산소(O_2)와 결합하여 이산화탄소(탄산가스, CO_2)가 생성되고, 수소(H_2)가 산소(O_2)와 결합하여 물(H_2O)이 생성된다.

산화 반응 : 탄화수소체〔$-(CH_2)_n-$〕 + 산소〔O_2〕
→ 탄산가스〔CO_2〕 + 수증기〔H_2O〕 + 열(에너지)

오래전 지구에 살던 식물과 동물 유기체들이 땅속에 묻혀 지질학적 열과 압력을 받아 생성된 석탄, 석유, 가스 등 모든 화석연료가 바로 이 탄화수소체이다.

옛날 석기 시대 우리 조상들은 나뭇가지를 모아 불을 펴서 고기를 구어 먹을 수 있는 열을 얻었지만, 오늘날 우리들은 이들 화석연료를 태워서 취사와 난방은 물론, 전기도 생산하고, 자동차도 타고 다닌다. 이 모든 에너지 획득 과정이 바로 탄화수소체의 산화 반응이다. 이들 산화작용의 진행 속도가 매우 빠르면 폭탄이 되기도 하고, 천천히 진행되면 부패 분해 작용이 되기도 한다. 그러나 탄화수소체가 산소와 결합하여 탄산가스와 물을 생성함과 동시에 에너지를 발산하는 기본 과정에는 변함이 없다. 아울러 모든 생명체들이 흡수한 영양소(탄화수소체)를 호흡을 통하여 흡입한 산소와 결합시켜서 생명 활동에 필요한 전기석, 열적 에너지를 발생시킨 후에 호흡을 통하여 탄산가스와 수증기를 배기가스로 배출하는 것은 전형적인 산화 반응에 해당한다.

그런데 사람을 비롯한 모든 동물들과 이들의 먹을거리인 식물들을 포함한 모든 생명체를 이루는 근본 물질이 바로 이 탄화수소체이다. 한편 모든 생명체의 근본 활동은 이들 탄화수소체를 생성하기 위한 다음과 같은 식물의 광합성 작용에서 비롯된다.

광합성 반응 : 탄산가스〔CO_2〕 + 물〔H_2O〕 + 태양광 에너지

→ 탄화수소체〔$-(CH_2)_n-$〕 + 산소〔O_2〕

탄산가스(CO_2)와 물(H_2O)이 결합하여 탄화수소($-(CH_2)_n-$)와 산소(O_2)를 생성하는 광합성 작용에는 반드시 태양광 에너지가 들어가야 한다. 태양광 없이는 절대로 일어나지 않는 화학반응이기 때문이다. 세상의 모든 식물들은 태양이 우리

에게 값없이 제공해 주고 있는 태양광 에너지를 받아서, 무상의 탄산가스(CO_2)와 물(H_2O)을 반응시켜서 탄화수소($-(CH_2)n-$)와 산소(O_2)를 생산해 내는 자연의 에너지 전환 공장이다. 오늘날 이와 같은 무공해 광합성 에너지 생산 공정을 인공적으로 이루고자 전 세계 첨단과학자들이 많은 노력을 기울이고 있는데, 이 노력이 실현되기만 한다면 인류의 에너지 걱정 해결은 물론, 오늘날 심각한 문제가 되고 있는 온실가스 문제도 동시에 해결하게 되어 수많은 노벨상이 쏟아질 것이다.

위의 산화 반응과 광합성 작용을 가만히 살펴보면, 이 둘은 완전히 반대되는 역반응이다. 지구 생성 당시 탄산가스가 주였던 대기 가스가 오랜 기간 동안 생명체(탄화수소체) 발생과 이들의 성장 호흡 작용으로 오늘날 인류가 살기에 적합한 대기 구성의 평형이 이루진 것은 참으로 놀라운 일이다. 그런데 산업혁명 이래 지속적으로 진행되어 온 화석연료(석탄, 석유, 가스, 등)의 사용으로 대기 중의 탄산가스 농도가 높아져서 연평균 기온 상승, 기후의 특이 변화, 해수면 상승 등 범지구적으로 심각한 문제들을 야기하였는데, 이것은 인류의 장래를 위하여 전 세계가 힘을 모아 풀어야 할 문제들이다.

물 분자의 구조

물의 여러 가지 독특한 물리화학적 특성들의 대부분이 물 분자 극성으로 인한 분자 간의 강력한 수소 결합에 기인하고 있으므로, 여기에서는 물 분자 구조에 대하여 좀 더 상세하게 알아보고자 한다.

한 개의 물(H_2O) 분자는 한 개의 산소 원자와 두 개의 수소 원자가 단단하게 공유 결합하여 형성된 화합물이다. 일단 이렇게 형성된 물 분자를 전기분해하면, 양극에서 산소를, 그리고 음극에서 수소를 1대 2의 부피 비율로 얻을 수 있다.

한 개의 물 분자의 구조를 살펴보면, 정삼각형 네 개가 합해져 하나의 밑면과 세 개의 옆면을 이루어 만들어진 정사면체의 중심에 부분적으로 음성을 띄는 산소 원자(O_2) 하나가 있고, 4개의 꼭짓점 중 2곳에 부분적 양성을 띄는 수소 원자(H_2)가 하나씩 붙어 있다. 그리고 나머지 두 개의 꼭짓점은 비어 있으므로, 결과적으로 양성 수소와 음성 산소가 양쪽으로 나뉘어 있어 마치 자석처럼 극성을 띠는 극성 물질이다. 이때 수소-산소-수소 사이의 결합각은 정사면체의 기하학적 구조에 맞추어 약 104.5도를 이룬다. 또한 이들 원자가 딱딱한 잘 익은 감자에 꽂아 놓은 젓가락 두 개처럼 고정되어 있는 것이 아니고, 1초에 수천억 번씩 각 방향으로 진동하여 산소-수소 원자 간 거리(약 0.957옹스트롬)는 물론 수소-산소-수소 사이의 결합각(약 104.5도)도 일정한 범위 안에서 항상 변화하는 진동 운동을 하고 있다.

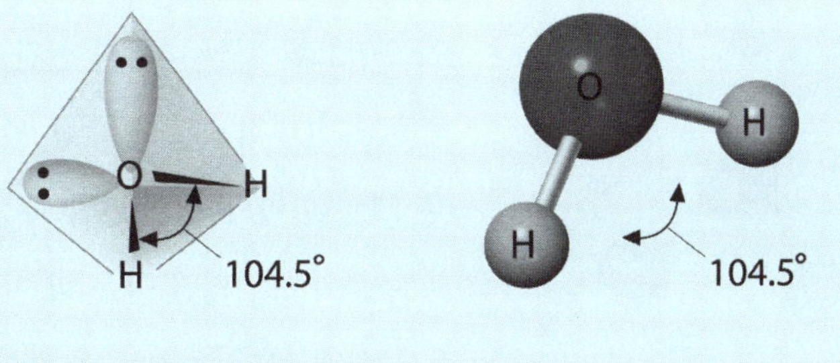

| 그림 3 정사면체 물 분자 구조

물 분자의 극성과 물 분자 간의 수소 결합

여러 개의 물 분자들이 다른 극성끼리 서로 당겨서 결합하는 것을 수소 결합 또는 OH 결합이라고 한다. 물 분자 간의 이와 같은 수소 결합은 비교적 강한 결합으로, 알코올이나 유기용제들 같은 비극성 액체들보다 잠열, 비열, 빙점, 비등점 등이 매우 높은 것이 특징이다. 액체 상태 물은 그림 4에서 보는 바와 같이 보통 한 개의 물 분자당 3~4개의 물 분자가 수소 결합을 하여 한 덩어리를 이루고, 이들 덩어리들이 계속하여 뭉쳤다가 헤어짐을 반복하면서 물의 고유 유동성을 갖게 한다. 그래서 물은 언제나 높은 곳에서 낮은 곳으로 흐르고, 어떤 형태의 용기도 꽉 채울 수 있다.

한편 물의 온도를 점차 높이면 물 분자 간 수소 결합보다 분자 간 진동에너지가 더 커져서 개개의 독립 물 분자로 존재하는 기체 상태의 물인 수증기가 되는데, 이것이 바로 섭씨 100도에서 물이 끓는 현상이다. 이와 같은 수증기가 낮은 온도에서는 재응결하여 순수한 물을 이루는데, 깨끗한 연수는 동식물의 생장에 절대적으로 필요할 뿐만 아니라 인간 모든 산업 활동에도 절대적으로 중요한 원료이기도 하다. 그런데 이와 같은 산업 과정에서 필연적으로 물이 오염되면 물은 더 이상 그 순기능을 못하게 된다. 한편 물을 끓이거나 바닷물이 자연 증발되거나 하면, 순수한 물만 증류

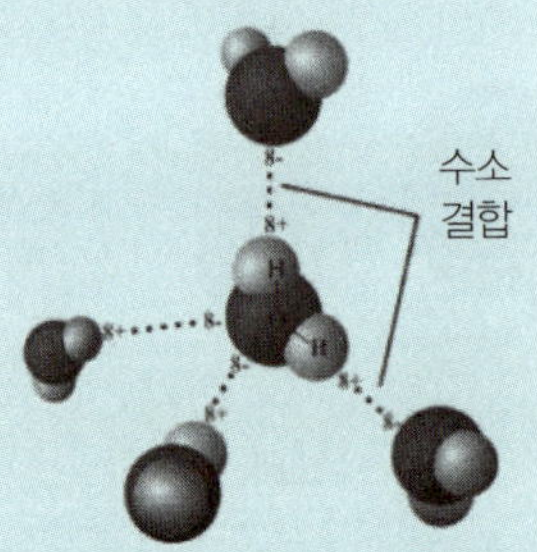

그림 4 물 분자 간의 수소 결합

되어 기체 상태의 물인 수증기(H_2O)가 된다. 이와 같은 수증기는 공기를 형성하는 산소(O_2)나 질소(N_2) 분자보다 가벼워서 대기 중을 상승하다가 찬 공기를 만나면 밤에 이슬이 내리는 것과 같은 이치로 서로 재결합하여 액체 상태의 물방울(순수한 증류수)이 된 후에 비, 눈, 우박 등이 되어 지상으로 되돌아온다.

■ 얼음의 육각 구조 – 눈의 아름다운 결정 구조

물 분자 간의 강력한 수소 결합으로 물이 섭씨 0도, 빙점 이하에서 결빙하면 6개의 물 분자가 단단한 6각형 3차원 결정 구조를 이루어 헤아릴 수 없을 만큼 다양하고 아름다운 형태의 얼음이나 눈의 결정체를 이룬다.

그림 5 얼음 결정

그림 6 눈 결정 (자료 : wikimedia)

■ 표면장력

물 표면에 있는 분자들이 서로 잡아당기려는 액체 응집력을 표면장력이라고 한다. 지표면 어디에서나 중력은 지구 중심을 향하는 것과 같이, 물방울 표면에서도 모든 분자들은 중심을 향하여 똑같이 당기는 힘을 받는다. 그 결과 풀잎에 맺혀 영롱하게 빛나는 아침 이슬방울의 모습은 구슬과 같이 둥글게 된다.

물은 분자들 간의 강력한 수소 결합으로 인하여 다른 액체들보다 표면장력이 크다. 실온(25℃)에서 극성인 물의 표면장력은 72 dyne/cm인 반면, 비극성인 벤젠의 표면장력은 29 dyne/cm이고, 분자 간의 응집력이 훨씬 큰 금속 수은의 표면장력은 486 dyne/cm이다.

물은 액체로서 표면장력이 매우 크다는 특수한 성질을 지닌다. 유리에 기름 성분이 남아 있는지 여부는 물을 뿌려 보면 금방 알 수 있다. 유리 표면에 기름이 남아 있다면 물은 동그란 모양을 유지할 것이다. 그것은 기름과 물이 서로 섞이지 않고, 물의 표면장력이 유지되기 때문이다. 반면에 유리 표면이 깨끗할 경우에는 물은 표면에 넓게 퍼져 얇은 막을 형성한다. 이것은 물을 좋아하는 친수성 성질을 띤 유리 표면과 물 분자의 상호작용인 접착력이 물의 표면장력보다 더 크기 때문이다. 한편 물을 싫어하는 성질을 띤 소수성 고분자로 옷감의 표면을 코팅하면 방수 기능을 갖춘 옷감을 만들 수 있다. 소수성 고분자 표면에서는 물과의 상호작용이 없으므로 물은 그런 옷감 위에서는 구 모양을 유지하며 스며들지 않고 흘러내릴 것이다. 마찬가지로 소수성 성질이 뛰어난 연꽃(또는 토란) 잎의 표면 특성을 모방한다면 아주 뛰어난 방수 기능을 갖춘 소재를 만들 수 있을 것이다.

■ 자기공명영상장치(MRI, Magnetic Resonance Imaging)와 물 분자

인체의 70% 정도가 물이기 때문에 체세포 내의 물에도 수소 원자핵, 즉 양성자가 포함되어 있다. 양성자는 팽이처럼 축을 갖고 회전하는 작은 막대자석에 비유할 수 있다. 일반적으로 이 양성자의 회전축은 임의의 방향을 향하면서 지구처럼 자전하고 있는데, 외부 자장의 영향으로 세차운동을 한다. 이때 세차운동과 동일한 주파수의 전자파를 가하면 핵자기공명이 일어나 양성자가 에너지를 흡수한다.

MRI는 에너지를 흡수하여 들뜬 상태의 수소 원자핵이 다시 원상태로 돌아올 때 방출하는 전자파를 검출하여 영상으로 변화시키는 기술이다. 수소 원자는 인체를 구성하고 있는 모든 체세포에 존재하기 때문에 MRI를 이용하면 인체에서 원하는 부위의 영상을 촬영할 수 있다. MRI는 X선을 사용하지 않기 때문에 X선으로 인하여 생길 수 있는 생물학적 위험이 전혀 없는 진단법이다. 이 기법은 특히 병든 세포 조직, 암세포, 척추 손상 중추 신경계의 이상 등을 진단하는 데 유용하게 사용되고 있다.

물의 물리적 특성

순수한 물은 기본적으로 투명하고 무색이다. 그러나 물의 수소 결합은 태양빛의 적외선 파장을 흡수하여 상대적으로 푸른색 파장이 남게 되므로 다량의 물이나 얼음은 약간 푸른색을 띤다. 물은 투명하여 태양빛을 통과시켜서 얕은 물속의 플랑크톤이나 식물들도 생명 활동에 절대적으로 필요한 탄소동화작용을 할 수 있다. 그러나 수천 미터 깊이의 바다 밑은 모든 햇빛이 차단되어 칠흑 같은 암흑의 세계로서 극히 소수의 특수 생물만 생존 가능하다. 한편 수증기는 처음 생성 시 여러 개의 물 분자들이 뭉쳐 있어 흰구름과 같이 희게 보이지만, 발전소 굴뚝에서 나오는 흰 수증기가 곧 사라지는 것 같이 보이는 것은 물 분자 덩어리들이 개개의 물 분자 기체로 분리되어 보이지 않게 되기 때문이다.

순수한 물은 맛과 냄새가 없다. 그러나 샘물이나 생수 같은 지하수에는 그 생성 지역의 암석이나 토양 성분에 따라 여러 가지 광물질이 녹아 있어서 독특한 맛을 지닌다. 또한 온천 지방에서 나는 광천수에는 탄산가스가 다량 용해되어 있어 마치 탄산음료와 같은 맛이 나기도 한다.

■ 비중

물의 온도를 낮추면 일시적으로 강력한 수소 결합을 통하여 한데 뭉치는 물 분자 수가 5개(5각수)나 6개(육각수)로 늘어나고, 덩어리들 간의 간격도 좁혀져서 결과적으로 섭씨 4도에서 물의 밀도가 가장 높아진다. 이때 물의 표준 비중은 1g/c.c.이다. 그러나 온도를 더 낮추어 섭씨 0도가 되면, 모든 물 분자 덩어리들이 단단한 3차원 6각 결정을 이루어 물 분자의 정사면체 4개 꼭짓점 모두가 단단한 수소 결합을 이루게 된다. 이때 분자 격자 간격이 커져 결과적으로 부피가 늘어난다. 그 결과 얼음의 비중(0.9g/c.c.)이 물의 비중(1.0g/c.c.)보다 낮아져서 얼음이 물 위에 뜨게 된다. 이때 물 위로 보이는 '빙산의 일각'은 전체 부피의 약 10%뿐이고, 나머지 90%는 물속에 잠겨 있게 된다. 이 또한 얼마나 오묘한 우주의 자연 섭리인가! 만일 물도 대부분의 물질처럼 액체에서 고체로 변화할 때 그 비중이 커져서 얼음이 되어 물속에 가라앉는다면, 겨울철에 물고기가 살아남을 수 없을 것은 물론이고, 애초 생명체 발생과 진화 자체가 불가능하였을 것이라는 생물학자들의 단언을 들으면 가슴이 철렁할 일이다.

한편 상대적으로 부피가 큰 얼음에 압력을 가하면, 부피가 작은 물로 변하는 물의 독특한 성질은 우리 일상생활에서 매우 편리할 때가 있다. 추운 겨울날 스케이트를 탈 때, 얇은 스케이트 날 위에 체중이 실려 얼음 위를 누르면 순간적으로 얇은 액체 수막이 생겨서 윤활유 역할을 하여 미끄럼을 잘 탈 수 있다. 그러나 유리와 같은 다른 고체들은 아무리 높은 압력을 가해도 액체로 변하지 않고 고체 상태 그대로이다. 유리 표면이 아무리 매끈해도 그 위에서 스케이트를 탄다는 것은 상상도 할 수 없는 일이다.

■ 물의 빙점과 비등점

물이 얼어서 고체 얼음이 되는 온도를 빙점이라고 하는데, 물의 빙점은 섭씨 0도이다. 기화된 다량의 물 분자가 표면에서 외부로 빠르게 뛰쳐나가기 시작하는 온도가 비등점으로, 이 비등점은 외부 압력에 따라 다르다. 1기압하의 해수면에서는 물의 비등점은 섭씨 100도이나 기압이 훨씬 낮은 에베레스트산(8,850 m) 꼭대기에서는 물이 섭씨 68도에서 끓는다. 이 때문에 고산지대에서는 밥이 미처 되기도 전에 미리 끓어 설익고, 반대로 압력밥솥으로 밥을 하면 고압하의 비등점이 섭씨 100도 보다 훨씬 높아져서 밥이 빨리 잘되는 것이다.

■ 비열

비열은 단위 질량의 물질 온도를 1℃ 높이는 데 드는 열에너지를 말한다. 물의 비열은 1 cal/(g · K)이고 얼음의 비열은 0.5 cal/(g · K)이다. 한편 철의 비열은 0.107 cal/(g · K)이고 금의 비열은 0.031 cal/(g · K)로서 물보다 훨씬 낮다. 이와 같이 물의 비열이 다른 고체 물질에 비하더라도 상대적으로 높은 이유는 물 분자 간의 강한 수소 결합력 때문이다.

이와 같은 물의 큰 비열은 물이 외부 온도에 따라서 쉽게 식거나 더워지지 않고, 일정한 온도를 유지하게 하는 온도 조절 기능을 갖게 한다. 그 덕분에 몸의 약 75%를 이루는 체내의 물은 인간의 생명 유지에 절대적으로 필요한 체온(37.5도) 유지에 큰 도움을 주고 있다.

같은 이유로 지표면의 4분의 3을 덮고 있는 바다는 지구의 온도를 조정하는 역할을 하여 생물이 살기에 적합한 온도로 조절해 준다. 한편 물이 없어 이와 같은 기능이 없는 달 표면의 밤과 낮은 극심한 온도 차이를 보인다.

같은 이치로, 바다는 육지보다 천천히 더워지고 또 천천히 식는다. 이와 같이 밤 사이에 바다보다 육지가 먼저 식어서 바다 위의 가볍고 따뜻한 공기는 상승하고 반대로 육지의 무거운 찬 공기는 하강하여, 바닷가 마을 아침에는 육지에서 바다 방향으로 육지바람이 불고, 저녁 무렵에는 그 반대 현상으로 인하여 바닷바람이 부는 것이다.

■ 잠열(숨은열)

잠열은 어떤 물체가 온도의 변화 없이 액체/고체, 액체/기체 간의 상태 변화에 필요한 방출열 또는 흡수열이다. 얼음과 물이 섞여 있을 때 아무리 가열해도 얼음이 남아 있는 동안에는 그 온도가 0℃를 유지하고, 물이 끓을 때는 모든 물이 수증기로 기화하기까지 물의 온도가 100℃를 유지하고 더 이상 상승하지 않는데, 이것은 외부에서 가해진 열이 온도를 변화시키는 데에 사용되지 않고, 고체/액체/기체라는 상 변화를 위해 사용되었기 때문이다.

■ 물의 기화열과 액화열

기화열은 물이 수증기로 기화할 때 필요한 잠열 열량으로서 증발열이라고도 한다. 그 반대로 수증기가 물로 액화할 때 필요한 잠열은 액화열이라고 한다. 이때 필요한 열은 온도 변화에 사용되지 않고, 오로지 물 분자 간의 강력한 수소결합을 분리 · 생성하는 데만 사용된다. 물의 기화열 · 액화열은 그 온도에 따라 596 cal/g (0℃) 또는 539 cal/g (100℃)이다. 이 기화열을 이용하면 한여름에 마당에 물을 뿌려서 집 안을 시원하게 식힐 수도 있고, 냉매를 이용하여 냉장고나 에어컨을 만들 수도 있으며, 액화열을 회수하여 에너지를 절감하는 콘덴싱 보일러를 만들 수도 있다. 또한 산업적으로 중요한 물질의 하나인 산소와 질소의 생산은 공기를 압축하여 얻은 액체 공기에서 액체 질소와 액체 산소 간의 끓는점 차이를 이용하여 분리 생산하기도 한다.

■ 물의 응고열과 용융열

0℃에서 물 1g을 얼음으로 응고시키면 80 cal/g의 잠열이 발생하는데, 이때 발생하는 잠열이 응고열이다. 그 반대로 얼음을 녹여 물을 만들 때는 같은 80

cal/g의 잠열을 더해 주어야 하는데, 이때 필요한 잠열을 용융열(또는 융해열)이라고 한다. 1기압하의 끓는 물에 아무리 많은 열을 가하더라도 물이 완전히 증발하기까지는 섭씨 100도를 넘을 수 없는 것처럼, 물이 얼을 때도 물이 완전히 고체 얼음으로 얼기까지 물의 온도는 항상 섭씨 0도를 유지한다. 이렇게 한 겨울 표면이 꽁꽁 얼어붙은 호수의 밑바닥에 있는 찬물의 온도도 섭씨 0도로 항상 유지하고 있어, 각종 물고기들이 긴 겨울 동안에도 얼어 죽지 않고 살아남을 수 있게 해 준다.

■ 얼음의 승화열

얼음이 액체상의 물을 거치지 않고, 직접 기체상의 수증기로 승화할 때의 잠열을 승화열이라고 한다. 한 겨울에 추녀 끝에 매달린 고드름이 물로 녹아내리지 않았는데도 어느 날 보니 모두 사라졌던 것은 바로 이 승화 작용 때문이다.

화학적 특성

수소 산화물인 물은 수소보다 산화성이 높은 물질(Li, K, Na, Ce 등)과 접촉하면 이들이 물속의 수소를 밀어 내고 산소와 강렬하게 결합하여 이들 물질의 수산화물을 생성한다. 이와 같은 폭발적 수산화 반응으로 발생된 수소는 공기 중의 산소와 혼합되어 폭명기가 되어 매우 위험할 수 있다. 따라서 이와 같은 화학물질들이 저장된 곳에 화재가 났을 때 불을 물로 꺼서는 절대로 안 된다.

■ 용매

물은 분자 구조상 수소 쪽은 부분적 양극성(+), 그리고 산소 쪽은 부분적 음극성(-)을 띠는 대표적인 전기적 극성 물질이다. 이와 같은 극성 물질들은 소금과 같은 이온 결합 물질들을 매우 잘 용해시킨다. 물은 수산화기(OH)가 있는 알코올과 같은 화학물질과는 어떤 비율로도 완전 상호 혼합이 가능하다. 물은 지표면에 다량으로 존재하는 대표적 천연 무기용매로서 온갖 오염 물질들을 용해시켜 바다로 흘려보낼 뿐만 아니라, 지질학적으로 오랜 세월 동안 지표 바위들을 풍화시켜서 지표 토사층을 이루어 식물들이 뿌리를 내리고 살아갈 수 있게 해준다. 이와 같이 오랫동안 바다로 흘러 들어간 염분이 농축되어 오늘날에는 바닷물 염도가 4%에 이르고 있고, 사해와 같은 밀폐 호수의 염도는 29%나 되어 수영을 못하는 사람도 누어서 물 위에 떠 있을 수 있다.

또한 물은 체세포를 구성하는 요소인 단백질, DNA, 다당류 등을 용해시키는 기능이 탁월하다. 따라서 우리 신체의 4분의 3에 해당하는 물은 단순히 몸의 신체 구조를 유지시키는 일을 할 뿐만 아니라, 음식물로부터 모든 영양소를 흡수, 운반, 산화 에너지화, 노폐물 배출 등 모든 물질대사 과정에 매우 중요한 역할을 수행한다.

한편 극성 물질인 물은 비극성 물질인 기름과는 서로 섞일 수 없어 항상 '물 위의 기름' 같이 비중이 작은 기름이 분리되어 물 위에 따로 존재한다. 그러나 때론 소수성 비극성 물질의 아주 작은 알갱이들이 물속에 완전히 분산되어 콜로이드상을 이룰 수도 있다. 우리가 아침저녁으로 마시는 우유는 대표적인 천연 콜로이드상 물질이다.

■ 용해도

어떤 물질이 용매에 포화 상태까지 녹을 수 있는 포화 농도를 용해도라고 한다. 보통 용매 100 g당 녹을 수 있는 용질의 양(g)을 의미한다. 일반적으로 온도가 높아질수록 고체의 용해도는 증가하고, 기체의 용해도는 감소한다. 따라서 용해도를 표시할 때는 용질, 용매의 종류, 측정한 온도를 같이 표시해야 한다.

고체 물질이 액체 용매에 녹는 과정은 보통 흡열 과정으로, 엔트로피가 증가하는 방향이다. 또 기체가 액체 용매에 녹는 과정은 보통 발열 과정이고, 엔트로피가 감소하는 과정이다. 정성적으로 생각해 보면, 온도가 높아질수록 엔트로피가 증가하는 방향으로 진행하려는 속성이 있기 때문에 고체의 용해도는 증가하고, 기체의 용해도는 감소하는 것이 일반적인 현상이다. 하지만 고체의 용해 과정이 발열 과정이거나 기체의 용해 과정이 흡열 과정이라면 르 샤틀리에의 원리에 의하여 온도가 증가할 때 용해도 곡선의 기울기가 보통의 고체, 기체의 용해도 그래프와는 반대로 나타나게 되기도 한다.

공기 중의 수증기 용해도는 섭씨 20도에서 약 1.8%인데, 섭씨 10도에서는 1.0%로 떨어진다. 그래서 낮에 포화되어 있던 수증기의 일부는 온도가 낮은 밤에는 서로 응결하여 이슬을 맺게 되는데 이때의 온도를 이슬점이라고 한다. 풀잎 거미줄에 맺힌 이슬방울들이 이른 아침 밝은 햇살을 받아 영롱하게 빛나던 어릴 적 기억은 우리를 행복하게 한다. 한편 일교차가 큰 가을 날 이른 아침이면 어김없이 찾아왔다가 따뜻한 햇살이 퍼지면 온데간데없이 사라지는 짙은 안개 역시 같은 이유로 발생한다. 같은 이유로 차가운 유리창에 입김을 불면 아주 작은 물방울이 맺혀 김이 서리게 되고, 추운 겨울에 밖에 있다가 더운 방에 들어가면 차가운 안경알에 김이 서려 보이지 않게 된다.

한편 물의 기체의 용해도는 압력에 영향을 받아서, 그 기체의 부분압력에 비례한다. 맥주 병이나 사이다 병을 따 놓으면 녹아 있던 탄산가스가 다 날아가 버려 나중에는 톡 쏘는 맛이 사라지는 것도 바로 이 때문이다.

이와 같은 물의 용매 역할이 없으면 생명체는 절대로 유지될 수 없다. 우선 생명체의 입체적 구조 형성은 물론이고, 물질대사에 필요한 여러 가지 영양소들을 소화, 분해시킨 후에 이들을 신체의 적절한 기관으로 이송하는 등의 모든 임무가 혈액 속의 물이 담당해야 하는 중요한 임무이기 때문이다.

또한 물속에서 살아가는 플랑크톤, 수초, 해초, 물고기 등은 물속에 녹아 있는 산소로 호흡하고 살아가기 때문에, 이들 생태계에 녹조나 적조가 대량 발생하여 수중 용존 산소량을 급격히 낮추게 하는 생활 오폐수나 축산 폐수, 농업 비료 등의 유입을 절대 방지하는 물 환경 정책이 준수되어야 한다.

■ 산소 용해도

대기 중에는 부피비로 질소 78.1%, 산소 21.0%, 그리고 아르곤 0.9%가 있고, 0.039% 탄산가스를 비롯한 미량의 다른 기체들이 있다(자료: Wikipedia, Atmosphere of Earth). 이들 21.0%의 산소가 상온, 표준 기압하에서 물과 접촉하면, 물 1리터당 약 7~9 mg 정도의 천연 산소가 녹아서 용존하게 된다. 산소는 대부분의 다른 기체들과 같이 온도는 낮을수록, 압력은 높을수록 물속에 더 많이 녹는다. 따라서 깊은 산 계곡에 흐르는 맑은 물 같이 공기와 접촉이 많은 시원한 물에 용존 산소량이 최대로 많고, 커피나 녹차 같이 끓인 물에는 용존 산소가 다 날아가고 거의 없다.

오래전 어렵게 살던 시절 연탄가스 중독 사고가 많았을 때, 환자를 가압 산소방에서 치료, 회복시켰던 것처럼, 특별히 다량의 산소 섭취가 일시적으로 필요할 경우에는 고농도 산소 호흡이나 고농도 산소수 음용이 도움이 될 수 있다. 그러나 요즘 일반 대중의 웰빙 건강 수요에 따라 고가로 시판되고 있는 고농도 산소수 제조기 사용에는 주의가 필요하다. 이들 고농도 산소수 제조기의 간단한 원리는 물속의 용존산소 농도를 최대한 높게 유지하기 위하여 밀폐 용기 내에 담은 물의 온도를 섭씨 4도 정도로 차게 유지하고, 고압의 산소를 강제로 불어넣은 후 흔들어서 물속에 평소보다 많은 산소가 녹아들게 한다. 그러나 밀폐된 사이다 병이나 막걸리 병뚜껑을 따면 고압 용존 탄산가스가 저압대기 중으로 폭발적으로 넘쳐흐르는 것과 같이 밀폐 용기 내의 고농도 산소수도 컵에 따르는 즉시 산소가 날아가므로 빨리 마셔야 한다. 그러나 이와 같은 고농도 산소수를 즉시 마셨을지라도 식도와 위를 지나 장내에서 우리 몸에 흡수되기까지에는 상당한 시간이 소요되어, 그동안 물속의 용존 산소량은 1기압, 체온에 상당하는 용존 조건과 평형을 이룬 평소의 산소 농도로 되돌아갈 것이다. 따라서 고가의 고농도 산소수 제조기들의 효능을 아무런 의학적 효능 검증 없이 맹신하는 일은 주의해야 할 것이다. 이와는 별개로, 용존 산소량이 많은 냉수를 평생 동안 즐겨 마시는 사람은 용존 산소가 거의 없는 커피나 차 같은 끓인 물만 마시는 사람과 달리 다른 건강 요인들은 몰라도 산소가 인체에 미치는 효과만큼은 확실히 차이가 있을 것이다. 그러므로 별도의 돈을 들이지 않고, 가장 효율적으로 산소를 많이 섭취하는 방법은 첫째, 물은 냉수를 마시고, 둘째, 호흡은 가슴을 펴고 가능하면 지속적으로 복식 심호흡을 하는 것이다. 그러면 산소 호흡량과 음용수로서 산소섭취량 증가에 따라 혈액 속 용존 산소량이 증가하여 뇌에 공급되는 산소량이 적을 때에 찾아오는 졸음과 같은 피로 현상이 사라지고, 맑은 정신을 유지할 수 있다. 이와 같이 기를 펴고 사는 것을 일상생활화하면, 신체 내 모든 기관들이 제자리를 잡고 정상 작동을 하여 소화는 물론 물질대사가 원활해지는 추가적 이점도 있다.

실내 공기 중의 산소 농도를 높여 주는 각종 산소 발생기의 효능에 대하여 살펴보자. 병원에서 호흡 기능이 떨어진 환자들에게 별도의 산소 호흡기를 사용하는 것과 같이 실내 산소 농도를 평상시보다 약간 높게 유지하면 일시적 효과는 있을 수 있다. 그러나 정상인이 지속적으로 고농도 산소를 호흡하게 되면, 인체에 필요한 산소량을 조절하는 호흡 자율신경의 작동으로 호흡수가 줄어들어 산소 과다 섭취를 조절하게 된다. 심한 운동을 할 때는 숨이 차고, 잠잘 때는 숨결이 느려지는 것과 같은 이치이다. 따라서 수험생 공부방 같은 곳에 적당한 시간차를 두고 적정량의 고농도 산소를 공급하도록 산소 발생기를 작동시키면 더 효과적일 것이다.

■ 탄산가스와 pH

지구 대기 중 탄산가스 농도는 산업혁명 전 약 280ppm이었던 것이 2013년에는 약 120ppm 상승하여 400ppm에 이르렀다. 중성 증류수인 빗물(pH=7) 방울이 대기 중을 낙하하는 동안 공기 중의 탄산가스를 흡수 용해하면 약산인 탄산을 이루어 결과적으로 천연 빗물은 약 pH 5.6~5.7의 약산성에 이르게 된다. 이와 같은 약산성 빗물이라도 오랫동안 바위와 접촉하면 풍화작용을 일으키게 되고, 이것은 석회암 지대에서 흔히 볼 수 있는 수많은 석회암 동굴의 생성 원인이 되기도 한다. 이와 같은 빗물이 지하로 스며들어 생성된 지하수를 식용수로 사용하면, 토양에서 용해된 여러 가지 중금속 이온의 폐해가 심각할 수도 있으므로 조심해야 한다. 한 예로 음용 지하수의 비소 오염은 방글라데시, 베트남, 타이, 몽고, 미국 캘리포니아, 멕시코, 칠레, 아르헨티나 등 세계 여러 나라에 심각한 문제가 되고 있다. 특히 제련소나 화력발전소 배출 탄산가스로 인한 강한 산성비는 농수산업은 물론이고 건축물이나 교량 같은 철강 구조물을 부식시키는 등 심각한 대기 환경 공해로 인한 사회 문제를 야기하고 있다.

물과 건강

■ 바닷물과 체액

오늘날 생물학자들은 지구 상 생명체의 기원은 바다에서 시작되었다고 믿는다. 지구 표면의 약 71%는 바다로 덮여 있어 우주에서 지구를 보면 다른 천체들과는 달리 아름다운 푸른색으로 보인다. 지구에 존재하는 물의 96.5%가 바닷물이다.

이 바닷물은 염도(3.5%)가 몸 안의 체액 염도(약 0.8%)보다 훨씬 높아서 사람이 바닷물을 마시면 삼투현상에 의하여 오히려 몸 안의 수분이 몸 밖으로 배출된다. 그래서 바다 한가운데에서 장기 표류할 때 바닷물을 마시면 탈수 현상으로 인하여 심각한 위험에 처하게 되므로, 아무리 목이 타도 바닷물은 마실 수 없다. 우리가 내시경 장기 검사를 위하여 마시는 설사제는 바로 이 현상을 역으로 이용한 것이다.

■ 동양의학과 음용수

동양의학의 한방에서는 우리의 몸의 근본은 물과 음식이므로 생활하는 지방의 땅과 물이 건강 장수의 비결이라고 말한다. 허준의 『동의보감』에는 건강 관련하여 물을 33가지로 구분하고 있다. 먼저 탕약 제조나 각종 치료에는 오염되지 않은 좋은 천연 증류물(비, 이슬, 서리, 눈, 우박 등)이나 지하수를 깨끗하게 받아서 청결한 방법으로 보관하여 사용하는 것이 중요하다고 강조하고 있다. 또한 산골 샘물이나 우물 물 같은 지하수, 빗물, 이슬을 받은 물, 눈이나 우박을 녹인 물, 계곡을 흐르는 물, 깊은 바닷물 등 그 원천에 따라 다른 한방 용도와 사용법을 기술하고 있다.

■ 지하수

오늘날 도시에서는 음용 상수도에 더하여 맑은 지하수를 채취하여 판매하는 생수를 음용수로 사용하는 것이 보편화되었는데, 이때 지표의 생활 오수나 농경수가 스며들지 않은 깊은 산골 지하에서 퍼 올린 오염되지 않은 맑은 물을 사용하는 것이 필수적이다. 이와 같은 심층 지하수는 천연 빗물이 오랫동안 여러 지층의 천연 여과 과정을 거치는 동안 정화됨은 물론 그 지역 토양 광물과 접촉하여 물의 독특한 맛은 물론이고, 몸에 유용한 여러 가지 천연 미네랄을 함유하고 있다.

그러나 오늘날과 같이 산업화된 사회에서는 대기오염에 따른 우수 오염과 농경지표수 오염이 심각한 수준에 이르러 지하수의 음용이 안전하지 못한 곳이 많다.

■ 산소수

우리 몸에 필요한 산소는 대부분 호흡을 통하여 허파에서 흡수하지만 일부분은 물과 함께 그 속에 녹아 있는 상태의 산소로도 흡수한다. 따라서 우리가 마시는 물속에 산소가 많이 있으면 더 좋다. 대기와 접촉하고 있는 대부분의 물(상온, 1기압) 1리터에는 약 7~9 mg의 산소가 녹아 있다. 그런데 물에는 온도가 낮을수록 산소가 더 많이 녹아들기 때문에 용존 산소량이 많은 찬물, 즉 냉수가 몸에 더 이롭다. 같은 이유로 끓인 물에는 산소가 다 날라가고 거의 없기 때문에 갓 끓인 차나 커피는 산소 섭취 면에서는 전혀 도움이 되지 않는다. 여러 가지 이유로 물을 끓여서 사용해야만 한다면, 공기 중에서 식혀서 공기 중의 산소가 녹아든 후에 마시는 것이 좋다. 이제는 물속에 용존 산소량을 인위적으로 높인 특수목적용 산소수가 시판되기도 한다.

■ 육각수

한편 용존 산소량과는 별도로, 10여 년 전에 전 사회적으로 육각수 파동을 한바탕 겪은 일이 있다. 결정 구조가 육각인 물은 인체의 생체 활동과 동조를 이루어 흡수가 더 잘되고 물질대사를 돕는다는 전혀 과학적 근거가 없는 주장을 펴는 이들이 있었다. 또한 정체불명의 바이오세라믹 피라미드 필터를 통과시켜서 만든 육각생명수라고 하여 고가로 개별 판매를 하기도 하고, 심지어 어느 기업에서는 육각수 냉장고를 만들어 팔다가 사회 문제가 된 적도 있다. 액체 상태의 물속에는 일정하지 않은 수의 물 분자가 여러 개씩 뭉쳐서 존재한다. 이들 한 뭉치 속의 물 분자 수는 물의 온도에 따라 변화하여 밀도가 가장 큰 섭씨 4도의 냉수에는 물 분자 여섯 개가 뭉쳐 있는 육각수의 존재 확률이 상대적으로 커지게 된다. 그러나 이것은 온도에 따른 물리적 현상이지, 이 육각수가 체온 상태의 위장 내에서 그대로 흡수되어 몸의 생체 활동을 돕고, 심지어는 암도 치료한다는 것은 전혀 있을 수 없는 비과학적 주장이다.

■ 플라스틱 용기와 환경호르몬

음용수는 채취한 근원도 중요하지만, 오늘날과 같이 상용화된 생수나 탄산음료와 같이 장기 보관하여 사용할 경우에는 보관 용기도 매우 중요하다. 일반적으로 석기, 목기, 토기, 유리그릇 등은 안전하다고 알려져 있으며, 철, 구리, 놋, 알루미늄 등의 금속 용기는 저장 액체의 산도에 따라서 잘 선정하여 사용하면 안전하다. 한편 현대인의 일상생활에서 플라스틱 용기 사용은 그 경제성과 편리성 때문에 보편화되어 있는데 장기 보관 사용하는 생수 통, 생수 병, 탄산음료 병에 주로 사용되는 페트병용 PET 플라스틱 소재는 성조숙증, 남성의 여성화, 각종 암 등 희귀 질환을 유발한다는 환경호르몬 성분을 함유하고 있어 심각한 우려가 되고 있다. 특히 생수통의 반복적 재사용, 탄산 음료수의 산성도, 수입 생수병의 장기 보관, 불가피한 고온 저장 온도 등을 감안하면 PET 플라스틱 소재 용기의 안전도를 철저히 규명한 후에 사용해야 할 것이다. 특히 플라스틱 용기에 음식물을 담아 마이크로웨이브로 가열하는 것은 지극히 삼가야 할 일이다.

우주 공간에 꽉 차 있는 에너지, 그리고 기(氣)

(氣 에너지, 점성술, 풍수지리설의 과학적 연구의 필요성)

(필자의 2009년 8월 13일자, 중부일보, 사이언스칼럼을 정리한 것임.)

"氣 에너지, 점성술, 풍수지리설 등에 과학적 근거가 있나요? - 명백한 이론적 자료는 많지 않으나, 이 모두가 과학적 실체가 있는 사실이라는 것은 명백합니다. 따라서 현대 과학은 더 이상 이들을 금기시하지 말고, 적극적으로 연구의 대상으로 삼아야 할 것입니다!"

동서양을 막론하고, 아주 오랜 옛날부터 인간은 달(陰)과 해(陽,) 그리고 5행성(伍行星)의 상관 위치와 별자리로부터 인생의 길흉화복을 점치는 점성술을 사용해 왔다. 성경의 창세기에도 천지창조의 목적 중 하나가 '징조'를 나타내기 위함이라고 하였다. 그러나 소위 과학을 공부한다고 하는 사람들은 이와 같은 점성술, 기(氣), 풍수지리설 등 소위 사이비 의사과학을 타부시하고, 믿지 않는다. 그러나 필자는 이 모두를 적극적으로 과학의 범주 안으로 끌어들여 진지한 과학적 연구를 할 때가 되었다고 생각한다.

왜냐하면 별이나 은하계 사이의 온 우주 공간이 아무 물질이 없이 텅 빈 진공이라고 하더라도, 거기에는 중력장과 전자기장 등 각종 우주 에너지가 충만한 곳이기 때문이다. 현대 우주천문학에서는 지금도 이 에너지에서 천체물질들이 지속적으로 생성, 소멸되고 있다고 믿는다. 다시 말하면 우리는 평생 동안 현대 문명 생활을 영위하는 데 필연적인 고압선, 휴대전화, 전자레인지, 라디오, TV, 냉장고, 선풍기 등 각종 가전제품, GPS 등에서 나오는 각종 전자파 에너지는 물론, 우주 탄생 이래 온 우주 공간에 항상 존재해 온 각종 전자기적 우주 에너지에 필연적으로 노출되어 있다.

한편 현대 과학에 의하면, 모든 흐르는 물은 전자기장을 형성한다. 그것은 혈관 속의 피, 상수도관 속의 물, 장판 온수관 속의 더운 물, 땅속의 지하수, 모두에게 똑같이 적용되는 과학적 현상이다. 한편 우리 몸에는 신체 방향과 나란히 혈액이 순환하고 있는 혈관 계통이 있다. 우리가 살아 있어 심장이 뛰고 있는 한, 이에 따른 전자기장이 필연적으로 발생한다. 우리가 병원 환자실에서 흔히 볼 수 있는 심전도 측정기는 바로 이와 같은 심장박동전기를 측정하는 것이다. 사람의 생명이 다하여 심장박동이 멈추면 혈액 순환도 멈추어 심전도가 영이 되어 더 이상 측정이 불가능하게 된다.

이와 같이 우리 몸의 물질대사나 호흡, 맥박과 같은 기본 생명 활동은 물론, 신경 전달, 근육 운동, 정신사고 등 모든 생명 활동이 근본적으로 이들 우주 전자기 에너지에 직, 간접으로 영향을 받는 물질로 되어 있다는 사실이 현대 의학적으로 밝혀지고 있다. 다시 말해서 인간은 철저히 전자기적 동물이다. 심장마비로 위급한 사람을 전기 충격으로 되살리는 것은 물론이고, 같은 전기 충격으로 사형을 집행하기도 한다. 전기적 자극으로 정신병을 치료할 뿐만 아니라 각종 골격 질환의 치료도 할 수 있다. 요즘 한방의학에서는 전기침으로 기존 침술 치료 이상의 효과를 보기도 한다. 전기적으로 심장마비 위험을 관리해 주는 심장박동기가 있고, 냉방을 덥혀 주는 전기담요가 있고, 또한 혈액 속에서 산소를 운반하는 적혈구 속 산화철의 자성을 이용하여 혈액 순환을 돕는다는 자석 팔찌나 자석 요가 고가에 판매되고 있기도 하다. 무엇보다도 전기 자기적 물체인 혈액이 우리 몸을 계속 순환하고 있으므로, 우리 몸이 주위의 전자기장과 상대적 운동을 할 때는 구태여 맥스웰의 전자기 법칙을 말하지 않더라도, 분명히 일정 방향으로 힘을 받을 것이다. 아울러 우리는 쉼 없이 움직이고 있다. 아침저녁 출퇴근은 물론이고, 지구의 초음속 자전과 공전, 태양계의 은하수 중심을 향한 운동, 우주 공간을 떠도는 은하계의 운동 등 우리는 실제로 빛의 속도에 버금가는 무서운 속도로 우주 공간을 달리고 있다. 이와 같이 전기적 성질을 가진 물질이 전자기장 안에서 운동을 하면 일정 방향으로 힘을 받게 된다는 사실은 맥스웰의 현대 전자기학에서 잘 알려진 가장 기초적 사실이다. 따라서 전자기적 동물인 살아 있는 인간이 우주 공간에 꽉 차 있는 우주에너지와의 상호 작용에 따라서 다르게 반응할 것은 너무도 당연한 사실이다. 그래서 옛날 어른들께서 집의 향(向)은 남쪽으로 하고, 잠자리 머리는 반드시 동쪽을 향하라고 말씀하신 것인지도 모른다. 한편 풍수지리설에서는 수맥을 매우 중요하게 여긴다. 따라서 집터나 묏자리 등 밑에 물이 흐르는 곳은 금기시한다. 그래서 지하 수맥의 음기를 차단한다는 전자기파 차단용 구리 장판이 비싸게 팔리고 있다. 그러면서 우리는 온수 보일러 온돌로 깔아 놓은 인공 수맥 아파트에서 모두 건강하게 살고 있다. 흐르는 물이 전자기장을 생성하는 것은 잘 알려진 과학적 사실이다. 따라서 수맥의 방향성과 우리의 일상생활 간에는 과학이 꼭 풀어야 할 필연적 상관관계가 있을 것이다.

이 모든 현상, 즉 전자기적 인간 생명체와 우주 공간 전자기적 에너지장과의 상관관계는 일시적으로 지나가는 현상이 아니고, 아무리 작더라도 우리 일생을 통하여 지속적으로 겪어야 하는 현상이기에, 더 이상 과학의 기피 대상이 아니라 반드시 과학적으로 연구되어야 할 대상이다.

2.

편안한 삶을 위한 과학기술

scientific technology

우리에게 따뜻한 의복을 제공하는 정밀·석유화학 기술

임선기 (KAIST 생명화학공학과 명예교수)

옷은 우리에게 적당한 체온과 건강을 유지하도록 해 줄 뿐만 아니라 남과 다른 나만의 개성을 연출하기 위한 멋진 패션 도구로서도 없어서는 안 될 인간 생활의 필수 품목 중의 하나이다. 섬유산업 분야는 나일론이 우리 생활에 침투한 이후 고어텍스 등 첨단 소재를 사용한 기능성 의류와 산업섬유로 그 범위를 확장해 나가는 등 부가가치를 높이기 위한 노력이 치열하게 전개되고 있다. 특히 최근에는 의류산업이 바이오, 나노 등의 첨단 이웃기술과 접목하여 우리에게 더욱 다양한 혜택을 주고 있다.

얼마 전까지만 해도 우리나라에서 섬유산업은 사양 산업으로 인식되어 크게 주목을 받지 못하였다. 그러나 미국이나 일본 등 선진 기업에서는 일찍이 최첨단 섬유 소재 개발에 눈을 떠 현재 수천 억 달러 규모에 이르는 새로운 섬유 시장에서 독주를 하고 있다. 최첨단 섬유 소재의 예를 들면 옥수수 원사 같은 '친환경 섬유'부터 비행기 동체, 군수용 방탄복을 만드는 데 필요한 '슈퍼섬유'에 이르기까지 다양하다. 최근에는 인공 혈관 등을 만드는 데 쓰이는 '나노섬유', 정보기술(IT)을 접목한 '스마트섬유'도 등장하고 있다.

누에에게 뽕잎을 먹여 만드는 실크로 구성된 천연섬유 외에도 최근 과학기술의 발전에 힘입어 다양한 고분자로 만들어진 화학섬유의 비중이 갈수록 커지고 있다. 이러한 화학섬유는 석유화학과 어떤 연관성이 있을까? 알듯 하면서도 쉽게 연관성이 떠오르지 않는 원인은 무엇일까? 이러한 궁금증에 대해서 좀 더 자세하게 파헤쳐 보도록 하자.

석유화학이란 무엇일까?

화학 소재를 이용하는 산업은 크게 석유화학, 고분자와 세라믹 같은 화학 신소재 및 정밀화학 산업으로 구별할 수 있다. 석유화학산업이란 석유 제품(Naphtha 등)이나 천연가스를 원료로 하여 에틸렌, 프로필렌, 벤젠, 톨루엔 등 기초 유분을 생산하고 이들 제품을 원료로 하여 합성수지(플라스틱 또는 고분자수지), 합성섬유(폴리에스터, 나일론 등) 원료, 합성고무, 기타 정밀화학 중간재 및 화성품을 제조하는 산업이라고 할 수 있다.

이렇게 만들어진 석유화학 제품은 대부분 섬유, 자동차, 전자, 건설 등의 기초소재로 사용되는 중간 제품의 개념이다. 또한 정밀화학 산업은 석유화학으로부터 원료를 공급받아 정보전자, 자동차, 에너지 산업 등에 도료, 접착제, 염료, 안료, IT용 소재 등을 생산하는 기술집약적 산업이라고 할 수 있다.

일반인들에게 석유화학이라고 하면 검은색의 원유를 시추하는 장면, 또는 커다란 화학 장치 사이에서 길쭉한 굴뚝들이 하늘로 치솟아 있으며, 가끔씩 불기둥이 솟아오르는 모습으로 다가올 뿐, 어떤 구체적인 개념이 떠오르지 않을 것이다. 석유화학은 인류의 의식주와 관련된 각종 생활용품을 비롯하여 전기 · 전자, 컴퓨터, 자동차, 건설 등 주요 산업에 원재료를 생산 공급하는 산업으로서, 그동안 종이, 철, 유리 등 각종 천연 소재의 대체는 물론 새로운 용도를 개척하는 소재 산업의 하나로 빠르게 발전하여 왔다.

석유화학의 개념에 대해서 좀 더 상세하게 알아본 다음, 이들 석유화학 기술이 고분자, 섬유 등의 형태로서 일상생활에서 없어서는 안 될 의복에 어떻게 사

그림 1 석유화학으로부터 얻을 수 있는 다양한 상품들

용되는지 그 과정을 알아보고 향후 발전 가능성에 대해서도 언급하고자 한다.

석유화학 산업의 원료 및 제조 공정

석유화학 산업의 원료로는 납사(Naphtha, 또는 나프타)와 천연가스(Ethane), LPG(Liquified Petroleum Gas) 등이 있다. 이 중 납사가 가장 많이 사용되고 있는데, 납사는 원유 정제 과정에서 생산되는 제품이다. 원유는 여러 가지 탄화수소(Hydrocarbon)의 혼합물로 일정한 끓는점이 없기 때문에 원유를 분별 증류(Fractional Distillation)하게 되면 어느 정도의 온도 구간에서 비슷한 종류의 탄화수소가 연속적으로 유출된다. 이때 유출된 제품들을 유출 온도에 따라 구분하여 회수하는 과정을 '원유 정제'라고 한다. 이를 통해 끓는점이 낮은 순서부터 LPG 2%, 휘발유 8%, 납사 12%, 등유 · 경유 35%, 중유(벙커-C유) 38%, 아스팔트 등 기타 잔사유 5%의 석유 제품이 생산되며, 석유화학의 원료가 되는 납사는 보통 4~12

그림 2 원유를 싣고 와서 탱크에 저장하는 모습

그림 3 삼성토탈 대산 공장 내 자연생태공원

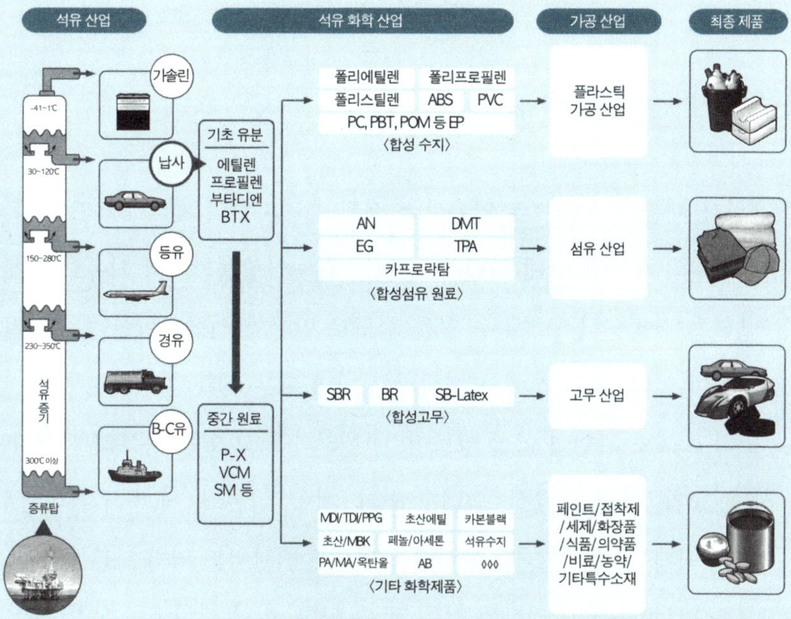

그림 4 석유화학 계통도 (자료: 한국석유공업협회)

개의 탄소를 주성분으로 하는 탄화수소 화합물로 구성된다.

이 중 에틸렌과 프로필렌, 부타디엔은 상온에서 기체이기 때문에 일상에서 눈으로 확인하기 어렵다. 벤젠, 톨루엔, 자일렌은 액체로서 자동차 휘발유에도 포함되어 있고 우리가 알고 있는 '시너(Thinner)'라는 용제로도 사용된다. 석유화학 최종 제품은 폴리에틸렌과 폴리프로필렌 등과 같이 기초 유분 하나를 중합 반응시켜 만들기도 하고, 스티렌 모노머처럼 기초 유분 두 개(에틸렌과 벤젠)를 반응시켜 만들기도 한다. 아크릴로니트릴이나 폴리염화비닐(PVC)처럼 다른 화학제품과의 반응을 통해 만들 수도 있다.

석유화학 산업의 특성

석유화학 제품의 공급으로 인류는 한정된 천연자원의 제약에서 벗어나 새로운 물질문명의 세기를 열게 되었다. 오늘날에는 일상생활에서 석유화학 제품이 없는 생활은 감히 상상도 할 수 없을 정도로 인류와 석유화학산업은 불가분의 관계에 놓여 있다. 지구 상에서 생산되는 거의 모든 제품이 석유로부터 만들어지고 있다고 해도 과언이 아닐 정도이다. 우리가 입고 있는 옷부터 시작하여 가방, 신발, 모자, 머리띠, 우산, 그리고 의자, 책상, 컴퓨터, 필기구, 휴대전화, 냉장고, TV, 벽지, 장판, 창틀 등 잠시만 주위를 둘러보아도 거의 모든 물건이 석유화학 제품으로 만들어져 있다는 것을 알 수 있다. 이와 같이 석유화학 제품은 천연자원으로 된 것을 제외하고 직 · 간접적으로 우리 주위의 생활용품부터 시작해

| **그림 5** 생활 속의 다양한 석유화학 고분자(자료: Shutterstock)

서 건물, 자동차 등 눈에 보이는 대부분의 물품 및 장치, 운송수단, 간판 등에 사용되고 있다. 따라서 석유화학산업이 없으면 건축, 전자, 자동차 등 핵심 산업도 모두 멈출 수밖에 없다. 이 때문에 석유화학산업을 '산업의 쌀'이라고도 한다.

또한 석유화학 제품의 가공성은 일반인들이 그 형체를 판별할 수 없을 만큼 뛰어나다. 부엌에서 사용하는 평범한 플라스틱 그릇에서부터 담뱃갑을 싸는 얇고 투명한 비닐, 스펀지, 타이어, 인조실크, 페인트, 접착제, 유아용 기저귀 커버까지도 모두 석유화학 제품이다. 즉 가공 방식을 달리하여 전혀 다른 형태로 생산한 완제품인 것이다. 석유화학 제품의 또 다른 중요한 장점은 원하는 특정 물성의 강화, 또는 기능성 추가가 용이하여 맞춤형 소재 공급이 가능하다는 것이다. 예를 들어 다른 조건을 유지하면서 강도가 향상된 제품이 요구될 경우 원료 구성비나 제조 공정에 변화를 주어 보다 강도가 개선된 소재의 생산을 시도할 수 있고, 유리 섬유 등 무기 소재의 첨가를 통해 강도를 향상시킬 수도 있으며, 두께를 크게 감소시키면서 여러 겹의 제품을 접착시켜 강도 향상을 꾀할 수도 있다. 이뿐만 아니라 지속적인 연구 개발로 소위 IT, BT, NT 등 첨단산업과도 발전의 궤를 같이 하는 성장성 높은 고부가가치 산업이다. 첨단산업의 발전은 석유화학산업의 뒷받침 없이는 불가능하며 산업이 첨단화될수록 소재를 제공하는 석유화학산업의 역할은 더욱 증대될 수밖에 없다.

그림 6 옷 내부의 Tag (섬유 구성표)

석유화학과 섬유 산업

우리가 매일 입는 부드럽고 따뜻한 옷이 석유로부터 만들어진다는 사실을 이해하기는 쉽지 않을 수도 있다. 즉 옷을 만드는 대부분의 원단이 석유에서 나온 석유화학 제품을 원료로 한 원사(고분자)로부터 뽑아낸 실로 짠 것이라면 믿겠는가? 우리는 옷을 구입할 때 옷 안쪽의 Tag 부분을 확인하게 되는데, 거기에는 치수뿐만 아니라 옷을 구성하는 주요 성분 조성표가 있어 원단에 대해서 쉽게 알 수 있다. 이를테면 폴리에스터나 나일론, 레이온 등이다. 이들 제품들이 바로 석유로부터 나오는 석유화학 제품을 원료로 한 합성섬유이다.

일단 섬유 중에서 천연섬유를 제외한 섬유는 합성섬유라고 볼 수 있는데, 대표적인 합성섬유로는 폴리에스터와 나일론, 아크릴 섬유 등이 있다. 이들은 모두 고분자 화합물로, 고분자(Polymer, Macromolecule)라는 것은 단위분자(Monomer)가 반복해서 결합되는 중합(Polymerization) 과정을 거쳐 이루어진 거대분자를 일컫는 말이다. 섬유를 이루고 있는 고분자는 천연고분자와 인조고분자로 나눌 수 있다. 천연고분자에는 면, 마, 양모, 견, 가죽, 고무 등이 있으며, 인조고분자에는 나일론, 폴리에스테르와 같은 합성섬유, 인조섬유인 레이온, 아세테이트, 합성가죽, 플라스틱 등이 있다. 이들에 대해 알아보자.

■ 나일론 섬유

1926년 독일의 유명한 화학자 슈타우딩거(H. Staudinger)는 섬유를 가늘고 긴 선사의 고분자 화합물이라고 정의하였다. 그 후 인공적으로 섬유를 만들 수 있는 가늘고 긴 고분자를 합성하기 위한 연구가 활발히 이루어졌으며, 1938년에는 미국 듀폰사의 캐러더스(W. H. Carothers)에 의해 나일론 섬유가 최초로 개발되었다. 나일론은 그 특성이 알려지면서 영국, 독일 등으로 공업화가 확대되었으며 독일에서는 제2차 세계 대전 중에 낙하산, 위장막, 군용 타이어 등의 용도에 사용되어 그 우수성이 입증되면서 급격한 신장을 보였다.

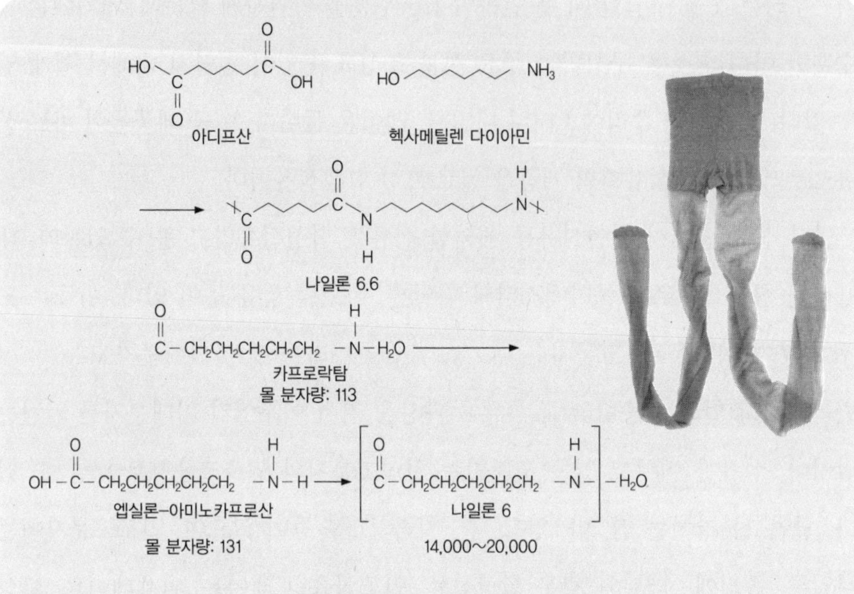

그림 7 세계 최초의 합성섬유 나일론66 및 나일론6 합성 과정 및 나일론 스타킹

세계 최초의 합성섬유인 나일론은 아주 우연한 기회에 한 연구원의 예리한 통찰력에 의해 발견되었다. 한 연구원이 폴리에스터의 실험 재료들이 얼마만큼 늘어나는지 알아보기 위해 장난으로 폴리에스터 작은 덩어리를 막대기에 붙인 후 넓은 방 안을 이리저리 돌아다녔더니 이것이 실과 같이 가늘게 뽑아졌다고 한다. 이때 듀폰사의 연구원인 캐러더스가 이 말을 듣고 당시 녹는점이 낮아 섬유를 만들 수 없는 폴리에스터에 이러한 성질이 있다면 녹는점이 높은 폴리아미드(Polyamide)에도 이와 같은 성질이 있을 것이라고 생각하여 실험을 진행한 것이다. 그의 예상대로 폴리아미드는 긴 실을 내뿜었고, 이것이 바로 나일론 발명의 초석이 되었다.

나일론은 1939년에 뉴욕 만국 박람회 출품작 중에서 가장 큰 주목을 받았다. 듀폰사는 '석탄과 공기와 물만으로 만든 섬유', '거미줄보다 가늘고 강철보다 질긴 기적의 실'이라며 나일론을 대대적으로 광고하였다. 이것이 바로 석탄에서 분해된 탄산과 석유에서 만든 아디프산을 원료로 반응시켜 만든 나일론66이라는 제품이다.

듀폰의 나일론 개발 이후 듀폰의 나일론과 전체적인 성질은 같지만 분자 구조가 약간 다른 나일론이 개발되었다. 이것은 석유에서 나온 카프로락탐을 중합시킨 것으로 나일론6이라고 불린다. 나일론6을 재료로 하여 만든 스타킹이 큰 인기를 끌었는데, 1940년 미국 뉴욕의 각 백화점에서 있었던 일화가 유명하다. 백화점 앞에는 한정된 수량의 이 스타킹을 사기 위해 문을 열기 몇 시간 전부터 여성들이 장사진을 이루었으며, 스타킹을 산 여성들이 집에 도착하기도 전에 길가에서 다리를 치켜들고 스타킹을 신는 모습들이 신문에 실려 화제가 될 정도였다. 이 신소재는 나일론으로서 실크보다 질기고 면보다 가벼우며 신축성이 뛰어나, 실크 제품보다 2배나 비쌌음에도 불티나게 팔렸다고 한다. 시판 첫날 미국 전역에서 팔린 나일론 스타킹은 약 500만 켤레였다. 나일론 스타킹을 만든 듀폰사는 시판 첫해 900만 달러, 이듬해 2,500만 달러라는 엄청난 매출을 올렸다. 나일론은 생산량의 90%가 스타킹 제조에 사용되었는데, 태평양 전쟁이 발발하면서 낙하산의 원료로 쓰였던 일본산 명주를 대신하여 낙하산 재료로 쓰이기 시작하였다. 이후 나일론을 사용하여 400만 개의 낙하산이 만들어졌으며, 이것은 제2차 세계 대전에서 중요한 역할을 하였다.

현재 합성섬유로서 나일론6이 많이 시판되고 있는데, 이는 단량체인 카프로

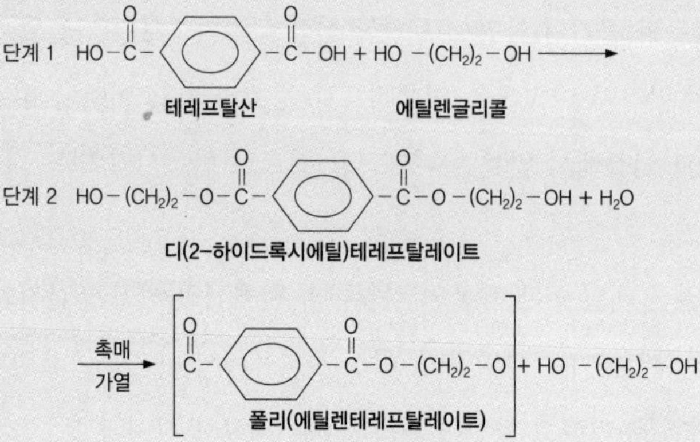

| 그림 8 폴리에스터 합성 과정

락탐이 석유로부터 공업적으로 쉽게 생산될 수 있으며, 단량체가 하나만 필요하기 때문이다. 그동안 섬유생산은 면화, 비단 등의 자연물에 의존하고 있었는데, 나일론의 발견으로 인공으로 섬유를 대량 생산할 수 있게 됨에 따라 화학제품의 합성물로부터 의류 재료를 값싸게 얻을 수 있는 길이 열리기 시작하였다.

■ 폴리에스터

합성섬유 중에서 가장 대량으로 폭넓게 사용되는 것이 폴리에스터(Polyester)이다. 폴리에스터는 단독으로는 물론이고 면(Cotton)과의 혼방, 모직과의 혼방으로도 폭넓게 사용되고 있다. 또한 폴리에스터는 섬유 가닥 속에 구멍이 있어 보온력이 좋기 때문에 겨울 외투나 점퍼에 적당하며, 특히 물에 빨아 입을 수 있는

| 그림 9 (a) 폴리에스터 필라멘트 (b) 나일론 필라멘트

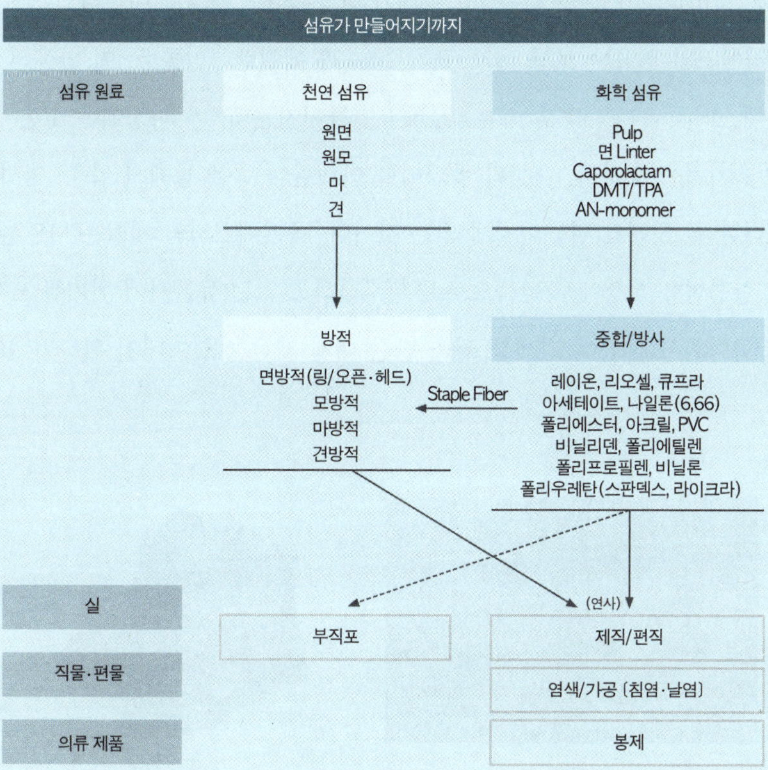

| 그림 10 섬유가 만들어지기까지 (자료: 한국섬유산업 연합회)

일명 물실크라고 불리는 폴리에스터는 광택이나 촉감이 거의 실크와 같아 속옷, 웨딩드레스, 전통 의복인 한복 등을 만드는 데 사용된다. 이와 같이 요즘엔 거의 모든 의류를 폴리에스터 섬유로 만들 수 있다고 해도 과언이 아니다.

그렇다면 만능 섬유인 폴리에스터는 어떻게 개발되었을까? 참고로 제품명에 '폴리(Poly)'라는 접두어가 붙으면 '폴리' 뒤에 나오는 제품이 다량 중합되었다는 것을 의미하지만, 폴리에스터의 경우는 '에스터'라는 제품이 중합된 것이 아니라 '에스터(Ester)'라고 불리는 결합 형태가 반복된다는 것을 의미한다.

폴리에스터 섬유는 보통 테레프탈산(TPA)과 에틸렌글리콜(EG)이 반응해서 긴 폴리에스터(PET, Polyethylene-Terephthalate)가 만들어지는데, 이 과정에는 고온, 고압의 반응기가 필요하다. 액상의 폴리머를 미세한 노즐을 통해서 압축, 방사하면 가느다란 실 형태로 만들어지게 되는 것이다. 폴리에스터의 개발은 나일론으로 세계 합성섬유 시장에서 단독으로 종횡무진하고 있는 듀폰사에 위기를 느낀 유럽의 화학회사들이 이 기세를 꺾을 만한 대체 제품을 찾아내기 위하여 혈안이

| 그림 11 캠핑용 부품에 사용되는 다양한 기능성 섬유 소재

되어 있을 당시, 영국의 한 업체가 아로마틱 화합물과 에틸렌계 제품을 반응시켜 에스터 결합으로 연결되는 고분자 합성에 성공한 것이 계기가 되었다. 이 업체는 이것이 섬유로서의 이용 가치가 충분히 높다는 것에 착안하여 ICI와 합작으로 상업화에 착수하였으나, 고분자덩어리에서 미세한 실을 뽑아내는 기술 획득이 어려워 포기하였다. 결국 ICI는 듀폰과 합작으로 폴리에스터를 제작한 후 각각 상업적 지역을 나누어 보급하였다. 폴리에스터 시판 때도 듀폰의 광고는 대중에게 매우 인상적으로 어필되었다. 폴리에스터로 만든 옷을 수영장에서 수시로 적셨다가 말리면서 '세탁 후 다리지 않고 입는 옷(Wash and Wear)', '영원히 다려진 옷(Permanent Press)'이라는 광고 문구를 넣은 것이다. 질긴 나일론의 출현으로 양말을 꿰맬 일이 없어진 데 이어 폴리에스터의 등장으로 다림질의 불편을 없앰으로써 주부들의 가사노동을 현격하게 줄여주는 효과도 있었다. 우리나라에서는 1968년 대한화섬에서 처음으로 폴리에스터를 생산하였다.

| 그림 12 수영복에 사용되는 기능성 섬유 소재

■ **다양한 섬유 소재 응용**

과거에는 합성섬유가 흡습성이나 감촉 등에서 천연섬유에 비해 뒤떨어진다고 여겼던 때도 있었으나, 최근에는 천연섬유를 능가하는 감촉과 기능성을 겸비한 합성섬유가 잇따라 개발되면서 일상생활 의복에서부터 산업용까지 그 활용 범위가 더욱 넓어지고 있다. 요즘은 계절에 관계없이 산이나 바다로 떠나는 캠핑 인구가 늘어나는 추세인데, 이때 사용되는 텐트에서부터 등산화, 침낭 등이 모두 석유화학으로부터 출발하는 고분자 플라스틱 제품군으로 이루어져 있다. 텐트 천으로는 보통 폴리아미드나 폴리에스터 소재가 사용되는데 이들은 면보다 인장 강도가 높고 탄력이 좋은데다가 방풍 기능이 뛰어나다. 또한 텐트는 빛이나 빗방울 등을 차단하기 위해 다양한 코팅 작업을 실시하는데 이 역시 정밀화학 산업의 혜택이라고 할 수 있다. 대표적인 것이 자외선을 차단하기 위한 UV(Ultraviolet) 코팅으로서 원하는 물체에 UV 도료를 바르고 자외선을 조사(照射)

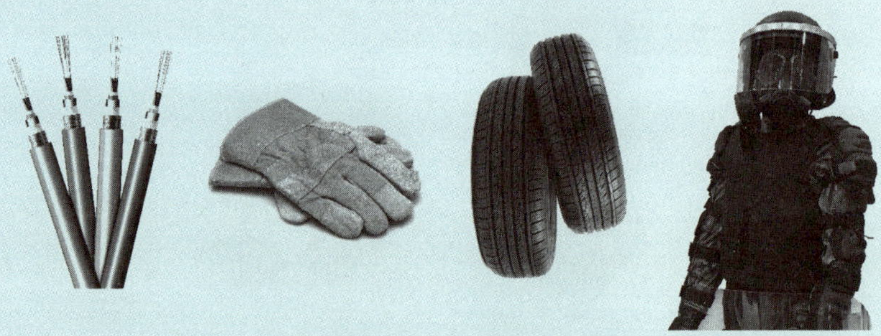

| **그림 13** 아라미드 섬유를 이용한 다양한 제품들

하여 짧은 시간에 굳어지게 하는 방식이다. 이렇게 함으로써 도막의 광택 및 경도가 좋아지고 물리적, 화학적 특성이 향상되게 된다. 또한 텐트에 폴리우레탄 코팅을 하게 되는데, 이는 액체 형태의 고분자수지를 물체에 코팅한 후 롤러로 눌러 주고 건조하는 방식이다. 이 방식은 텐트의 방수 기능을 높여 주고 마찰력을 강화해 줄 뿐만 아니라 강도를 높여 주는 기능을 한다.

현대 스포츠에 있어서 스포츠 의류는 단순히 착용하는 것에서 나아가 기능을 강조하는 형태로 변하고 있다. 수영복, 에어로빅복, 스케이트복에서는 특히 신축성이 필요하다. 또한 스포츠 의류의 섬유 소재는 발수, 방수 기능을 통해 어떤 악천후에서도 몸 안쪽을 보다 쾌적하게 보호해야 한다. 섬유 자체가 흡수성을 가지고 있어 땀 흡수, 빠른 건조를 하는 것도 있으며, 폴리에스테르처럼 섬유 자체는 흡수성이 없지만 모세관 현상을 사용하여 직물의 구조를 변화시킴으로써 땀을 흡수해서 그것을 외부로 방출하는 역할을 하는 것도 있다.

실제로 석유화학 기반의 다양한 소재가 수영복을 만드는 데 사용되고 있는데, 대표적인 소재는 폴리아미드, 폴리우레탄, 폴리에스터계 섬유이다.

이와 같이 석유화학으로 출발해서 제조되는 다양한 고분자 섬유 소재들은 레저 산업의 무한한 가능성을 이끌고 있는 소재임이 분명하다. 대량 제조를 통해서 저렴한 가격을 유지하고, 철이나 나무, 유리 등의 가공이 어려운 제품을 대체하는 것뿐만 아니라 이들의 특성을 뛰어넘는 물성을 가질 수 있는 많은 제품 개발이 진행되고 있다.

아라미드 섬유(Aramid fiber)라는 초강력 섬유가 있는데, 아라미드는 '고분자 아미드기(CO-NH)가 2개의 방향족 고리에 직접 결합된 섬유로서 듀폰이 1973년 세계 최초로 개발하였다. 일명 케블라(Kevlar)라고 불리는 이 섬유는 강도가 우수하고 내열성이 좋아서 특히 산업용에 폭넓게 적용되고 있다. 5밀리미터 굵기의 실로 2톤 무게의 자동차를 들어올릴 수 있으며, 불에 타거나 녹지 않아 방탄 소재, 광케이블, 항공기 소재 등으로 쓰인다. 우리나라는 수년 전에 아라미드 방탄조끼 상용화에 성공한 바 있다.

꿈의 소재라고 불리는 나노 섬유는 전자, 바이오, 에너지, 환경 등 다방면에 응용이 가능하다. 특히 수처리, 에어필터와 이차전지 분리막 등에서 활발히 전개되고 있다. 이것은 나노 섬유만의 고유한 특성 때문인데, 나노 섬유는 지름이 수십에서 수백 나노미터(1나노미터=10억 분의 1미터)에 불과한 초극세 실을 말한다. 굵기가 머리카락의 100분의 1 정도에 불과한 첨단소재로, 이러한 나노 실을 이용할 경우 섬유를 현재보다 100분의 1 정도로 가늘게 만들 수 있다. 따라서 부피에 비해 표면적이 엄청나게 늘어나기 때문에 리튬이온 전지(휴대전화 배터리 등에 쓰임)의 전해질로 사용할 경우, 전해액의 누출을 막으면서도 전지의 크기와 무게를 크게 줄일 수 있다. 이 밖에도 친환경용, 의료용, 차세대 에너지 저장 장치, 고기능 센서 등에 적용하려는 노력이 활발하게 진행되고 있다.

빛이나 온도 변화에 따라 색이 바뀌는 카멜레온 섬유도 있다. 이것은 크로믹(Chromic) 재료를 마이크로 캡슐에 봉입한 후 폴리우레탄계의 수지에 분산시켜 직물 표면에 코팅하여 제조한다. 일본 도레이사는 열에 민감한 염료를 마이크로 캡슐화하여 직물 표면에 코팅하여 감온 변색 소재인 스웨이(SWAY)를 개발하였다. 이 소재는 -40~80℃에서 5도 이상의 온도 차이에 의해 변색되는 다양한 색을 지니며 스키복, 수영복 등에 응용되고 있다.

최근에는 축열(발열) 섬유가 인기를 끌고 있는데, 이는 천연소재에 나노 공정을 접목한 제품으로서 인체에 안전하며 2차 오염이 없는 친환경 제품이다. 축열 섬유는 태양광의 열에너지와 인간 체온의 열을 축적시킨 후 인체로 온기를 재방사하며 그 온기가 피부 깊숙한 피하심층까지 침투, 혈액을 데워 전신으로 운반시킬 수 있도록 만들어진 기능성 섬유이다. 발열 기능에 의한 방한, 보온 효과뿐만 아니라 원적외선 메커니즘에 의한 물질대사 촉진 등 인체에 이로운 다양한 기능을 발휘하는 멀티기능성 섬유라고 할 수 있다.

합성섬유의 미래

옷은 사람이 항상 몸에 지니고 다닌다는 점 때문에 최신의 과학기술로 활발하게 연구되고 첨단화되고 있는 분야이다. 향후 합성섬유는 장소나 시간의 구애를 받지 않고 언제 어디에서나 통신을 하는 유비쿼터스 시대를 여는 데도 기능성 섬유로서 큰 역할을 할 것으로 기대가 모아지고 있다. 그렇다면 이제 옷에 디스플레이 화면이 달려 있어 시계를 보듯이 팔을 들어 소매에 달린 TV를 보거나, 옷을 걸어 놓고 옷을 통해 TV를 보고, 옷 속에 통신회로가 내장되어 있어 별도의 장치 없이 팔을 드는 것만으로도 전화를 할 수 있는 그런 시대를 기대해도 되지 않을까? 여기에는 반드시 석유화학 제품으로 만드는 합성섬유의 활약이 뒷받침되어야만 가능하다는 점을 기억할 필요가 있다.

scientific technology

미래 우리 삶속에 들어오는 로봇

염영일 (울산과학기술대학교 석좌교수)

2008년 미국국가정보위원회가 작성한 2025년 세계적 추세 보고서에는 미래에 인류를 먹여 살릴 6대 현상 파괴적 기술로 생물 노화 기술, 에너지 저장 소재, 생물 연료 및 생물기반 화학, 청정 석탄 기술, 만물의 인터넷 그리고 서비스 로봇을 뽑고 있다. 우리나라 한국정보화진흥원의 보고서에서도 2020년 10대 미래기술에 로봇이 포함되어 있다.

미래학자 토플러(Alvin Toffler)는 그의 저서 『제3의 물결(The Third Wave)』(1980)에서 사회 발전 역사에 대해 제1의 물결은 18세기 이전 거의 3,000년을 이어온 농경사회, 제2의 물결은 18세기 중반에 시작한 산업혁명으로 공업화를 이룬 산업화 사회, 그리고 제3의 물결은 20세기 후반 정보화를 주도한 정보화 사회를 예리하게 서술하고 있다. 여기에 자세히 기술되어 있지 않지만 제2의 물결에서 제3의 물결로 이어지는 과정에서

20세기 전반에 자동차산업을 비롯해서 자동화에 대한 관심이 커지면서 공장자동화가 자리매김을 하게 되었고, 이후 20세기 후반 들어 정보화 사회를 이끈 컴퓨터의 등장으로 로봇 발전이 이루어지는 배경이 만들어졌다.

지난 20세기 동안에 자동차와 컴퓨터가 우리 삶에 깊숙이 자리를 잡은 것과 마찬가지로 21세기에는 로봇이 일상생활에 인간과 공존함으로써 다방면에서 인간의 삶을 풍요롭게 하고 삶의 질을 향상시키는 역할을 할 것이다.

로봇의 발전 배경

로봇이라는 용어의 어원은 체코 어로 일꾼을 의미하는 '로보타(Robota)'에서 유래한 것으로, 1921년에 체코의 극작가 차페크(Karel Capek)의 희곡 「로섬의 인조인간(Rossum's Universal Robots)」에서 최초로 사용되었다. 차페크의 희곡에 나오는 로봇은 영혼이 없고 일밖에 모르는 인조인간으로 묘사되어 있다.

여기에서는 고대 그리스 신화에서부터 중세기에 초정밀 기계부품으로 정교하게 만든 각종 인형, 일본의 찻잔을 나르는 인형 등 다양한 종류의 자동화 기기가 로봇의 발전 배경으로 설명되어 있지만, 오늘날 이들은 로봇 부류에 포함되지 않는다.

1954년 최초로 현대적 로봇을 발명한 사람은 미국의 엔지니어이자 발명가인 드볼(George Devol)이다. 드볼이 발명한 간단한 매니퓨레이터(Manipulator)는 앞에서 언급한 자동인형에 비해 더 초라하게 느껴질 수도 있지만 드볼이 개발한 로봇은 프로그램이 가능하고 프로그램의 지시대로 작동한다. 이후 드볼은 오늘날 로봇의 아버지라고 불리는 엥겔버거(Joseph F. Engelberger)와 함께 유니메이션(Unimation)이라는 최초의 로봇회사를 설립하고, 그곳에서 생산된 로봇을 유니메이트(Unimate)라고 명명하였다.

| 그림 1 최초의 로봇 유니메이트

최초의 산업용 로봇은 유압으로 작동하며 디지털로 제어가 가능하였다. 이와 같이 현대적 로봇의 정의는 자동제어에 의한 조작 기능 또는 이동 기능을 가지며 프로그램에 의해 다양한 작업의 수행이 가능한 기계를 일컫는다.

산업용 로봇

미국에서 개발된 유니메이트 로봇은 제너럴 모터스(GM, General Motors)의 자동차 생산 공장에 처음 설치되었는데, 이것이 산업용 로봇의 시작이다. 산업용 로봇은 산업 현장에서 사람을 대신하여 소위 3D(Dirty, Dangerous, Difficult), 즉 열악하고 위험하거나 힘든 환경에서 일을 하는 로봇을 일컫는다. 정형화된 단순, 반복적인 일이지만 정밀, 고속 작업을 수행하는 산업용 로봇은 20세기 후반 제조업 현장에 투입되기 시작하여 현재까지 로봇 산업의 주류를 이루고 있다.

대부분의 산업용 로봇의 구성을 보면 본체는 회전 관절이나 직선 관절로 연결된 여러 링크의 매니퓨레이터로 되어 있는데, 이것은 사람의 팔과 같은 기능을 수행할 수 있는 기계적 조작 장치이다. 주로 어깨, 팔꿈치, 팔목으로 구성되어 있으며, 로봇의 각 관절을 동작시키는 동력원으로서 유압, 공압, 전기식의 세 가지 시스템으로 크게 구분할 수 있다. 그리고 로봇에는 제어장치가 있는데, 이는 로봇이라는 메커니즘에 각종 작업을 지령하고 원하는 목적의 동작을 수행하도록 하기 위한 인간의 뇌에 해당한다. 이러한 로봇은 그 기능성과 구조적 특성에 따라 다음과 같이 분류할 수 있다.

- 용접 로봇: 용접을 하는 로봇으로, 용접일은 매우 노동집약적인데다 작업 환경이 열악하여 위험하므로, 현재 단일 용도로는 제일 많이 사용되고 있다.

그림 2 산업용로봇: 슬로바키아 로봇조립라인(자료: 현대중공업)

- 도장 로봇: 자동차, 선박 등과 같은 곳의 균일한 도장 작업을 하는 로봇으로, 유해한 물질에 인간이 노출되는 것을 막아 준다.
- 조립 로봇: 단순한 부품 조립부터 복잡하고 다양한 작업에 이르기까지 수행하는 로봇으로, 협동 작업까지 함으로써 작업 효율을 보다 더 향상시키고 있다.
- 검사 로봇: 카메라, 레이저, 초음파, 자기센서 등을 이용해서 부품의 불량을 찾아내고, 제품 기준에 따른 분류 작업을 수행하는 로봇이다.
- 지능형 공작 로봇: NC보다 한 단계 높은 형태의 기계 가공을 할 수 있는 로봇으로, 절삭력과 정밀도를 제어함으로써 제품의 질을 향상시킬 수 있다.

미국은 20세기 초부터 산업 활동이 활발히 이루어졌는데, 특히 자동차 산업은 인간의 노동 중심으로 뿌리를 내림으로써 20세기 중반 이후 출현한 로봇의 가치를 크게 느끼지 못하여 산업용 로봇 회사들이 부진을 면치 못하게 되었다. 이에 미국의 유니메이트사는 일본 가와사키회사에 라이선스를 넘기고 가와사키는 1969년 가와사키 유니메이트를 생산함으로써 일본의 산업용 로봇 시대가 열리게 되었다.

특히 일본은 로봇에 대한 정부 및 기업의 적절하고도 장기적인 투자로 인해 로봇 기술에 대한 저변이 확대되어 로봇의 많은 요소 기술들이 확립되었다. 이와 같이 로봇 산업 성장의 밑거름이 갖추어짐에 따라 일본은 한때 전 세계 산업용 로봇의 50%를 보유하는 기록을 세우기도 하였다. 1980년에 일본은 드디어 '로봇 원년의 해'를 선포하고 산업용 로봇에 대해 세계 1위의 자리를 고수하였다. 산업용 로봇의 활용은 그 나라 생산성 향상에 지대한 영향을 미치는데, 일본의 1980년대 고도 경제성장의 이면에는 상징적인 존재로 산업용 로봇이 있었다고 할 수 있다. 미국에서는 아시아의 저임금 노동력을 이용하여 현미경을 통해 반도체 본딩을 검사하였는데, 일본에서 이 과정을 산업용 로봇으로 대체하는 자동화 전략을 실시함으로써 고도의 신뢰성을 확보하여 반도체 분야에서 비교 우위에 서게 되었던 사실은 잘 알려진 이야기이다.

우리나라의 경우 1980년 중반에 대우중공업이 용접용 로봇 노바-10(Nova-10)을 개발하고, 삼성항공이 조립용 로봇 '와이즈맨'을 개발하면서 국내에도 산업용 로봇의 개발이 본격화되기에 이르렀다. 1990년대 초반까지 업체별로 다양한 용도의 로봇이 개발되었고, 자동차 산업, 반도체 산업, 조선 관련 중공업의 성장에 힘입어 산업용 로봇이 급속도로 발전하였다. 이와 같은 현상은 미국, 유럽 선진국에서도 비슷하게 나타나 산업용 로봇은 거의 평준화가 되었다. 우리나라의 로봇 산업 생산 규모는 2008년에 8,268억 원에서 2011년에 2조 1,464억 원으로 크게 늘어났으며, 이 중 77%가 제조업 용도의 산업용 로봇이다. 현재 우리나라는 세계 3대 산업용 로봇 수출국이다.

지금까지 산업 현장에 적용되어 온 로봇은 대체로 단순 반복적인 작업만을 담당하였기 때문에 인간의 노동을 완벽하게 대체하기에 어려운 면이 있었다. 하지만 제반 센서 기술, 모터 및 동력 전달 장치의 발전에 힘입어 점점 더 어렵고 정밀한 작업이 가능해지고 있다. 특히 인간이 작업하기 힘든 환경, 즉 바닷속, 땅속, 원자로, 우주 등에 로봇이 인간을 대신하여 많은 작업을 담당하게 되었고, 앞으로도 이러한 산업 전반에 로봇의 기술 발전이 활발히 이루어질 것이다.

지능형 로봇

21세기에 접어들면서 로봇들은 주로 생산 공정에서의 집단 구조적 응용 형태에서 인간에게 편의를 제공하는 서비스 형태로 바뀌어 인간의 삶 속으로 들어오고 있다. 생산 공정에 사용되는 로봇은 원하는 작업을 반복적으로 할 수 있도록 간단한 제어만 하면 되지만 서비스 로봇은 환경을 인지하는 다양한 지능이 필요한데, 이러한 부류의 로봇을 지능형 로봇이라고 한다.

지능형 로봇은 환경에 적응하여 상황을 판단할 수 있으며 주어진 작업을 스스로 할 수 있는 로봇을 말한다. 그러기 위해서는 기계 및 전기적 구조 외에 주변을 인식하고 외부에 작용을 할 수 있도록 하는 인간의 오감을 모방한 센서 기술, 음성 인식 기술, 물체 인식 기술, 수평 감지 및 가속도 감지 기술 등이 필요하다. 판단 기능으로는 인공지능 기술이 필요하며 신경망 이론, 퍼지 이론, 진화 알고리즘 등의 제어 기술이 필요하다. 여기에 통신 기능이 추가되어 로봇 상호 간의 의사 전달이 가능하도록 점차 첨단화되고 있다.

지능형 로봇은 여러 학문이 통합적으로 이루어진 시스템 개념의 구조물로, 지능형 로봇을 제작하기 위해서는 설계기술, 전자 및 제어기술, 기계기술, 재료기술, 전산기술, 센서기술, 생체역학, 그리고 시스템을 통합하는 통합기술, 심지어는 감성, 심리학까지도 아우르는 전 방위적 융합기술이 필요하다.

영화 "별들의 전쟁(Star Wars)"에서 3PO나 R2D2, 그리고 영화 "에일리언", "아이로봇"에는 인간의 상상력으로 만들어진 다양한 지능형 로봇이 등장하며, 오늘날에는 이와 같은 지능형 로봇들이 눈부실 정도로 발전하고 있다.

이렇듯 근래에 급속히 발전하고 있는 지능형 로봇은 인간 친화형 로봇 또는 서비스 로봇이라고도 불리는데, 이러한 지능형 로봇은 주로 인간과 같이 생활하면서 인간의 일을 도우며, 인간과 함께 대화를 하고 행동하며 즐거움을 줄 수 있는 역할을 한다.

그렇다면 이러한 지능형 로봇은 왜 필요할까?

첫째, 사회적 측면으로, 21세기는 생활환경의 지능화, 인간화, 감성화로의 변화가 예상되며, 이에 따라 인간이 노동 고역에서 해방되어 여가 선용이나 창조 활동에 전념하는 사회로 변화할 것이다. 또한 복지 정책 및 의료 기술의 발달에 힘입어 전 세계적으로 고령화 사회로 변화할 것이다. 이에 따라 저출산 사회와 고령 사회에서의 노동력을 제공하고 노인 복지 서비스의 수요 해결을 위한 대안이 필요하다. 로봇과 공존하는 미래 사회를 고려한 사회 시스템을 설계하여 미래의 사회 경제적 비용을 절감할 필요가 있다.

둘째, 기술적 측면으로, 지능형 로봇은 첨단기술의 혁신과 융합을 촉진하며 개발된 첨단 원천기술을 접목시킨 신제품 개발을 촉진하게 된다. 한편 정보, 전자, 반도체 분야의 기술적 성과와 연계하여 첨단 시스템 공학의 육성을 통한 미래 유망 시스템의 독자 개발 능력 및 미래 성장 동력을 확보할 수 있다.

셋째, 경제적 측면이다. 21세기에는 지능형 로봇이 우리 삶 속으로 들어옴으로써 로봇의 가전제품화 또는 정보기기화로의 인식 전환 및 이에 따른 새로운 시장의 전개가 예상된다. 지능형 로봇의 자체 시장뿐만 아니라 자동화 분야 등 관련 산업에의 파급 효과, 고도 지식 자본재로서의 지능형 로봇이 생산 및 서비스에 기여하는 부가가치 등을 모두 합하면 막대한 경제적 파급 효과가 기대된다. 전문가들은 2020년경이 되면 인간 기능이 가능한 지능형 로봇 자체 시장이 자동차 산업 규모보다 더 커질 것으로 예측하고 있다.

이러한 지능형 로봇에는 다음과 같은 것이 있다.

인간 친화형 로봇은 적용 분야에 따라 크게 의료 및 복지용 로봇, 군사용 로봇, 교육용 로봇, 엔터테인먼트 로봇, 건설용 로봇 그리고 가정용 로봇 등으로 다양하게 분류될 수 있으며, 이 로봇들의 응용성은 대단히 광범위하다.

- 의료 및 복지용 로봇: 장애인이나 노약자를 간호하고 도움을 주는 간호 로봇(Health care robot)에서부터 실제 수술실에서 수술을 돕거나 직접적인 수술 행위를 하는 수술용 로봇에 이르기까지 다양하다. 걷는 것을 돕는 로봇, 병원에서 환자의 상태를 검사하고 간단한 심부름을 하는 로봇이 있는가 하면 원거리의 의사가 집도를 하면 반대편의 로봇이 환자를 수술하는 원격수술 시도도 성공을 거둔 바 있다. 또한 뇌 수술 같은 분야에서는 정확한 수술을 위해 의사의 손 떨림이나 피로에 의한 실수를 막기 위해 로봇을 이용하기도 한다.
- 군사용 로봇: 군사적 목적으로 사용하는 로봇으로, 군인이 수행하는 임무나 기존에 불가능하였던 임무를 원격제어 또는 무인 자율로 수행이 가능하게 하는 것을 목적으로 하고 있다. 이 분야는 미국이 앞서 있으며, 그동안 아프가니스탄, 이라크 등 여러 나라에서 전쟁을 거치면서 그 위용을 실감하였다.
- 가정용 로봇: 청소나 세탁, 잔디깎기 등을 할 수 있는 로봇, 공을 던져 주고받는 등 스포츠 상대가 되어 주는 로봇, 경비나 간호를 담당하는 로봇들이 이 범주에 속한다. 집안일은 너무도 다양하고 광범위해서 하나의 로봇이 담당하기에는 아직까지 어려운 면이 많

다. 하지만 단순한 기능을 하는 것들이 계속 연구 중에 있으며, 일본이 개발한 아시모나 우리나라 카이스트에서 개발한 휴보, KIST의 아루 등과 같이 인간처럼 걷고 행동하며 대화를 하는 등 인간의 편의를 돕는 날도 멀지 않았다.

- 엔터테인먼트 로봇: 1999년 판매를 시작한 소니의 아이보 로봇은 귀여운 강아지의 동작을 그대로 따라하며 짖기도 하고 쓰다듬어 주면 행복한 표정을 짓기도 하는 지능적인 장난감으로 엔터테인먼트 로봇이 상업적으로 성공할 수 있다는 것을 보여 주었다. 그러나 소니는 로봇 사업을 접으면서 아이보 생산을 중단하였다. 우리나라도 제니보라는 로봇강아지를 선보였으며, 이후 만화영화 캐릭터들이 속속 로봇화되고 있고 애완동물용 로봇으로 개량되고 있다. 그리고 이러한 엔터테인먼트 로봇은 어떤 분야나 형태로 변화할지 예측할 수 없을 만큼 빠르게 발전하고 있다.

그림 3 제니보 (자료: 동부로봇)

그림 4 최초의 청소용 로봇 – 룸바 (미국)

우리 삶 속으로 들어오는 로봇

주부들이 음식 준비를 하는 동안 진공 청소 로봇이 혼자서 방 청소를 하고, 같은 시각에 아이들은 영어교사 로봇과 재미있게 영어 공부를 한다. 이러한 장면은 더 이상 영화 속의 이야기가 아니다. 이미 현실에서 이루어지고 있는 이야기인 것이다. 이렇듯 지능형 로봇은 우리 곁에 성큼 다가와 있다. 자동차 메이커인 혼다에서는 1986년부터 인간형 로봇 개발을 시작해서 우주인을 닮은 두 발로 걸어 다니는 로봇 아시모 개발을 비롯하여 로봇 연구 분야의 새로운 선기를 만들며 세간의 이목을 집중시키기도 하였다. 우리나라도 2004년 말에 카이스트에서 일본 휴머노이드에 필적할 휴보 로봇을 선보였는데, 개발 시간과 개발비에서 일본을 훨씬 앞서고 있어 우리나라 로봇계의 긍지를 높여 주고 있다.

일본에서 개발한 파로(Paro)라는 물범 로봇은 곰털처럼 포근한 재질로 만들어져 가슴에 품으면 살아 있는 물범처럼 옹알옹알하고 눈도 깜빡거리며 머리도 끄덕인다. 이 로봇은 우울증 치료용으로 노인 분들의 사랑을 받아 전 세계에서 팔리고 있다.

근래에 우리나라의 대규모 대학 병원에서는 인튜티브(Intuitive)사가 개발한 다빈치(DaVinci) 수술 로봇을 보유하고 있는데, 이 로봇은 복강경 수술에 이용된다. 로봇 수술은 절제 부분을 최소화하고, 수술 시간, 수술의 오차율, 수술 후 통증, 감염, 회복 등을 최소화하는 장점이 있어 가격이 비싸도 수술 건수는 계속 늘어나고 있다. 연세대학교 세브란스 병원은 로봇 수술 건수가 세계에서 가장 많은 것으로 알려져 있다. 우리 정부도 이에 대응하여 수술 로봇 분야 연구 개발에 박

차를 가하는 한편 수술비를 낮추기 위해 노력하고 있다. 또한 현재 주로 활용되는 복강경 수술 외에도 이비인후과, 신경외과와 뇌수술 로봇 등의 연구 개발이 진행되고 있다.

로봇은 간병이나 간호 등에도 이용된다. 마쓰시타 전기는 현재 1,500만 달러를 들여 양로원을 짓고 있는데, 인공지능을 갖춘 이른바 스마트 로봇으로 하여금 100여 명의 노인을 돌보게 할 계획이다. '타마피'라는 이름의 이 로봇은 24시간 근무하면서 노인들의 시중을 들게 된다. 노인들이 기상하자마자 하루 일정을 챙겨 주고 건강도 체크해 문제가 있으면 곧바로 응급센터에 연락하게 된다. 이와 같이 마치 공상처럼 여겨졌던 로봇이 인간의 일상으로 침투하는 것을 쉽게

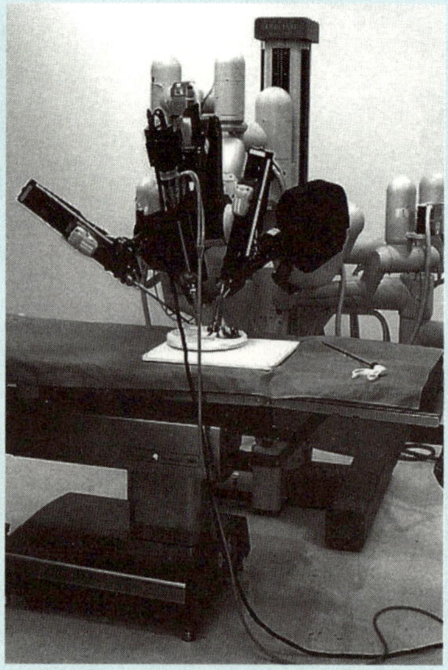

그림 5 다빈치 수술용 로봇
(자료: wikimedia)

접할 수 있을 것이다.

건설 분야에서도 산악지 등 위험 지역의 경우 굴삭 중장비 등을 무인화함으로써 효율을 높이고 인명 피해를 줄일 수 있다. 이와 비슷한 응용은 농기계에서도 볼 수 있다. 도쿄 농업대학에서는 로봇 기술의 융합을 이용한 식물공장을 만들어 식물 재배에 필요한 환경 조건을 인위적으로 제어함으로써 날씨에 구애받지 않고 고품질 작물을 대량 생산할 수 있는 연구를 진행하고 있다.

우리나라 KIST에서 개발한 영어교사 로봇은 2010년 영국의 「타임」지가 선정한 세계 최고 발명품 50개 중 하나로 꼽히기도 하였다. 또한 우리나라는 세계 최초로 공식적인 교육기관에 로봇 보조 교사를 투입하였는데, 유진로봇의 아이로비큐는 유치원에서 선생님을 도와 출석을 점검하고 어린이들에게 영어를 가르치고 있다.

2012년 6월 4일에는 국제 테러 조직인 알 카에다의 제2인자가 무인 비행 로봇

그림 6 영어교사 로봇 잉키
(자료: Kist)

인 드론(drone)에 의해 사살되었다는 뉴스가 보도되었다. 미국은 전쟁에서 인명 피해를 줄이고 정확도를 높이기 위해 일찍부터 군사용 로봇을 개발하여 그동안 아프가니스탄, 이라크 등 전쟁에서 성공적으로 사용해 오고 있다.

2011년 11월에 발사된 미항공우주국(NASA)의 무인화성탐사선 큐리오시티(Curiosity)는 지구를 출발한지 약 8개월 15일간의 대장정 끝에 2012년 8월 6일 화성에 착륙하여 인간이 살 수 있을 만큼 물과 광물이 충분한지를 살피는 탐사에 들어갔다. 이 로봇은 바위를 뚫거나 토양을 채취할 수 있는 로봇 팔을 갖고 있다.

아직까지는 우리가 영화에서 보아왔고, 상상하고 기대하는 것만큼 로봇의 작동이 완전하지 않아 기대 수준에 미치지 못하는 것이 사실이지만, 선진국들 간에 경쟁적으로 많은 연구가 진행되고 있어 점차 우수한 로봇이 개발될 것으로 기대된다.

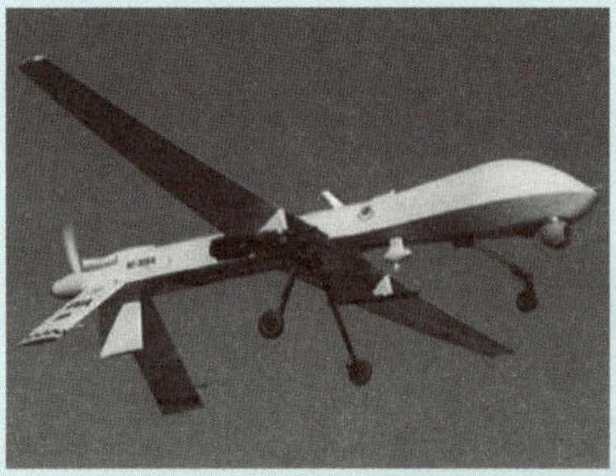

그림 7 군사용 로봇 드론

그림 8 화성탐사로봇 큐리어시티 (자료: NASA)

파생 가능한 윤리적 문제

과학 소설 작가 아시모프(Issac Asimov)는 소설 『I, Robot』에서 다음과 같은 내용으로 로봇의 3대 행동 원칙을 제시하였다.

(1)로봇은 인간을 해치지 말아야 하며, 또 인간이 해를 입도록 방관해서는 안 된다.

(2)로봇은 인간의 명령에 절대 복종해야 하지만, 첫 번째 원칙에 어긋나는 명령은 제외된다.

(3)첫 번째와 두 번째 원칙에 어긋나지 않는 이상, 로봇은 자기의 생존을 보호해야 한다.

이러한 윤리는 로봇의 윤리일 뿐만 아니라 로봇의 주인이 되는 인간의 윤리이기도 하다. 즉 로봇을 파괴적인 목적에 사용하지 말고 오로지 인류의 복지를 위해 사용해야 함을 보여 준다. 단순 작업만 하던 로봇에 비해 지능이 커진 인간 친화형 로봇은 때론 민간인에게 심각한 위협이 될 수 있고, 인간의 사생활을 로봇이 모니터링하고 통신할 수도 있으므로 이러한 부분에서 법적, 윤리적인 보완 장치가 필요하게 될 것이다.

로봇 분야의 미래

이동 전화 및 통신 혁명이 인간의 생활 형태를 창조하고 바꾼 것처럼 로봇 기술의 발전은 다양한 각도에서 인간의 생활을 변화시키며 미래 사회에 중요한 역할을 할 것이다. 지능형 로봇이 가정에 등장함으로써 가사에 대한 인간의 역할이 축소되고 이에 따라 인간의 보다 발전적인 사회적 활동 및 생활을 윤택하게 하는 여가 활동이 가능해질 것이다. 또한 무선통신의 발달로 원거리에서 로봇과 교신하고 명령을 내릴 수도 있게 될 것이다. 로봇이 애완용 동물의 역할도 하여 주인이 들어오면 마중을 나가고 인사하는 등 즐거움을 줄 수도 있다. 이 밖에도 공놀이의 상대가 될 수도 있고 집안의 경비를 맡아 줄 수도 있다. 통신 서비스 업체와 연계하여 집안의 상황을 모니터링해 줌으로써 화재나 도난 등의 위험 상황이 발생하는 것을 미리 예방할 수도 있을 것이다.

이와 같이 지능형 로봇이 우리의 삶에 들어오는 것은 과학기술 발전의 거스를 수 없는 수순이며 그것도 머지않은 장래에 이루어질 것이다.

우리나라는 2004년 이래 로봇 분야를 미래의 10대 국가 성장 동력 산업으로 지정하였으며, 2018년까지 세계 3위의 로봇 강국이 되는 비전을 갖고 있다. 특히 우리나라의 경우 고령화의 속도가 OECD 국가 중 가장 빠르며, 저출산을 감안할 때 로봇 산업은 사회적으로도 반드시 필요한 산업으로 미래 공학도로서 바람직한 성취감을 가질 수 있는 직종이 되리라고 본다.

scientific technology

스마트 혁명으로 진화하는 IT 서비스

황기웅 (서울대학교 전기정보공학부 교수)

21세기에 닥쳐온 변화의 물결은 정보 혁명이라고 할 수 있다. 우리가 일상생활에서 접하는 정보의 질과 양은 수년 전에는 생각하지도 못할 만큼 크게 증가하고 있는데, 이것은 반도체와 디스플레이, 통신 및 컴퓨터를 비롯한 전자, 정보 기술의 발전 때문에 가능한 일이다. 이러한 기술들은 예전보다 훨씬 뛰어나게 진화하면서 새로운 서비스를 제공하고 있다.

특히 우리나라는 2012년 현재 휴대전화 가입자 수가 5,250만 명인데, 이것은 전체 인구수보다 많은 숫자이다. 또한 인터넷 가입자 수는 1,800만 명으로 전체 인구의 3분의 1에 해당한다. 통신의 질을 이야기하는 데이터 전송 속도도 20 Mbps로서, 세계에서 가장 빠르다. 이와 같이 우리나라는 전 인구가 무선 전화로 연결되어 있고, 전국 방방곡곡까지 인터넷이 깔려 있으며, 양질의 통신 서비스를 이용할 수 있다.

따라서 이를 단순한 통신 수단으로 이용하는 단계에서 한 걸음 더 나아가 소외된 계층을 돌보고, 우리의 삶을 좀 더 풍요롭게 하고, 안전을 지켜 주는 새로운 서비스를 개발, 제공할 수 있게 되면 IT 기술이 새롭게 태어나는 계기를 만들 수 있을 것으로 생각된다. 일상생활에서 정보기술의 고도화를 통해 더욱 편리하고 안전한 사회를 제공할 수 있게 될 것이다.

'스마트' 어원의 배경

'스마트(Smart)'란 단어는 1990년대 말 전력 공급 시스템에 디지털 신호 처리, 통신, 컴퓨터 기술을 접목하여 좀 더 안정되고 값싼 전기 에너지를 공급하려는 움직임이 일어나면서 사용되기 시작하였다. 그러다가 최근 미국 애플사의 스마트폰(smart phone)의 등장으로 유행처럼 사용되고 있으며, 스마트라는 단어는 이제 스마트 TV(smart TV), 스마트 홈(smart home) 등 여러 분야에서 사용되고 있다. 여기에서 'smart'의 의미는 기존 기술들에 디지털 신호, 통신, 컴퓨터, 센서 기술들을 접목하여 기존 기술들이 갖는 제한된 서비스 범위를 뛰어넘어 새로운 서비스를 제공하게 되면서, 좀 더 편리하고 지능적이며 안정되고 비용 절감이 되며 친환경적인 서비스를 제공하게 되는 변화에 주로 쓰는 말로 자리 잡아가고 있다. 또한 '유비쿼터스(ubiquitous)'라는 용어도 그 말을 줄여서 'u-'의 형태로 많이 쓰이는데, 이는 '어디에나 존재하는'의 의미가 있으며 시공간을 뛰어넘는 새로운 서비스를 이야기할 때 사용되고 있다.

아래에서 'smart' 또는 'u-' 기술들에는 어떤 것들이 있는지 살펴보자.

스마트 그리드 시스템

현대 사회에서 전기 에너지는 필수적인 에너지원으로, 양질의 전기를 안정되게 공급하는 것이 매우 중요한 과제가 되고 있다. 대규모 정전 사태는 전기 발전과 공급, 소비 간에 균형이 깨어질 때 일어나는데, 많은 나라에서는 이를 방지하고 전기 에너지의 생산과 소비를 효율적으로 하기 위해 전기 연결 시스템을 지능화하는 스마트 그리드(smart grid)를 도입하려는 준비를 하고 있다. 스마트 그리

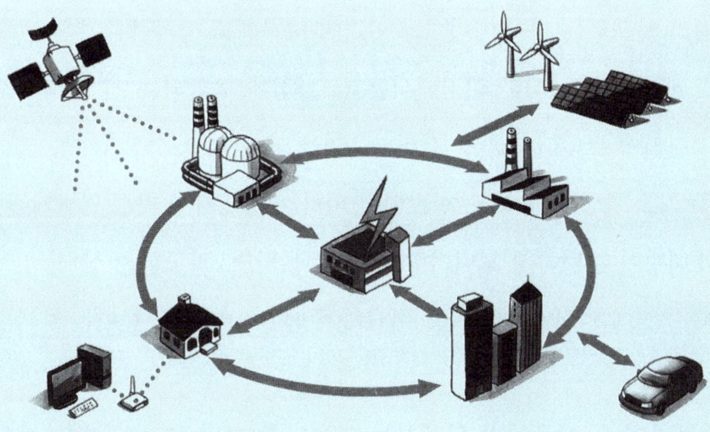

| 그림 1 스마트 그리드 시스템

드가 갖추어지면 디지털화된 센서나 측정기를 통해 각 가정이나 공장, 건물, 지역 등에서 사용하는 전기를 자세히 측정, 모니터링을 할 수 있게 되며, 이렇게 모인 정보는 다음과 같은 여러 가지 목적에 이용되게 된다.

현재는 대규모 수력이나 화력, 원자력 발전소에서 만들어지는 전기를 발전 회사가 소비자에게 일방적으로 판매하는 형식으로 전기 에너지를 공급하고 있다. 그런데 앞으로는 태양광이나 풍력 발전 시스템과 같은 소규모 개인 발전 시스템을 보유한 소비자 또는 사업자가 각자가 보유한 발전 시스템에서 사용하고 남은 전기 에너지를 발전 회사에 다시 파는 양방향 공급, 소비 형태가 등장할 것으로 보인다. 태양광은 이미 시행되고 있다.

어느 국부 지역이나 나라 전체의 총 전기 에너지 소비량은 하루 중의 어느 시점이나 계절에 따라 변하는 속성이 있기 때문에 전기를 파는 발전 회사 차원에서는 전기 에너지의 가격을 다르게 하여 이윤의 극대화를 하고 싶어 할 것이다. 이에 따라 앞으로는 전기 에너지의 가격이 하루에도 시시각각 변하는 형태가 될 것으로 예상된다. 이러한 환경에서는 각 가정에 공급되는 전기 에너지의 양이 매우 정밀하게 모니터링되어, 소비자로서는 제일 비싼 시점에서는 불필요한 소비를 줄이고, 싼 시점에 되도록 많이 소비하는 형태가 되기를 원하게 될 것이다. 또한 소비량이 정밀하게 모니터링될 수 있게 되면, 과도한 이상 전기 소모가 감지될 때 누전에 의한 사고인지를 체크하여 전기 안전성을 높이는 효과도 기대할 수 있다.

이러한 기술을 이용하기 위해서는 다음의 진보된 새로운 세부 기술이 필요하다.

- 스마트 디지털 센서와 계기를 이용한 측정
- 집적화된 통신
- 새로운 기능을 갖는 전기 부품 기술
- 스마트 발전 기술
- 고급 제어 기술

스마트 그리드가 갖추어지게 되면 전기 공급 시스템의 신뢰성과 유연성이 높아지고, 공급과 사용 간에 균형을 갖추어 안정된 전기 에너지를 공급함과 동시에 효율적인 전기 공급 시스템 운용이 가능해진다. 그리고 이에 따라 시장 친화적인 전기 에너지의 공급이 가능해지며, 전기 재해로부터의 예방 능력 향상을 기대할 수 있게 된다.

스마트 홈

집 안의 모든 전기 기기 및 센서들을 홈 네트워킹을 통해 컴퓨터와 연결하고, 다시 이들을 인터넷과 연결하여 지능화하면, 가사일에 소비하는 노력을 줄이고, 좀 더 쾌적하고 안전하며 에너지 낭비가 없는 주거 환경을 제공할 수 있게 된다. 한 예로 조명의 경우, 사람이 방에 들어서면 종래의 단순한 조명의 제공에서 한 걸음 더 나아가, 누구인지 인식하고 그에 맞추어 최적의 조명, 난방, 음악을 제공하고, 가장 선호하는 TV 채널을 요일별, 주일별로 준비하도록 하는 것이 가능해진다.

또한 직장에서 퇴근할 때 스마트폰을 이용하여 원격으로 냉, 난방과 전기밥솥을 켜고, 청소 로봇과 세탁기를 돌아가게 하여 주인이 돌아왔을 때 해야 하는 집안일을 몇 분의 일로 줄이는 것이 가능해진다.

이와 같이 집이 스마트해지면 조명이나 난방, 에어컨 등의 운용을 최적화함으로써 전기 에너지의 소비를 절약할 수 있게 된다. 이러한 전기 에너지의 최적 사용은 스마트 그리드 기술과 밀접한 관계를 맺는다.

이미 보급된 기술이지만 방범 센서 설치를 통해 무인으로 집을 지키는 것도 좀 더 지능화될 수 있다. 단순 동작 감시 센서나 적외선을 이용한 침입 탐지 센서를 이용하는 기술은 매우 수동적인 기술인데, 이들 센서를 지능형 컨트롤러와 연결하여 방에 들어선 사람을 인식하고 침입 여부를 판단한다면 좀 더 효과적으로 집을 지킬 수 있게 될 것이다.

스마트 홈으로부터 기대할 수 있는 지능형 기능은 아래와 같다.

- 조명
- HVAC(Heating, Ventilation, Air Conditioning)
- 보안
- 홈 로보틱스
- 가사일(부엌, 세탁 등)
- 기타(음향, 비디오, 커튼, 블라인드, 인터콤 등)

그림 2 스마트 홈 기능들의 적용 사례

E-러닝 시스템과 스마트 캠퍼스

컴퓨터를 교육에 이용하는 아이디어는 1960년대에 미국의 스탠포드 대학의 교수들이 지역의 영재 학생들의 수학과 읽기 교육에 컴퓨터를 이용한 것이 효시이다. 초기에는 컴퓨터가 학습의 보조 도구 역할을 하였으나 인터넷의 보급으로 컴퓨터를 통하여 온라인으로 강의를 제공하고, 학위를 수여하는 형태로까지 진화하고 있다. 강의의 형태는 동기식, 비동기식 강의로 나누어지는데, 동기식은 강사와 수강자가 동시에 강의에 참가하는 형태로, 실시간으로 질문을 주고받을 수 있는 장점을 갖고 있다. 비동기식은 웹에 강의 자료를 올려놓고 수강자가 편리한 시간에 접속하여 강의 자료를 다운받아 공부하는 형태이다.

우리나라도 일찍부터 교육방송이나 방송통신대학과 같은 원격 교육 시스템을 개발하여 정규 수업을 보완할 수 있도록 할 뿐만 아니라 교육 기회를 놓친 나이 드신 분, 경제적 이유로 의무 교육만 받고 사회로 나온 분, 농어민, 장애인, 사회 소외 계층들이 교육의 기회를 가질 수 있도록 하고 있다. 특히 교육방송은 초중고 학생 자녀를 두고 있는 가정의 사교육비 부담을 크게 줄여 주는 효과가 있다.

스마트 캠퍼스의 개념은 학생이 가진 무선 전화기와 근거리 통신을 할 수 있는 접속 시스템을 대학 캠퍼스 곳곳에 구축해서 학생의 출결 체크, 도서관 이용, 식당 이용 등을 자동으로 체크함으로써 학생들의 캠퍼스 생활을 더욱 편리하게 할 것이다. 또한 학사 행정 등 자동으로 관리되는 부분이 많아져 업무 시간을 줄여줄 뿐만 아니라 종국에는 행정 인력을 줄일 수 있게 되어 대학 운영 예산의 절약 효과도 기대할 수 있다.

U-헬스케어 시스템

IT 기술의 발달과 인터넷의 보급은 우리의 건강관리 시스템을 크게 바꾸어 놓을 전망이다. 지금까지는 건강 진단을 받기 위해서 의료 기관을 찾아가야 하였지만, IT 기술의 발달로 의료 기관을 찾지 않더라도 건강을 체크 받을 수 있게 될 것이다. 예를 들면 집에서 누구나 사용할 수 있는 간단한 검사 장치를 통해 체중, 근육 양, 지방 양, 혈당, 혈압, 산소 포화 등을 측정하여 의사에게 보내면, 이를 통해 건강 상태를 판단하여 적절한 관리를 받게 함으로써 건강관리에 필요한 시간과 공간의 제약을 없앨 수 있다.

특히 우리나라를 비롯하여 전 세계가 급속히 고령화 사회로 가고 있어 앞으로는 노인들의 건강관리가 매우 중요한 과제가 될 것으로 예상된다. 거동이 어려운 중증 노인 환자들과 더불어 지체 장애인들, 의료 시설이 없는 산간, 도서 벽

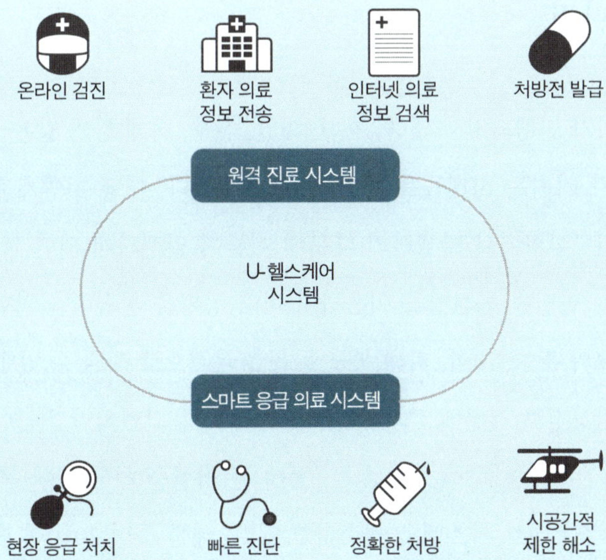

| 그림 3 U-헬스케어 시스템의 특징 및 장점

지에 거주하는 주민, 사회 빈곤층의 건강관리를 원격 진료 시스템을 이용하여 진료 및 치료, 관리를 받게 함으로써 환자들이 직접 병원에 가야 하는 어려움을 줄여 주고, 의료 혜택의 수혜 범위를 크게 늘릴 수 있게 된다.

이와 더불어 잘 발달된 통신 시스템을 갖춘 스마트 응급 의료 시스템의 구축 하에서는 현장에서도 바로 정확하고 빠르게 의사의 진단과 응급 처치를 받을 수 있어 시기를 놓치거나 적절한 응급 처치를 하지 못해 생기는 인명 손실을 크게 줄일 수 있다.

U-재해 관리

지구 온난화가 진행되면서 태풍, 지진, 해일, 홍수, 화재 등과 같은 자연재해의 크기와 빈도가 커지는 사례들을 종종 경험하고 있다. 대형 자연재해는 대부분 예측할 수 없는 상황에서 발생하기 때문에 이들이 발생하게 되면 국가 재난 대책 본부에서는 발달된 통신망을 이용하여 피해 상황을 신속히 파악함과 동시에 부상자의 치료와 후송, 대피, 피해 복구 등을 효과적으로 해낼 수 있게 된다.

종래에는 비상경보 전달에 TV나 라디오 등이 이용되었지만 최근에는 휴대전화, 태블릿 PC, SNS(Social Network Service) 등이 큰 역할을 하고 있어, 각국들은 이를 이용하는 재난 경보 시스템을 구축하고 있다. 예를 들면 2010년 발생한 아이티 대지진 때에는 트위터를 통해 희생자와 피해 지역이 중계되었고, 모바일 기부 모금을 통해 1,000만 달러라는 돈이 모아졌으며, 2011년 발생한 일본 대지진시에는 기존 통신망이 파괴되어 아무 역할을 못하게 되었을 때 트위터를 통해 현장 모습이 중계되었으며, 복구 지원과 실종자 찾기에도 큰 역할을 하였다.

2011년에 미국은 현재 TV나 라디오를 통해 비상경보를 전달하는 대신 휴대전화를 이용하는 'PLAN(Personal Localized Alerting System) 계획'을 수립하였고, 우리나라도 종래의 민방위 훈련 일에 보던 TV, 라디오 중심의 전달 체계에서 휴대전화와 태블릿 PC를 적극 이용하는 '스마트 재난 관리 계획'을 2011년 소방방재청에서 수립하였다.

스마트 교통 시스템 및 스마트 카

지금은 일반인도 간단한 위치 표시 수신 장치를 이용하여 지구 상의 어디에서나 자신의 위치를 30센티미터의 정확도로 알아낼 수 있다. 그리고 이를 이용한 내비게이션 장치는 생소한 목적지를 찾아갈 때 유용하게 이용되고 있다. 내비게이션은 미국이 원래 군사 목적으로 개발한 GPS(Global Positioning System) 정보를 레이건 대통령이 민간도 이용할 수 있도록 허용함으로써 보급되기 시작하였다. 지구 상공 약 2만 킬로미터 높이의 궤도를 돌고 있는 24개의 인공위성이 제공하는 전파 신호를 분석하면, 끊임없이 움직이는 차량에 탑승하고 있는 운전자라도 자신의 위치를 알 수 있으며, 다수의 교통 감시 카메라, 센서, 리포터들이 제공하는 실시간 교통 상황 분석 정보를 활용하여 최단 시간에 목적지에 도달할 수 있다. 또한 이를 이용하면 물류비용을 크게 줄일 수 있을 뿐만 아니라, 안전운전에

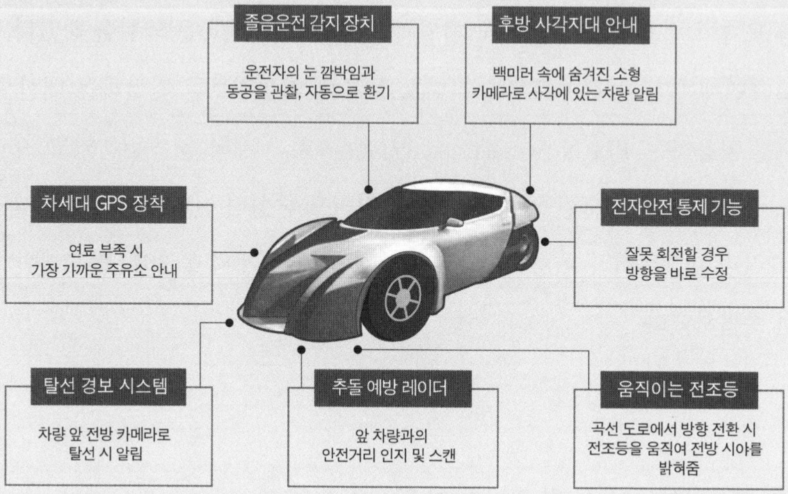

그림 4 스마트 카의 주요 기능들

관련된 중요한 정보를 실시간으로 얻을 수 있다. 이는 비단 도로를 이용하는 자동차뿐만 아니라 물길, 하늘길, 철길을 다니는 배와 비행기, 기차 등 모든 교통수단에 해당한다.

스마트 교통 제어 시스템은 운전자, 차량 및 교통 제어 인프라를 유기적, 지능적으로 연결하여 운전자에게 최상의 안전과 편의를 갖춘 녹색 도로를 제공하는 것을 궁극적 목표로 한다.

IT 기술이 접목된 미래의 스마트 카(smart car)는 편의성을 크게 늘리면서 운전자나 보행자의 안전 부분에도 큰 역할을 할 것으로 예상된다. 음성으로 전화, 오디오 및 비디오 기기를 작동시키고, 차량 자기 진단 결과와 소모품 수명 기한, 점검 기간을 운전자에게 알려 주어 큰 고장이 나기 전에 정비를 받게 하고, 사고나 범죄에 직면한 위급 상황이 발생하면 위치 정보와 함께 상황을 자동으로 보고하여 운전자를 위급한 상황에서 구할 수 있게 될 것이다. 또한 차량이 도난당할 시 추적이 쉬어 차를 되찾을 수 있도록 도와줄 수 있다. 운전 기술이 미숙한 운전자가 평행 주차를 할 수 있도록 도와주는 기능을 갖는 차는 이미 개발되어 보급 단계가 멀지 않은 것으로 보이며, 일부 자동차 회사에서는 운전 패턴을 분석하여 졸음으로 판단되면 경고를 준다든지, 차선을 이탈하였을 시 이를 알려주고, 앞 차와의 거리를 일정하게 유지하여 추돌 사고를 방지하는 기능 등을 도입하고 있다.

U-도시

U-도시의 건설은 발달한 IT 기술을 바탕으로 행정, 교통, 복지, 환경, 방재 관련 정보를 수집할 수 있는 인프라를 구축하고, 수집한 정보를 분석하여 궁극적으로 안전하고, 쾌적하며, 친환경적인 도시를 만들고자 하는 것이다. 즉 도시의 기본 구성을 이루는 가정, 상업용 및 공공 빌딩, 학교, 문화 시설, 교통수단, 물류 시설, 방범 시설 등이 IT 기술을 이용하여 지능화되고, 이들 센서들이 네트워크를 이용하여 서로 연결됨으로써 도시 전체가 유기적이고 체계적으로 관리되게 된다. 이에 따라 도시 구성원들의 생활이 더 안전해지고 생활의 편의가 증대

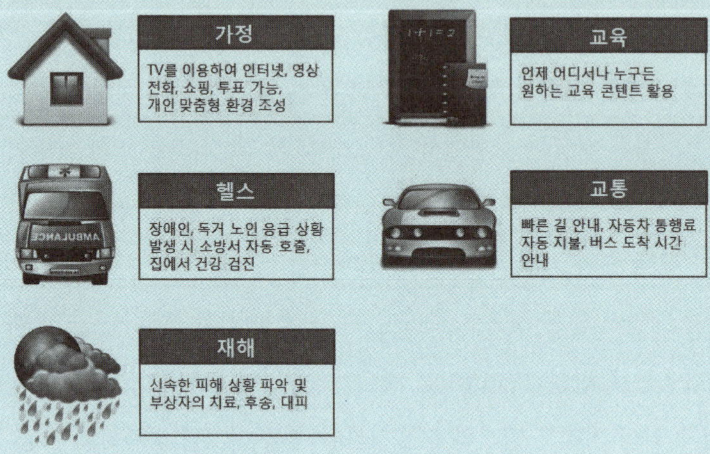

그림 5 U-도시의 기능 및 특징

되며, 에너지 소비를 줄여 탄소 배출량을 줄이고, 삶의 질 향상을 얻을 수 있다.

이상의 기술 등은 눈부시게 발전하는 반도체, 통신 및 컴퓨터 기술이 있기에 가능한 것들이며, IT 기술과 타 분야 기술, 즉 건축, 도시, 학교, 교통, 전기, 에너지 기술 등이 소위 '융합'되면서, 인간에게 좀 더 쾌적하고 안전하면서 에너지는 덜 쓰고, 환경 친화적인 주거 및 공공시설을 제공하는 특징을 갖는다. 그러나 이러한 기술들을 실현할 수 있으려면 많은 곳에 센서나 계측기가 설치되어야 하고, 이들이 네트워크를 통해 연결되어야 하며, 많은 데이터가 소통되어야 한다. 또한 이러한 데이터가 빠르게 처리되어야 하므로, 많은 재정적인 투자가 있어야 한다. 따라서 이들의 감당 여부에 따라 예기치 못한 빈부의 격차에 따른 차별이 생길 수 있으며, 많은 개인 정보가 노출됨에 따라 사생활 보호가 어려워질 수 있다. 따라서 이러한 신기술을 적용할 때에는 항상 그들의 역기능을 생각하고, 이들을 줄일 수 있는 대비책을 강구해야만 하며, 기술 자체에 너무 치우쳐 인간 본성을 상실하는 잘못을 범해서는 안 될 것이다.

scientific technology

나노 과학기술

성창모 (한국녹색기술센터 소장)

2000년 이후 미국을 중심으로 시작된 나노기술 분야에 대한 국가적 투자는 미국, 유럽, 아시아, 일본을 중심으로 민간투자를 포함해 2010년까지 10조 원 이상이 사용되었으며 계속적으로 지속적인 투자가 이루어지고 있다. 나노과학 기술은 거의 모든 제조업 영역을 망라해도 좋을 만큼 융합기술로 채택되어 새로운 소재, 부품, 프로세스, 디바이스의 신산업과 사업화 창출로 인정받고 있다. 이 주제에서는 이렇게 각광받고 있는 나노 과학기술이 어떻게 역사적으로 시작되었으며, 현재 인류 사회의 생활을 어떻게 변화시키고 있는지 정리해 보고 미래의 나노 과학기술은 어떤 모습으로 진행될 것인지, 그리고 나노기술의 표준화와 잠재적 위험성에 대하여 간략하게 논의하고자 한다.

최근의 나노 과학기술 응용

2013년 1월 일본에서 개최된 '나노테크 2013' 한국관에서 특이한 시연이 진행되었다. 한국업체인 휴먼싸이디 오상우 대표가 손을 드라이아이스 위에 올려놓은 것이다. 동상을 입을 상황이었지만 나노형상인 에어로졸을 이용해 만든 단열재가 손을 보호해 주었다. 이 단열재는 종이만큼 얇았지만 열을 차단하는 효과는 두꺼운 석면재 이상이었다. 오 대표는 "이 제품을 발광다이오드(LED) TV 뒷면에 단열재로 장착하는 방안을 추진하고 있다."라고 하였다. 그리고 스즈키자동차가 출시한 하이브리드 자동차에 장착된 도시바의 2차전지는 리튬티탄산화물음극재를 사용하여 기존 리튬전지 제품보다 충전과 수명 연장 효과가 뛰어나다. 도시바 관계자는 "현재 5~6시간 걸리는 충전시간을 15분 이내로 줄이는 연

그림 1 2013년 1월 일본 도쿄 빅사이트나노테크 2013에서 ① 일본 도시바는 나노물질인 리튬티탄산화물을 사용해 전기효율을 높인 전기차용 배터리를 선보였다. 도시바는 15분 내 충전되는 2차전지 양산을 목표로 삼고 있다. ② 한국업체 휴먼싸이디가 나노물질인 에이로졸로 만든 단열재는 종이처럼 얇지만 드라이아이스 위에 손을 올려놓아도 동상을 입지 않을 만큼 성능이 뛰어나다.
(자료: 중앙일보 심재우 기자 제공)

구가 한창"이라고 설명하였다(그림 1).

2013년 초에 미국의 라이스 대학교와 네덜란드의 데이진 아라미드 연구소는 탄소 나노튜브 섬유를 전기방사 방식으로 제작하였는데, 구리선과 같은 전기전도도 특성과 카본 복합 재료의 강도(강철보다 더 강함)를 융합적으로 지닌 유연성 있는 섬유를 개발하여 인공위성, 전자기기 섬유, 메디컬 임플란트 등에 응용할 수 있는 가능성을 제시하였다.

2013년 2월 초 중앙일보에 게재된 기사와 미국에서 발표된 탄소 나노튜브를 이용한 나노전선의 실제 응용을 여기에 선보인 이유는 2000년 이후 시작된 나노기술의 상용화 연구가 10여 년이 지난 지금 세계적으로 점차 가시화되고 있음을 강조하기 위한 것이다.

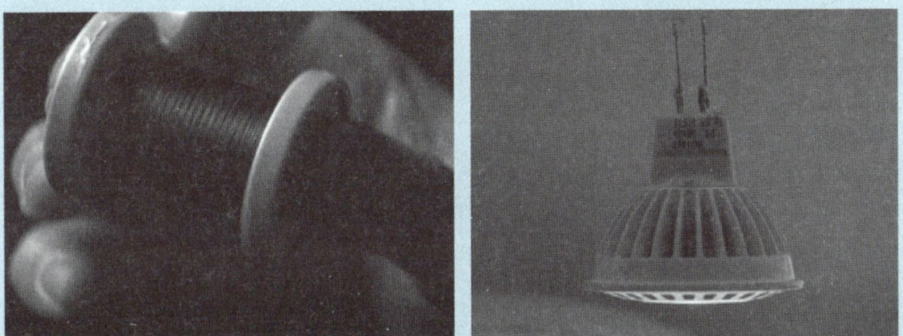

그림 2 탄소 나노튜브를 전기방사 방식으로 섬유 형태로 형성하여 실타래 (총 길이 50미터) 모양으로 만들었고 지름이 24마이크론이 되는 나노튜브 섬유 2개로 46g 무게의 LED 전등을 지지할 수 있는 강도를 가지고 구리선보다 더 전기를 잘 통할 수 있다는 것을 보여 준다.

나노 과학기술의 발전사

현대 과학기술의 트랜드는 마이크론 크기 이하의 영역을 다루어 오던 고체 물리학, 재료공학, 유기화학 등의 연구자들이 나노의 연구세계에 합류하게 되어 다학제간 나노기술융합연구를 통하여 새로운 영역을 만들어 가고 있는 것이다. 본래 '나노(nano)'라는 말은 '난쟁이'를 뜻하는 고대 그리스어 '나노스(nanos)'에서 유래된 것으로서, 1나노미터(nm)는 10억 분의 1미터로 머리카락 굵기의 8~10만 분의 1 정도이다. 나노기술 연구는 1981년 IBM 취리히 연구소의 노벨 물리학상 수상자인 게르트 비니히(Gerd Binnig)와 하인리히 로러(Heinrich Rohrer) 등이 원자 수준의 표면 현상을 관찰할 수 있는 주사형터널현미경(Scanning Tunneling Microscope)을 발명하면서 발전하는 계기가 되었다(그림 3).

그림 3 현재 표면과학에서 최고의 성능을 가진 초진공주사형터널현미경

미국의 클린턴 대통령은 2000년 1월 나노이니셔티브를 세계에서 처음 제창하여 신성장 동력 정책의 하나로 나노융합산업의 기반을 마련하였고, 이를 계기로 전 세계적으로 나노기술에 대한 투자 붐이 일어나기 시작하였다. 그는 "나노기술이 무게는 가벼우면서도 강철보다 10배 강한 소재를 만들 수 있고, 각설탕 크기의 고집적메모리로 미국 의회 도서관 전체 자료를 저장할 수도 있으며, 생체 센서를 통해 몇 개의 암세포로도 암 초기 진단이 가능한 기술"이라고 덧붙였다. 여기에서 말하는 '강철보다 10배 강한 소재'는 '탄소 나노튜브(CNT, Carbon Nanotube)'를 지칭하는 것이다. 탄소 나노튜브는 1991년 일본 NEC의 이지마 박사(S. Iijima)에 의해 처음으로 투과전자현미경을 통하여 발견되었고, 나노기술을 소재 분야의 합성으로 발전시키는 계기가 되었다. 탄소 나노튜브는 1~100 나노미터 범위의 나노 크기의 지름을 가지면서 길이가 최대 수십 센티미터까지 합성될 수 있다(그림 4). 탄소 나노튜브는 탁월한 물성과 구조를 가지고 있으며, 전자정보통신, 환경, 에너지 및 의약 분야 등 폭넓은 분야에서 꿈의 소재로 불리고

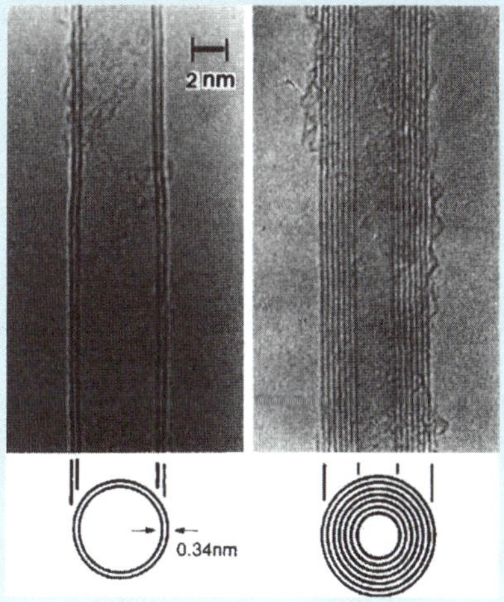

그림 4 단일벽 탄소 나노튜브와 다중벽 탄소 나노튜브의 전자현미경 단면 사진

있다.

그러나 탄소 나노튜브의 단점은 열화학기상증착법이나 아크방전법을 이용한 탄소 나노튜브 합성 과정에서 개개의 탄소 나노튜브 입자 간에 응집 현상이 발생하는 것이다. 물리적 응집은 마이크론 수준에서 나노튜브가 각각의 입자로서 다른 입자들과 서로 얽히고 감겨 있는 것이고, 화학 적응집은 나노미터 수준에서 단일벽(single wall) 탄소 나노튜브의 경우처럼 분자 간 힘인 반데르발스 힘(van der Waals)과 같은 표면인력(~950meV/nm)에 의해 응집되어 있는 것이다. 이와 같은 탄소 나노튜브의 응집 현상은 기계적 강도와 전도 특성을 향상시킬 수 있는 3차원적 네트워크 구조 형성을 방해하기 때문에 탄소 나노튜브 분산 문제는 다른 소재와 달리 결코 쉽게 해결될 수 있는 문제가 아니었다. 예를 들면 전도성 고분자 응용 분야가 유연성 디스플레이 산업적 활용 측면에서 가장 클 것으로 예상되지만 고분자 매트릭스(matrix)에 나노튜브가 완벽히 분산되지 않아서 충전재(filler)로서의 나노튜브의 장점이 실현되지 않고 있는 실정이다.

미국 오클라호마대학의 스트리올로(Alberto Striolo) 박사 그룹은 플라빈 모노뉴클레오타이드(flavin mononucleotide)와 같은 표면활성제를 이용하여 단일벽 탄소 나노튜브를 지름과 키랄성에 따라 분리하므로써 이러한 분산 문제의 해결점을 제시하였다. 단일벽 탄소 나노튜브는 높은 표면적과 뛰어난 전하 전송 특성 때문에 센서, 트랜지스터 등 다양한 분야에 응용될 수 있는 이상적인 소재이며 지름이 약 1나노미터인 단일 원자 두께의 탄소 원자 시트(sheet)의 튜브 형태로 이루어져 있다. 시트의 원자들은 육각형 구조를 이루고 있으며 튜브의 축에 대한 구조의 상대적인 방향, 즉 키랄성은 튜브가 금속인지, 반도체인지를 결정한다. 나노튜브는 특정한 소자를 만들기 위해서 하나의 키랄성을 가질 필요가 있는데, 단방향의 키랄성을 형성하기는 매우 어려운 과제였다. 스트리올로 박사는 분자 시뮬레이션을 이용하여 수성 나노튜브에 흡착된 표면활성제의 구조가 나노튜브 표면의 척력과 인력에 영향을 미치는 것을 확인하였고 개개의 나노튜브 사이에 존재하는 척력은 단일 키랄성에서는 더욱 강하게 존재한다는 사실을 발견하였다(그림 5). 이러한 이론적인 시뮬레이션을 통해서 탄소 나노튜브를 원하는 방향으로 분산시킬 수 있는 새로운 방법을 개발하는 데 성공하였다.

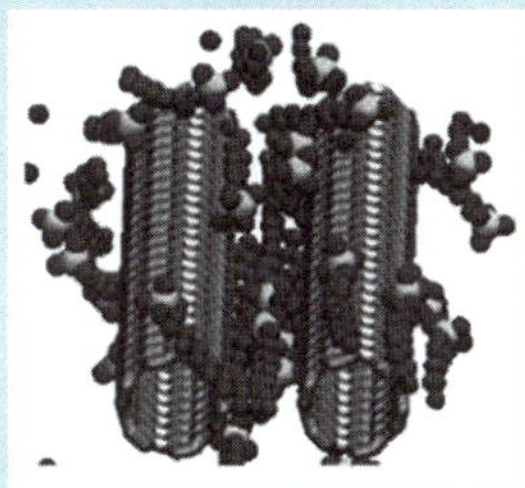

그림 5 탄소 나노튜브 구조

그래핀의 발견과 응용

꿈의 신소재로 불리는 '그래핀'은 탄소 원자가 벌집 모양으로 연결된 얇은 막 구조 형태이다. 두께가 0.35나노미터에 불과할 정도로 얇지만 구리보다 100배 높은 전기 전도성과 다이아몬드보다 2배 높은 열전도도를 갖고 있으며 강철보다 강한 것으로 알려졌다(그림 6). 그래핀이 꿈의 신소재로 불리는 이유는 물리적, 화학적 안정성이 뛰어나고 구부리거나 늘려도 물리적 특성을 잃지 않기 때문이다. 이를 활용하면 휘어지는 디스플레이나 반도체를 만들 수 있어 손목시계처럼 차

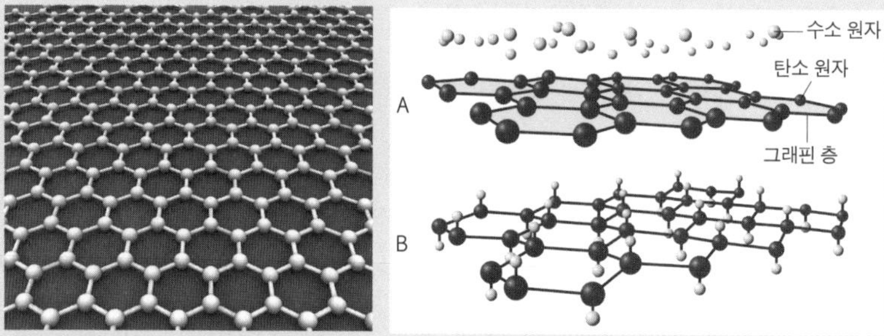

그림 6 영국 맨체스터 대학의 가임 교수는 수소 원자들을 이용하여 'graphene'에서 'graphane'으로 가역적으로 변환할 수 있음을 증명하였다.

고 다니는 휴대전화나 몸에 착용할 수 있는 전자기기를 만들 수 있다. 스카치테이프에 흑연을 붙였다 떼는 방법으로 그래핀을 발견한 영국 맨체스터대학교 물리학과 가임(Andre Geim) 교수와 노보셀로프(Konstantin Novoselov) 박사는 2011년 노벨 물리학상을 받았다. 아직 이 소재의 상업화를 위해 필요한 경제성과 대량 생산 등 풀어야 할 문제가 있으며, 그래핀을 전자제품에 바로 적용하기 위해서는 '나노공정' 개발이 필수적이다.

광 컴퓨터(Optical Computer)는 디지털 컴퓨터에서 흔히 볼 수 있는 산술 연산과 논리 연산을 수행하는 데 빛(광섬유)과 광집적회로(Optical IC)를 이용하는 컴퓨터이다. 빛이라고 해서 우리가 보는 일반적인 빛은 아니고, 특수하게 처리된 레이저를 쓰는 것이다. 고려대학교 박홍규 교수팀은 그래핀을 전극으로 사용해 미래의 광 컴퓨터를 가능하게 할 기술을 개발하였다. 광 컴퓨터는 전자 소자를 이용하는 현재의 컴퓨터보다 크기는 작지만 속도는 훨씬 빠르다. 박 교수팀은 탄소 원자가 판처럼 늘어선 물질인 그래핀으로 미세한 크기의 빛 증폭기에 전극을 설치하는 문제를 해결하였다. 연구진은 지름 5마이크로미터의 빛 증폭기에 그래핀을 덮어 전기를 흘리자 그래핀이 전극 역할을 하면서 나노 레이저를 만들어 냈고, 빛이 투명한 그래핀을 투과하여 발사되었다. 이러한 장치를 응용하여 한 개로 전기통신 회선보다 많은 중복 통신이 가능하며 빛의 가장 큰 특징인 고속성이나 병렬성을 살려 논리 · 연산을 하는 초고속 · 초대용량의 컴퓨터 실현이 가능할 것으로 예상되고 있다

나노 기술로 새로운 뇌형 컴퓨터가 가능한가?

현재 컴퓨터 시스템은 고성능화의 한계에 있으므로 새로운 뇌형 컴퓨터의 개발이 필요하다고 알려져 있다. 일본 재료연구소 NIMS의 나노아키테크트로닉스(Nano Architechtronics) 연구 그룹은 미국 UCLA 대학 교수와 공동으로 뇌신경 활동의 2개의 현상, 즉 '필요한 정보의 기억'과 '불필요한 정보의 망각'을 단 1개의 소자로 자율적으로 재현하는 새로운 '시냅스 소자'의 개발을 나노기술을 활용하여 세계에서 처음으로 성공하였다. 이것을 실현하는 데 필요한 소자는 하나하나의 신경세포에 상당하며 인간의 뇌는 정보 입력 빈도가 높을수록 확실하게 기억하고 반대로 입력 빈도가 낮으면 애매한 기억 밖에 형성되지 않고 망각한다. 이러한 구조는 뇌신경 회로에 있어서의 시냅스 결합 강도의 변화에 의해서 달라지며

시냅스 소자는 전기신호의 입력 빈도에 의해서 자신의 결합 강도를 조절할 수 있다. 이러한 시냅스 소자의 동작은 뇌내에 있어서의 시냅스의 결합 강도 변화와 잘 일치한다는 것을 증명하였다. 뇌내에는 방대한 수의 시냅스와 뉴런이 존재하고 이러한 것들은 복잡한 네트워크를 구축하고 있다. 앞으로 연구는 뇌내에 있어서의 신호 전달 구조에 근접할 수 있도록 향후 시냅스 소자의 네트워크화를 진행시킬 예정이라고 한다. 단위 형태로 동작하는 나노 스케일의 시냅스 소자를 이용함으로써 뇌내의 신경 회로와 같은 삼차원 회로에서의 집적화도 용이하게 되어 새로운 뇌형 컴퓨터가 가능해질 수 있다.

나노 광촉매 응용

광촉매가 일상제품으로 응용되기 시작한 것은 1990년대 일본의 TOTO사에서 도기제품에 광촉매를 도포하는 작업이 실용화되면서부터이다. 환경 분야에서 제거가 힘들었던 NOx, SOx, 미세먼지 등을 광촉매로 제거하는 효율이 높아 공기청정기에 광촉매를 많이 이용하였고, 우리나라도 실내외 건축물에 나노 광촉매 코팅 사업이 도입되어 이루어지고 있다. 또한 실내의 경우 새집에서 나타나는 VOCs 및 실내공기 오염을 광촉매 코팅으로 제거할 수 있다. 광촉매를 적용한 제품의 경우 자정 작용과 초친수성으로 인해 깨끗한 외관을 유지시켜 줄 수 있고 자동차로 인한 환경오염을 줄일 수 있다. 에어컨의 경우 기존의 필터에 광촉매의 적용으로 공기 정화 기능의 성능 향상이 있음을 그림 7에서 알 수 있

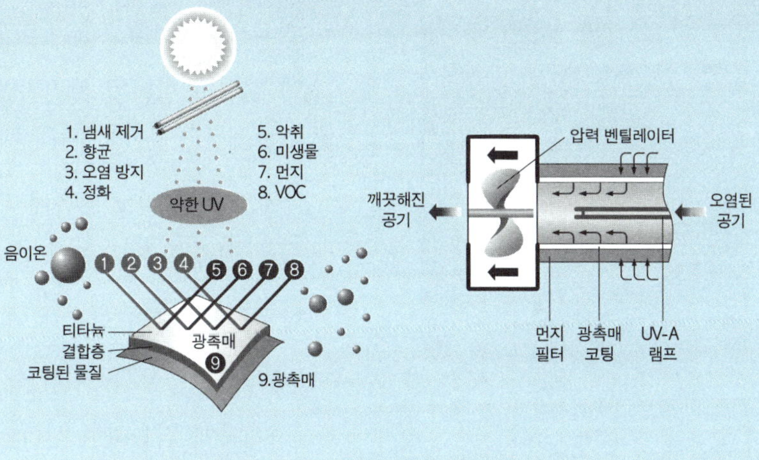

그림 7 미항공우주국 NASA 연구소에서 나노 티타늄 산화물 촉매기술을 사용한 사례

다. 또한 가전제품 외부에 광촉매를 코팅하면 깨끗하고 청결한 제품을 만들 수 있다. 광촉매를 농업용 비닐하우스에 적용하면 비닐하우스 천정에 물방울을 방지하여 농작물의 용도에 맞추어 비닐하우스 내부 및 외부에 광촉매 적용이 가능하다.

일반적으로 물질의 표면에는 유기물이 흡착되어 있어 소수성을 띠게 되기 때문에 이러한 유기물을 세척하기 위해서는 계면활성제를 사용하지 않을 수 없었다. 그런데 광촉매 표면은 자외선을 조사하면 광촉매 활성을 일으켜 표면에 흡착 오염된 유기물을 분해하기 때문에 친수성을 유지할 수 있게 된다. 이러한 광촉매의 초친수성은 항균, 방오, 탈취 등 광촉매에 의한 유기물 분해 작용을 응용한 기술 개발 과정에서 발견되었고, 이러한 발견은 광촉매 연구에 있어서 하나의 획기적인 사건이었다.

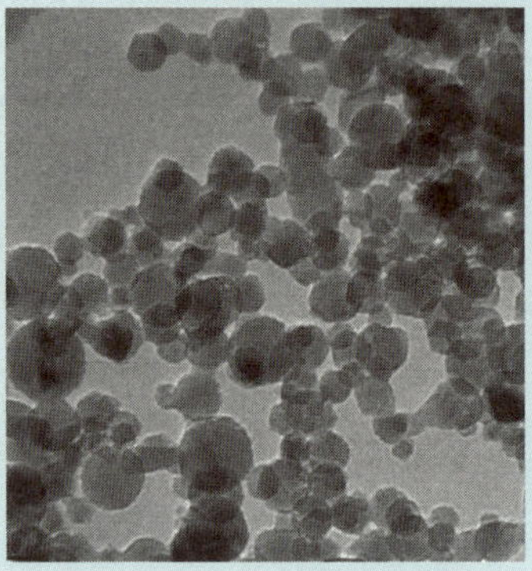

그림 8 투과전자현미경으로 관찰한 나노 광촉매 TiO_2 분말을 보여 준다.

예를 들어 나노 광촉매 TiO_2를 코팅 형태로 적용하면 공기청정, 항균, 자정 능력 등을 보여 줄 수 있다. 이런 특성은 비가 올 때 자동차 등에 적용하여 시야의 흐림을 방지할 수 있으며, 건물 외장에 적용하면 자체 정화능력(self cleaning)에 의하여 건물의 오염 등을 방지할 수 있게 되어 늘 깨끗한 건물을 유지할 수 있게 된다. 건물이 공기 중의 먼지나 유해가스 등에 부식됨을 방지하고, 도시 자체를 항상 깨끗하게 유지 보존할 수 있기 때문이다.

나노 과학기술의 잠재적 위험성

나노기술은 세포보다 훨씬 작은 미세한 분자 수준에서도 기계적인 조작을 수행하고, 이러한 조작을 통해 새로운 특성을 지닌 나노물질과 새로운 기능성을 지닌 신물질을 제조하는 능력을 지님으로써, 인간의 생물학적 능력 향상, 인성 또는 인지 능력 향상의 가능성을 점점 높이고 있다. 가까운 미래의 경우 나노물질을 사용한 생체공학적인 인공 팔다리를 이용하여 인간의 신체 능력을 향상하거나, 특수한 기능성의 나노의약품을 사용하여 전투 군인의 근력을 강화하고 수면 시간을 감소시킨다거나, 심장마비 환자의 생존 시간을 연장시켜 주는 인공적 혈구를 개발하는 것 등이 가능할 것이다. 또한 바이러스성 감염이나 유전자 전이에 해당하는 생물학적 기제를 재현하는 방식으로 나노기술을 통한 생물체의 변형이나 새로운 생성이 충분히 가능할 것이다.

나노기술은 인간 능력 향상에 혁신적인 역할을 하기도 하지만 동시에 과거 기술들과는 전혀 다른 새로운 차원의 위험성을 야기할 수 있음을 과소평가해서는 안 된다. 지난해에 약품과 가공식품에 들어 있는 나노입자들이 건강에 부정적인 영향을 미칠 수 있다는 연구 결과가 나왔다. 미국 컬럼비아 대학 마이클 슐러(Michael Shuler)가 이끄는 연구팀은 닭을 이용한 실험에서 지름 50나노미터 크기의 폴리스틸렌 입자를 많이 먹을 경우 소화 과정에서 철분을 흡수하는 능력이 떨어지는 것으로 나타났다고 밝혔으며, 또 나노입자에 많이 노출될수록 칼슘이나 구리, 아연, 비타민 A, D, E, K의 흡수가 잘 안 되는 것으로 보인다며 추가 연구가 필요하다고 발표하였다.

이와 같이 신기술 또는 첨단기술이라고 추앙받고 있는 나노기술이 잠재적 위험성을 지니게 되는 이유는 바로 나노기술의 특성에 기인한다고 볼 수 있다. 크기가 작은 대신 표면적이 크며, 자가조립의 성질, 나노가 지니는 새로운 물리화학적 성질 등 때문이다. 일반적으로 작은 입자일수록 비표면적이 넓어지면서 생체조직에 대한 반응성이 증가해 독성이 증가한다. 따라서 순작용을 기대하고 나노입자를 사용하였더라도 독성을 지니게 된다면 어떠한 물질보다 치명적일 수 있다는 것이다. 또한 나노기술이 일상에 도입되면서 초소형 감지 장치에 따른 사생활 침해와 탄소 나노튜브 자체가 신종 환경오염원이 될 수도 있다. 초미세 나노입자는 기도나 점막에서 걸러지지 않고 폐 깊숙이 박히거나 뇌로 이동할 수도 있다. 이와 같이 나노물질 특유의 성질로 인한 독성 발현은 무시할 수 없다. 이러한 우려는 현실로 나타나고 있으며, 생체에서 분해되는 합성 고분자를 나노 전달체로 사용하고 있으나, 이들에 대한 안정성을 신뢰할 수 있느냐 하는 것이 문제이다. 산화아연이나 이산화티타늄 등의 극미세 분말이 사용되고 있는 자외선 차단용 화장품의 경우, 인체의 면역 체계나 피부 세포의 DNA를 손상시킬 수 있다는 조심스런 의견들도 발표되고 있다.

나노기술 기반의 미래 제조업

미국 정부는 나노기술에 기반을 두고, 미래 제조업을 탈바꿈시켜 글로벌표준화를 통하여 차세대 제조업을 미국 중심으로 재편하겠다는 야심찬 목표를 가지고 아래와 같은 세 가지 부문의 미래제조업을 육성한다는 의지를 밝혔다.

1. 미래의 수소경제 사회를 이끌어 갈 수 있는 수소기술을 위한 제조업 연구 개발
2. 나노 규모의 소재, 부품, 시스템 등을 수용할 수 있으며 유연성, 신뢰성 있는 대량 생산 능력을 갖춘 나노매뉴팩처링 연구 개발

3. 혁신적인 제품과 프로세스를 통하여 신속하고 비용 예측 가능한 제조업 기술 개발을 주도하는 인텔리전트 종합 제조업 연구 개발

특히 나노기술제조업의 국제표준화를 강조하고 있다. 나노 제조업이 글로벌하게 성공하기 위해서는 소재의 표준화, 합성, 분석, 정보관리, 커뮤니케이션의 표준화에 대해 미국 주도로 추진해야 함을 적극적으로 표명하고 있다. 그리하여 연구원, 제조업자, 소비자가 모두 유연성 있고 신뢰성 있는 화학적, 물리적, 생물학적 특성을 자유로이 비교할 수 있는 나노기술표준화를 제시하고 있다. 그리고 디자인 엔지니어와 소비자는 동일한 표준화된 나노소재를 사용하고 응용하는 것이 필수적이라고 강조하는 추세이다. 이러한 작업을 위해 이미 ISO(International Organization for Standardization), ANSI(American National Standards Institute) 등의 기관을 중심으로 미국에서는 국가적 차원에서 표준화를 진행하고 있다.

결론적으로 나노과학기술의 발견과 개발로 인류에게 많은 혜택과 엄청난 긍정적 사회 변화를 가져다 줄 수 있는 가능성을 보여 주고 있음을 알 수 있다. 그러나 아직 검증되지 않은 잠재적 위험성이 나노과학기술의 산출물에 내재하고 있음을 간과하지 않아야 한다. 그리고 최근 새로운 산업적 열풍을 일으키고 있는 3-D 프린팅과 같은 새로운 나노기술 기반 제조업 (즉 미국의 나노매뉴팩처링)을 한국에서 혁신적으로 활성화하여 신성장 동력 산업을 유도하고 일자리 창출과 국민 소득 증대에 기여할 수 있도록 노력하여야 한다.

scientific technology

행복한 삶에 기여하는 LED 기술

박성주 (광주과학기술원 신소재공학부 교수)

빛은 우리 생활과 매우 밀접한 관계에 있으며 많은 영향을 미치고 있다. 지금까지 백열등과 형광등을 이용한 광원이 우리 생활을 지배하였다면, 앞으로는 LED (light-emitting diode)가 일반적인 조명으로 이용될 것으로 예측되고 있다. LED는 반도체 소자이기 때문에 반도체 소자의 특성을 활용하면 다양한 제품에 결합시킬 수 있다. LED 기술은 거의 모든 산업에 영향을 미칠 수 있는데, 의료, 자동차, 휴대전화, 디지털 TV, 광통신, 농업, 수산업 및 일반 조명 등의 제품에 LED 기술이 접목될 때 보다 높은 경쟁력 향상과 부가가치의 실현이 가능하다. 더 나아가 LED 기술을 통해 에너지 위기 및 환경 문제를 해결하고 웰빙 및 건강에 대한 인간의 기본적인 욕구를 충족시켜 줄 수도 있다.

예를 들면 전력 소비량이 낮고 친환경적인 LED 기술은 조명 기술과 융합되어 조명의 밝기와 색 온도가 달라지는 감성 조명을 이루어 낼 수 있어 인간의 생체 리듬과 삶의 질을 높이고 업무 및 휴식의 효율성을 향상시킬 수 있다. 또한 LED 기술을 각종 디스플레이 기기에 접목하여 좀 더 선명하고 밝은 이미지를 구현할 수 있으며, 자동차 산업에 적용하면 어두운 밤에도 보다 안전하게 운전을 할 수 있게 된다. 또한 LED 기술과 의료 기술이 만나면 각종 질병을 보다 쉽게 진단하고 치료할 수 있게 된다.

여기에서는 우리들의 행복한 삶에 기여하는 몇 가지 대표적인 LED 기술들을 살펴보자.

LED의 개발 및 발전 배경

LED는 다이오드(diode)의 일종으로, 전압을 걸어 주면 단파장(monochromatic) 빛을 방출하는 반도체 소자이다. LED에 사용되는 화합물 반도체의 종류에 따라 빛의 색을 조절할 수 있어 적외선과 자외선은 물론 가시광선도 빨강에서 보라색까지 조절이 가능하다. 이외에도 LED는 반도체 소자이므로 동작 시간이 매우 빠르며, 수명이 매우 길고, 에너지 변환 효율이 매우 높다. 또한 기계적으로 안정하고, 디지털 기술의 적용이 쉽다. 이 뿐만 아니라 수은과 납을 이용하는 형광등이나 백열등과는 달리 유해물질을 배출하지 않아 환경오염 및 별도의 폐기 비용이 발생하지 않고, 전력 소비량도 작아 환경 친화적이며 경제적이다. 특히 LED는 반도체 소자의 장점을 이용하여 다양한 제품에 쉽게 결합할 수 있기 때문에 새로운 기능을 활용하는 방식으로 우리들의 삶의 향상에 크게 기여할 수 있다.

조명용 LED

인류는 처음 불을 다스리게 되면서 칠흑같이 어두운 밤을 밝히는 데 불을 이용하기 시작하였는데, 이것이 조명의 시초이다. 나무와 같이 쉽게 연소하는 물질을 태움으로써 불을 만들던 데에서 시작하여 기름이나 밀납 등 좀 더 다루기 쉬운 물질들을 발견하면서 실내에서도 안전하게 불을 이용할 수 있게 되었다. 이러한 조명의 역사는 1879년 에디슨이 전기를 에너지원으로 하는 백열전구를 발명한 후 지금까지 130여 년 동안 이어지고 있다. 전기를 사용하는 조명 기술은 형광등의 개발로 이어져 우수하고 균일한 밝기의 빛을 사용할 수 있게 되었고, 백열등이나 형광등은 보다 더 높은 에너지 효율을 가지는 LED 조명 기술로 점차 옮겨가게 되었다.

21세기를 살고 있는 인류에게는 에너지 문제가 중요한 이슈가 되고 있는데, 여기에 조명 기술이 큰 역할을 하고 있다. 오늘날 인류는 에너지 문제를 해결하기 위해서 태양전지, 풍력, 바이오 등의 신재생 에너지원 개발에 박차를 가하고 있으며, 이러한 새로운 에너지 개발과 함께 무엇보다 중요한 것이 에너지를 효율적으로 사용하는 것이다. 따라서 보다 높은 에너지 효율을 가지는 조명 기술이 요구되고 있다. 이에 따라 자연스럽게 기존의 백열등, 형광등과 같은 조명 기술은 보다 높은 에너지 효율을 가지는 LED 조명 기술로 진보하게 되었다. 현재의 LED 조명 기술 추세는 태양광과 가장 비슷한 백색광을 구현하는 데 국한되지 않고, 다양한 조명 환경에 맞추어서 색깔, 밝기, 연색성(자연광과 유사한 정도)을 조절하는 방식으로 그 기술이 발전하고 있다. 조명 기술에 접목된 LED 기술이 우리 삶에 어떻게 영향을 주고 있는지 살펴보자.

LED를 이용한 조명은 여러 가지 장점들 때문에 빠른 시간 안에 우리 삶에 깊숙이 파고들고 있다. 그중 가장 큰 장점은 앞서 설명한 것처럼 기존 조명에 비해 높은 에너지 효율을 가진다는 것이다. LED 조명을 이용하면 같은 에너지를 사용하면서 보다 밝은 밝기를 가진 광원을 만들 수 있다. 예를 들면 몇 개의 LED 만으로 양초 100개로 낼 수 있는 밝기를 대체할 수 있다.

또한 LED는 50,000~100,000시간의 수명을 가지고 있어 장시간 사용이 가능하므로 광원 교체에 따른 비용을 절감할 수 있다. LED는 반도체 재료를 사용하므로 기계적인 내구성이 뛰어나 외부 환경의 충격에도 잘 견딜 수 있고 안전하다는 장점이 있다. 게다가 형광등에 사용되는 수은과 같은 환경 규제 물질을 사용하지 않아 인간 친화적, 자연 친화적인 조명 기술로 각광받고 있다.

| 그림 1 각 조명에 따른 발광 효율의 비교 (자료: shutterstock)

LED를 이용한 조명은 빛의 3원색인 적색, 녹색, 청색을 자유롭게 조합할 수 있기 때문에 1,670만 가지 색 표현이 가능하여 지금까지 나온 광원들 중 태양광과 가장 유사한 빛을 만들 수 있다. 이러한 특성을 이용하여 사람의 감정이나 분위기에 맞추어 빛을 조절하는 감성 조명 등으로 적용 범위가 점차 확대되고 있다. LED 조명을 이용하면 해가 뜨고 지는 시간 변화에 따른 태양빛의 변화를 실내에서도 그대로 연출할 수 있으며, 색 온도를 조절함으로써 따뜻한 느낌에서 시원한 느낌까지 자유롭게 조명 연출이 가능하다. 이는 분위기에 맞는 조명 연출을 보다 용이하게 하여 사람이 느끼는 행복감을 증대시킴으로써 단순한 밝음을 선사하던 조명 기술과 비교하여 인류 삶의 질을 한층 더 높여 줄 것으로 기대할 수 있다.

그림 2 LED 조명이 분위기에 따라 연출된 감성 조명의 예시 (자료: shutterstock)

디스플레이용 LED

■ 디스플레이

일상생활에서 LED를 접할 수 있는 또 다른 대표적인 응용 분야는 정보 전달의 인터페이스인 디스플레이 분야를 생각할 수 있다. LED는 자체 발광이 불가능한 LCD(liquid crystal display)의 광원으로 사용되어 텔레비전, 모니터, 노트북, 휴대 기기 등에 널리 응용되고 있다. 또한 기존에 LCD에 사용되었던 형광등과 비교하여 초박형화가 가능하여 더 얇고 가벼운 디스플레이를 제공할 수 있다. 이뿐만 아니라 높은 색 재현성을 제공하여 보다 선명한 이미지를 구현할 수 있으며, 낮은 소비 전력과 긴 수명, 수은을 포함하는 형광등을 대체할 수 있어 환경적으로도 유리한 점이 있다. 이렇게 많은 장점을 가진 LED는 다른 디스플레이 분야에 접목되어 우리들의 삶에 다양하게 기여할 수 있다.

그림 3 LCD의 광원으로 LED를 사용한 디스플레이 (자료: 삼성전자)

■ 전광판

LED의 고효율성 및 친환경성과 더불어 패키징된 LED 모듈을 하나의 화소로 사용할 수 있다는 장점은 대형 전광판 분야에서도 각광받고 있다. 특히 LED는 구동 환경에 대한 제약이 적어 옥외 간판용으로도 사용이 가능하여 도로나 경기장에서의 안내 및 광고 전광판으로 널리 사용되고 있다. 최근에는 정부의 녹색성장 정책에 힘입어 LED의 활용이 권장되고 있어 상점 간판은 물론 대부분의 광고 표시판이 LED 제품으로 교체되고 있으며, 이에 따라 더욱 다양한 정보를 LED 표시등을 통해 얻을 수 있을 것으로 기대된다.

2012년에는 여수 엑스포장에 국제관을 양쪽으로 연결한 가로 218미터, 세로 30미터 규모의 LED 천장 스크린이 설치되었다. 여수 엑스포에 설치된 스크린은 LED 조명의 장점을 활용하여 시간대별로 조명 연출을 달리하는 시나리오 조명 제어 시스템을 구축하여 에너지 절약 효과를 얻은 동시에 관람객의 흥미를 유발하여 세계적으로 이목을 집중시켰다.

| 그림 4 LED 전광판, 서울스퀘어 (왼쪽), 여수엑스포 디지털갤러리 (오른쪽)

■ 유연성 디스플레이

근래에는 LED 칩을 플라스틱과 같은 변형 가능한 기판에 전사하여 구부리거나 접을 수 있는 기능을 디스플레이에 적용하려는 시도가 진행되고 있다. 이러한 유연성 디스플레이는 변형이 가능하고 가볍게 휴대할 수 있어 차세대 디스플레이로 손꼽히고 있다. 최근 이를 구현하기 위해 많은 물질 및 방법들이 개발되고 있는데, 이 중 LED는 높은 광효율과 낮은 소비 전력으로 휴대용 디스플레이의 화소로서 적합하며, 비평면 기판이나 플라스틱 기판에 적용될 경우 헤드마운트(head mount) 디스플레이에서부터 밴드형 디스플레이까지 오락, 국방, 스포츠, 의료 등 매우 다양한 분야에서 사용될 것으로 예상된다.

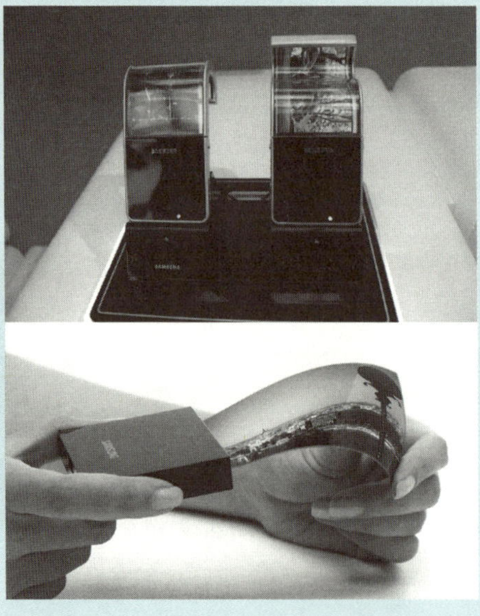

그림 5 유연성 디스플레이
(자료: 삼성전자)

자동차용 LED

자동차 시장에서 소비자가 자동차의 성능 못지않게 꼼꼼히 따져 보는 항목은 안전성과 디자인, 그리고 최근 들어 더욱 중요성이 부각되고 있는 연비와 배출가스와 같은 친환경성 정도이다. LED 기술은 이러한 모든 조건을 만족시켜 줄 수 있다. LED는 순간 점등이 가능하고 최고 휘도를 바로 낼 수 있으며 수명도 길다. 또 태양광에 가까운 색 온도를 갖기 때문에 빛이 조사되는 부분의 주변부를 어둡게 느끼는 현상이 적어, 운전자가 안전하게 운전할 수 있다는 좋은 평가를 얻고 있다. LED 기술이 자동차에 적용됨에 따라 다음과 같은 자동차의 안정성 향상과 에너지 절약을 기대할 수 있다. 먼저 안정성 향상 부분을 살펴보자.

최근 국산 고급 승용차에는 LED 헤드램프가 접목되어 출시되고 있다. 이러한 LED 헤드램프는 주행 시 운전대의 움직임, 차량 속도, 차량 기울기 등 실제 세부적인 주행 조건에 따라 헤드램프 내 빔의 조사각과 범위가 일정한 패턴으로 자동 조절되며 운전자의 시야를 효과적으로 확보해 줌으로써 운전의 안정성을 향상시켜 준다. 더 나아가 앞서가는 차량이나 마주 오는 차량에 탑승한 운전자의 눈부심을

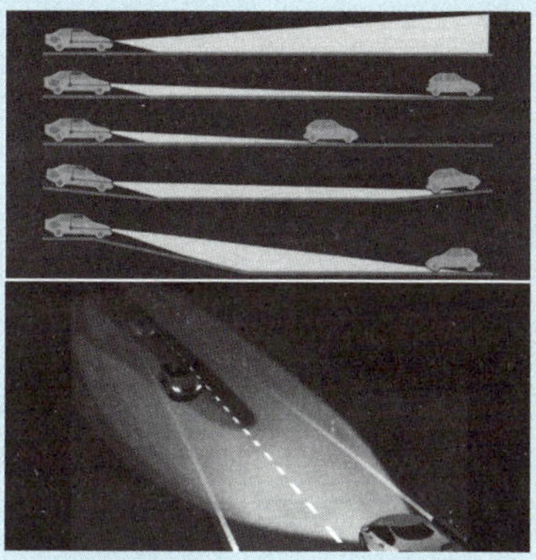

그림 6 Cut-Off line 시스템이 적용된 자동차의 헤드램프 사례

감소시키는 등 상황에 맞게 최고의 조명 범위를 선택하여 준다. 또한 LED를 이용한 안개등은 전통적인 안개등 이상의 넓은 라이트 스펙트럼을 가지고 있기 때문에 폭우나 안개 속에서도 운전자에게 탁월한 시야를 제공해 줄 수 있다.

이제 에너지 절약 측면을 살펴보자. 미국 미시간 대학 수송 연구소(University of Michigan Transportation Research Institute) 연구팀이 발표한 논문에 따르면, LED를 이용한 자동차의 외장 조명 시스템은 기존 시스템보다 전력을 약 50%(밤)에서 75%(낮)까지 절감할 수 있다고 한다. 또한 LED 시장 선도업체인 오스람은 전기자동차의 외장 조명 시스템에 LED를 사용하면 야간에 주행거리를 10킬로미터 정도까지 연장할 수 있다고 보고하였다. 조명 전력 소비가 줄면 발전기의 부하가 줄어들고, 이는 연료 효율 이득 및 이산화탄소 배출 저감으로 직결된다. 따라서 자동차의 LED 조명 시스템은 연비 향상 및 배출가스 감소와 관련해서 가장 유력한 기술 중 하나로 꼽히고 있다.

의료용 LED

미래에는 산업 경제의 발전과 더불어 건강과 행복 욕구를 충족시키기 위한 신기능 융합 의료 기술이 요구된다. 특히 인간은 고령화와 소득 증대를 통해 더욱 건강하고 윤택한 삶의 질을 추구하고 있어 인체 진단 및 치료에 대한 의료기기의 수요가 매년 증가하고 있다.

이러한 시대적 흐름에 발맞추어 LED는 현재 단순한 LED 응용 시장을 넘어서

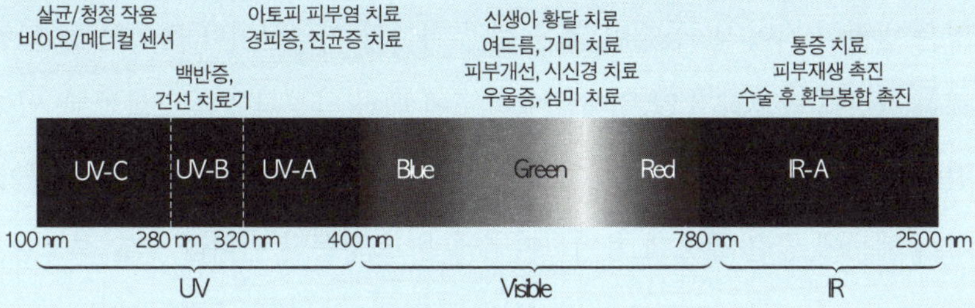

| 그림 7 빛의 파장대별 인체 적용 효과

타 산업과의 융합을 통해 고부가가치를 창출함으로써 신성장 동력의 기능을 수행하고 있다. LED를 기반으로 한 의료용 기기의 경우 기존의 다른 광원을 이용하였던 의료기기와 비교하였을 때 다양한 장점을 갖고 있다. LED가 가지는 다양한 장점에 따라 LED를 조명용 의료기기에 접목하거나 치료용 의료기기 및 진단용 의료기기에 접목할 수 있다.

■ 조명용 의료기기

백색 LED는 의료용 조명으로 사용될 수 있는데 이는 가시광선 스펙트럼의 모든 색을 거의 완벽하게 구현 가능하기 때문에 환자의 환부를 선명하게 판단할 수 있다는 장점이 있다. 또한 LED를 이용하는 다초점 광원기술을 통해 시술 도중 생기는 그림자로 인한 조명 차단을 방지하여 시야를 확보할 수 있게 되었다. 수술용으로 사용되던 기존의 할로겐 기반의 조명 기기의 경우 점등 시 발열에 의한 열 상승으로 실내 온도를 상승시켜 수술 환경상의 불편함을 야기시킬 뿐만 아니라 시술 시 세포 파괴 등의 문제점이 있었다. 이에 반해 LED 기반의 의료용 조명은 발열이 적어 열 상승이 없을 뿐만 아니라 자외선이나 적외선 등 인체에 유해한 파장이 방출되지 않기 때문에 세포에 대한 악영향을 최소화할 수 있다는 장점이 있다. LED 기반의 광원은 부피가 작고 용도에 맞게 소형으로 가공이 가능하기 때문에 공간 활용에 용이하여 수술용 조명뿐만 아니라 수술 보조등, 병실 조명, 국소 조명등, 노인용 LED 조명 등 범용으로 활용이 가능하다.

■ **치료용 의료기기**

빛을 이용하여 손상된 피부 조직 및 환부를 치료하는 광치료 의료 기술이 잇달아 개발되고 있다. 피부 내에서 빛과 생체 조직 간의 광화학적 반응을 통한 상처 및 통증 치료를 넘어서 최근에는 비만, 여드름, 모발 치료 등까지 LED를 적용한 치료용 의료기기의 범위가 점차 확대되고 있다.

LED가 가지고 있는 장점을 이용함으로써 지금까지 사용해 왔던 레이저, 자외선 램프, 형광등, 제논 램프 등과 같은 광원들이 효과적으로 대체되고 있으며 치료용 의료기기로서의 대표적인 광원으로 자리 잡기 위해 지속적으로 연구되고 있다. 레이저를 이용한 치료기기의 경우, 고출력을 이용하여 국소적인 부위를 집중적으로 치료할 수 있으나 좁은 빔을 이용하기 때문에 넓은 부위에는 적용하기 힘들다는 단점이 있다. 반면 LED를 이용한 광원은 전류를 통한 광출력의 제어가 가능하기 때문에 적절한 광출력을 이용하여 대면적의 질환 부위까지 효과적으로 치료할 수 있다. 광 에너지가 좁은 부위에 집중되어 조직 손상이 우려될 수 있는 레이저에 비해, LED는 저 강도 에너지를 사용하므로 조직이나 시술 부위를 손상시키지 않는 장점이 있어 기존에 사용하던 광원들에 비해 훨씬 안전한 광원으로 주목받는다. LED는 자외선 영역뿐만 아니라 가시광선, 근적외선 파장대역까지 넓은 스펙트럼의 파장을 포함하고 있기 때문에 특정 질환에 따른 최적의 파장에 해당되는 광자를 선택적으로 방출할 수 있는 뛰어난 이점을 지니고 있어 치료 효과를 극대화할 수 있다. 예를 들어 적색 LED를 이용하면 피부 노화 방지, 혈액 순환, 피부 진정 등에 효과가 있고 파장이 짧은 청색 LED의 경우 항염, 항바이러스 효과가 있어 여드름이나 지루성 피부염 등의 치료에 이용할 수 있다. 또 적외선 LED를 이용하면 통증 치료에 효과적이다. 이처럼 피부 치료, 외과적 치료, 더 나아가 광역학 치료까지 전반적인 의료용 치료기기에 LED가 적용됨으로써 인류가 더욱 건강하고 윤택한 삶을 영위하는 데 큰 역할을 하고 있다.

■ **진단용 의료기기**

최근에는 의료용 진단기기에 LED와 같은 새로운 광원을 적용함으로써 효과적인 질병 진단 가능성을 제시하고 있다. 빛을 이용한 질병 진단기기는 빛을 이용하여 생체 구조나 생화학적인 변화를 영상화함으로써 이를 이용하여 동맥경화, 암 등의 각종 질병에 대한 진단뿐만 아니라 사상체질 판독, 맥박 · 호흡수 측정기 등 영상 및 생체 진단이 가능하다. LED 기반의 내시경을 예를 들어 살펴보면, 일반적으로 백색 광원을 사용하는 내시경 시스템과는 다르게 각각 다른 파장 영역의 LED 광원을 내시경 기기 내부에 탑재한 후 연색성 조절을 통해 특정 광원에서 정상 세포와 구분되는 세포를 쉽게 구별해 낼 수 있다.

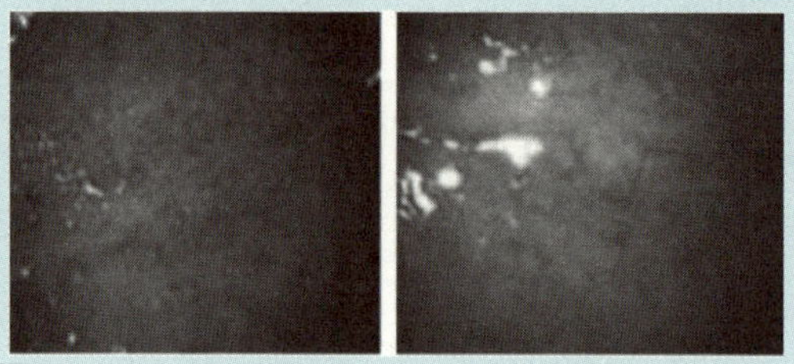

그림 8 광원에 따른 내시경 사진 비교. 할로겐 램프 (왼쪽), LED 램프 (오른쪽)
(자료: 2012 한국광산업진흥회 광IT융합산업 보고서)

해결해야 할 문제

2000년대 이후 가파른 원유 가격 상승으로 전기 요금이 상승되어 이에 대한 가계의 부담이 점점 커지고 있다. 대부분의 기업이나 기관들은 LED 조명의 에너지 절감 효과로 인해 LED 조명 시장을 낙관적으로 보고 있으나, 실생활에서는 아직까지 우리 삶에 기여하는 LED 기술을 쉽게 볼 수 없다. 그 이유는 LED 기술을 적극적으로 활용하기 위해 필요한 몇 가지 해결해야 할 문제가 있기 때문인데 이에 대해 살펴보도록 하자.

■ 원금회수 기간 문제

2011년 LG경제연구원의 보고 자료(Strategies unlimited)에 의하면, 2010년도 글로벌 기준 LED 조명에 대한 가정용 조명으로의 침투율은 0.5%에 불과하다. 이러한 이유는 LED 사용을 위한 초기 구매 및 설치비용이 비싸기 때문이다. LED

조명 사용을 통해 얻어지는 에너지 절감 효과는 일반적으로 원금회수(Payback) 기간을 계산함으로써 평가될 수 있는데, 원금회수 기간은 초기에 투자한 금액을 얼마 만에 회수할 수 있는가를 말해 주는 지표로서, 이 기간이 지나야 소비자는 이익을 얻게 된다. 따라서 원금회수 기간은 LED 조명의 초기 설치비용을 상쇄시키는 기간을 의미하며, 이 기간이 짧을수록 에너지 절감 효과는 커지게 된다.

선진국의 경우 초기 설치비용 대비 전기요금이 비싸기 때문에 상대적으로 원금회수 기간이 신흥국보다 짧다. 또한 전기료 측면에서는 가정용이 상업용보다 비싸지만, 하루에 조명을 사용하는 시간이 짧기 때문에 원금회수 기간은 가정용이 더 길다. 따라서 에너지 절감 측면에서 LED 조명의 침투 가능성은 신흥국보다는 선진국이, 가정용보다는 상업용이 높다고 볼 수 있다. 전기요금이 비싼 일본의 경우 원금회수 기간이 1~2년 이내로 알려져 있으며, 상대적으로 전기요금이 더 낮은 한국의 경우 (200 KWh 사용 시 일본은 42,364원, 한국은 16,890원, 2012년 11월 기준) 원금회수 기간이 더 길게 되어, 일반적인 가정에서 굳이 고가의 초기 설치비용을 지불하면서까지 LED 조명을 사용할 필요성이 적어지게 된다.

LED 시장 성장의 가장 큰 걸림돌은 앞서 말한 대로 높은 초기 구입 가격이라고 할 수 있다. 따라서 빠른 기술 개발을 통해 기존 조명과 견줄 만한 혁신적인 가격 인하를 이룰 수 있도록 기업과 연구소, 학교의 연구 활동에 대한 적극적인 지원이 필요하다.

■ 선진국과의 기술적인 장벽

LED 기술 산업의 후발주자인 한국은 2005년도를 기점으로 백색 LED의 50

lm/W 효율을 달성하며 미국, 일본, 독일, 타이완과 함께 기술개발 경쟁에 합류하게 되었다. 하지만 고효율 LED에 대한 핵심 원천 기술들은 니치아(Nichia), 크리(Cree) 및 오스람(Osram)과 같은 선진 그룹들이 보유하고 있어 국내 LED 업계는 기존의 핵심 기술들을 회피하는 기술 개발이 필요하다. 실제로 니치아는 백색 LED의 효율을 극대화할 수 있는 기판 구조에 대한 기술(Patterned sapphire substrate)과 LED의 전극 구조, 형광체 및 유기금속 화학 기상 증착 장비(MOCVD)의 독자기술을 가지고 있고, 크리와 오스람도 SiC 기판 독자기술과 수직 구조의 LED(Thin GaN LED)에 대한 원천 기술을 가지고 있다. 이에 비해 한국은 원천 특허의 부재를 극복하기 위해 독자적인 LED 기술 개발에 매진하고 있으나 기술 수준은 선진 그룹 대비 다소 낮은 실정이다. 이를 극복하기 위하여 수직형 고효율 LED, 고방열 구조, 형광체, 기판분리기술 등을 집중적으로 연구하고 있다.

반도체 장비산업 또한 국내 기업의 LED 시장 진입을 어렵게 하고 있다. 현재 LED를 생산하는 반도체 장비의 대부분이 국산화되어 있지 않다. MOCVD는 단결정 질화물을 성장시켜 LED를 만드는 데 사용되는 장비로, 전체 장비 투자액의 절반을 차지하는 핵심 장비임에도 불구하고 지금까지 독일의 엑시트론(Axitron)과 미국의 비코(Veeco) 두 회사만이 공급해 왔다. 또한 LED 산업에 필요한 노광기, 식각기 등의 공정 장비 시장에서도 원천 기술을 가진 외국 업체들이 주도권을 가지고 있어 국산화가 미진한 상태이다.

이상에서 언급한 문제들을 극복하기 위해서는 투자 정보 및 제품 개발 로드맵을 확보하고 필요한 기술에 요구되는 장비의 원천 기술을 선취하여 경쟁력을 가진 국산 장비를 개발하려는 노력이 필요하다.

■ **정부 촉진 정책 및 홍보의 부재와 앞으로의 대책**

이웃나라인 일본의 경우, 2011년 3월 대지진 및 쓰나미 발생 이후 LED 조명의 점유율이 가파르게 성장하여 현재 50%에 육박하였다. 이미 일본에서는 LED 전구가 백열전구와 형광등을 합친 것보다 더 많이 팔리고 있는 것이다. 일본의 경우 어떠한 요인으로 LED 조명이 50%에 달하는 점유율을 갖게 된 것일까? 일본에서는 대지진과 쓰나미로 원자력 발전소에 대한 공포감과 전력 부족에 따른 문제점이 사회적으로 크게 부각되었다. 이에 따라 전력 문제가 범국민적으로 심각해지고 에너지 절약에 대한 필요성이 강력하게 홍보되어 많은 사람들이 LED 조명 사용에 자발적으로 참여하게 된 것이다.

아직까지 우리나라 일반 소비자들은 LED 조명에 대해 많은 정보를 갖고 있지 않다. LED가 탑재된 TV가 보급되면서 LED가 TV의 슬림한 디자인 형성을 도와주며, 전기료도 절감시킬 수 있다는 정도는 알고 있지만 잘 보지도 않는 천장의 조명을 LED로 바꾸었을 때의 효과나 필요성에 대해서는 깨닫고 있지 못하다. 따라서 LED의 점유율을 높이기 위해서는 정부의 다양한 촉진 정책과 더불어 에너지 절감 효과를 적극적으로 홍보하는 것이 매우 중요한 일이라고 할 수 있다.

앞에서 살펴본 것처럼 LED 기술은 조명, 디스플레이, 자동차 및 의료 분야에까지 다양하게 접목되어 우리들에게 직접적으로 많은 혜택을 주고 있으며 농업과 수산업에서도 LED 기술이 활발하게 이용되고 있다. 앞으로 LED가 생활 전 분야에 걸쳐 접목되어 우리들의 삶의 질을 더욱 향상시키기 위해서는 LED의 효율 향상에 대한 연구와 더불어 다양한 분야와의 융 · 복합 기술에 대한 관심과 연구가 필요하다.

3.
지구촌 현안 해결을 위한 과학기술

scientific technology

아름다운 지구를 우리 후손에게

김경렬 (광주과학기술원 석좌교수)

우리가 발을 딛고 살고 있는 육지와 우리에게 풍부한 먹을거리와 쉴 공간을 제공해 주는 바다가 적절히 배열되어 있는 지구의 멋진 모습을 하늘에서 내려다 볼 수 있다는 것은 우주 시대에 사는 현대인들만이 누릴 수 있는 특권이라고 할 수 있다. 그러나 46억 년의 나이를 지닌 지구가 이런 멋진 모습을 갖추고 인류 문화의 꽃을 피울 수 있는 터전을 마련한 것은 실로 최근의 일이다.

우리 몸은 일상생활을 영위하기 위해 에너지를 필요로 한다. 또 우리의 문명사회를 유지하기 위해서도 많은 에너지가 필요하다. 이러한 우리 몸과 사회의 유지와 발전에 필수적인 에너지인 전기를 만들어 내기 위하여 석탄과 석유 등의 화석연료를 태우는 화력 발전이 널리 사용되고 있다. 이 과정에서 부산물로 배출되는 탄산가스가 심각한 지구 환경 문제인 지구 온난화의 주요 원인임이 밝혀지고 있다. 더욱 중요한 사실은 탄산가스 총 방출량의 3분의 1이 바로 우리 개개인이 살아가는 데 필요한 에너지를 사용하는 과정에서 나오고 있다는 것이다.

과학자들은 탄산가스 배출을 최소화하면서 쉽고 값싸게 전기를 만들어 내는 방법을 찾기 위해 부단히 노력하고 있다. 그러나 단 하나뿐인 지구가 아름다움을 유지하며 인류의 삶의 터전으로서의 역할을 할 수 있게 하기 위해서는, 지금 바로 에너지 절약을 실천하는 생활을 시작할 때임이 분명하다. 이것이 아끼는 후손들을 위해 우리 모두가 지혜를 모아 할 수 있는 최선의 길인 것이다.

지난 2007년 2월 2일 프랑스 파리는 아름다움을 한껏 뽐내던 에펠탑의 야경을 5분간 소등하였다. 이 시간 로마의 콜로세움도 함께 소등을 실시하였다. 무슨 이유였을까?

바로 이날 낮 파리에서 있었던 한 기자회견 때문이었다. 기후 변화에 관한 정

그림 1 하늘에서 살펴본 아름다운 지구의 모습

부 간 협의체(IPCC, Intergovernmental Panel on Climate Change)가 그해 11월 발간될 예정이었던 IPCC 4차보고서 '기후 변화 2007'의 주요 내용에 깊은 관심을 가져야 한다는 제1소위원회(Working Group I)의 메시지를 전 지구인들에게 전하기 위해서였다. 발표 내용의 중요한 결론은 다음과 같다.

"지구 온난화는 명백한 사실이며, 변화 속도로 볼 때 지구 46억 년의 역사를 통하여 유례없이 매우 빠른 속도로 지구가 더워지고 있다. 특히 염려스러운 것은 그 원인이 사람들의 활동에 의한 온실가스의 증가 때문이라는 것이다."

IGY와 키일링 곡선

기록을 통하여 사람들은 지구의 기후가 변해 왔다는 것을 알고 있다. 중세기에는 유럽이 매우 온난하였으나 14~18세기에 걸쳐 '소빙하기(Little Ice Age)'라고 불리는 추운 기후를 겪었으며, 시간을 더욱 거슬러 가면 지구에 여러 번에 걸쳐 빙하기가 있었다. 그럼에도 불구하고 과학자들은 지구 온난화가 사람들이 만들어 낸 것이 거의 확실하다는 결론을 어떤 근거에서 내릴 수 있었던 것일까?

최근의 지구 온난화를 사람들의 활동과 연계시킬 수 있는 가장 중요한 연결고리는 아마 '키일링 곡선(Keeling Curve)'이라고 불리는 대기 중 탄산가스의 농도 변화 관측 자료일 것이다.

유엔(UN)이 IGY(International Geophysical Year; 국제 지구물리의 해)라는 이름을 붙였

던 1957년, 캘리포니아 공과대학(Caltech)에서 막 학위를 마친 키일링(Charles David Keeling)은 하와이 섬 마우나 로아의 3,400미터 정도 고도에서 공기 중의 탄산가스 농도 관측을 시작하여 수년 전 세상을 떠나기 전까지 대기 중 탄산가스의 농도를 '정확히' 측정하는 데 일생을 바쳤다. 키일링 곡선이라고 불리는 그의 자료는 북반구 대기 중의 탄산가스의 농도가 매년 여름이면 감소하고 겨울이면 증가하고 있음을 보여 준다. 이는 지구 상의 식물들이 여름철에 활발히 진행하는 광합성과 겨울철에 우세한 호흡 작용의 효과가 대기 중에 탄산가스의 농도 변화로 나타난 것이다. 그런데 키일링 곡선은 탄산가스의 농도가 계속해서 증가하고 있음을 분명히 보여 주고 있다. 이런 농도의 증가는 무엇을 의미하는 것일까?

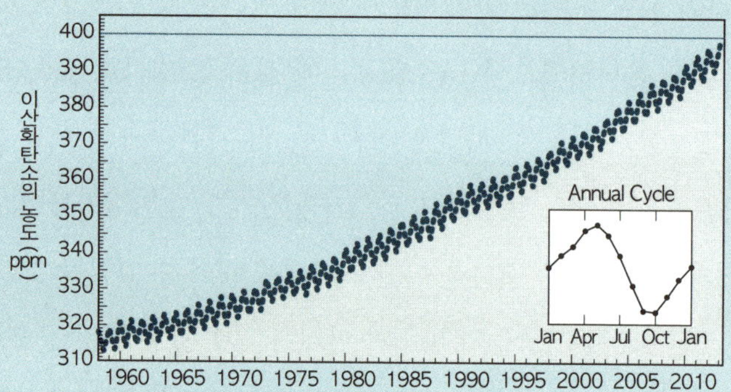

그림 2 '키일링 곡선'이라는 이름이 붙어 있는 마우나로아 3,400미터 고도의 대기 중 이산화탄소(CO_2) 관측 자료. 최근에 이르러 최고치가 400ppm을 넘은 것을 보여 주고 있다.

■ 키일링 곡선의 의미를 찾아서

1980년대에 이르면서 이에 대한 답을 구하기 위한 본격적인 연구가 진행되었다. 키일링 곡선이 정말로 사람들의 활동을 반영한 것이라는 것을 분명히 알 수 있는 방법 중 하나는, 과거 사람들의 영향이 없던 시절의 대기 중의 탄산가스의 농도가 변해 온 모습을 이해하고 이 결과를 최근의 변화와 비교해 보는 것이다.

다행히 과거의 지구 대기에 관한 정보를 얻을 수 있는 자료가 바로 그린란드와 남극에 있었다. 눈이 계속 쌓여갈 때 밑에 있는 눈은 점점 눌리게 된다. 이렇게 쌓인 눈의 두께가 약 70여 미터에 이르면, 그 아래의 눈은 결국 위의 눈의 무게를 이기지 못하고 얼음으로 변하는 과정이 반복되면서 빙하가 만들어진다. 여기에서 중요한 것은 쌓이는 눈 주위에 있던 공기가 얼음 속에 함께 갇히게 된다는 점이다. 실제로 얼음 속에는 얼음 부피의 10분의 1 정도의 공기가 포함되어 있다.

지금은 두께가 수천 미터까지 이른 빙하에 구멍을 뚫고 시추해 들어가면서 얼음을 채취하면 과거의 공기 시료를 얻을 수 있다. 남극 보스토크(Vostok) 기지에서 얻은 약 3,700여 미터의 시추 시료를 조사하여 얻은 결과를 가장 성공적인 연구로 꼽을 수 있는데, 과학자들은 이 시료를 이용하여 지난 40여만 년 동안 약 네 번의 빙하기를 거치면서 겪어 온 대기 중 탄산가스의 농도 변화를 추적할 수 있었다. 이를 통하여 약 10만 년을 주기로 하여 대기 중 탄산가스의 농도는 섭씨 6도 정도 온도가 낮았던 빙하기 시기의 약 200 ppm(part per million, 공기 분자 100만 개 중의 1개 섞여 있는 비율)에서 간빙기의 280 ppm 사이, 즉 80 ppm 정도의 큰 변화를 자연적으로 반복해 온 것을 알 수 있었다. 최근 과학자들의 빙하 시추자료의 연구결과는 더욱 과거에까지 연장되어 지난 80만 년 전까지 이런 변화가 반복되어

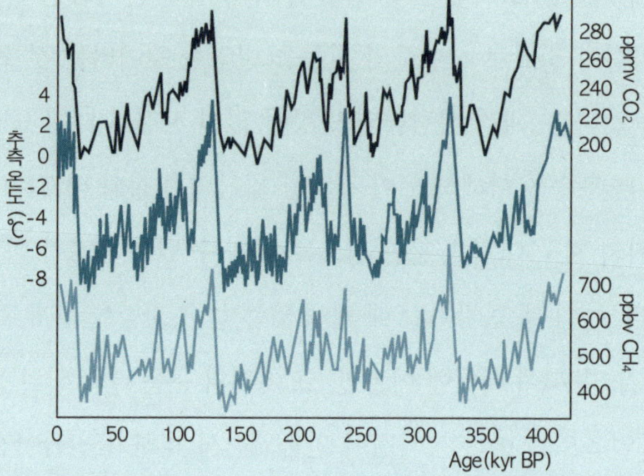

그림 3 10만 년의 주기로 섭씨 6~7도의 온도 변화 및 80 ppm의 탄산가스 농도 변화를 보여 주는 보스토크 자료

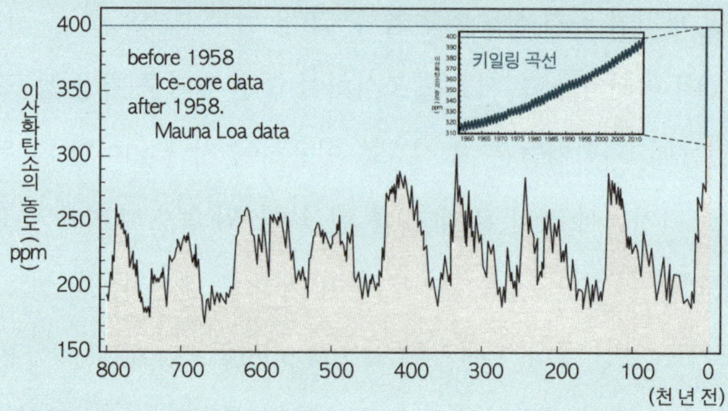

그림 4 빙하코어를 이용하여 얻은 지난 80만 년 전까지의 대기 중 자연적 탄산가스 농도 변화와 키일링 곡선을 연결시킨 그림

온 것을 확인시켜 주었다.

이제 자연적인 탄산가스의 농도 변화와 키일링 곡선이 보여 주는 최근의 변화를 함께 나타내어 살펴보는 일만 남은 셈이다. 약 1만 년 전인 간빙기에 이르러 280 ppm 정도의 값을 보이던 탄산가스의 농도는 와트(James Watt)가 증기기관을 발명한 이후 1700년대 중반부터 증가하기 시작하여 19세기에 들어서면서 더욱 급속도로 증가하여 결국은 최근의 실제 관측 자료인 키일링 곡선에 자연스럽게 연결되고 있다. 이러한 결과가 보여 주는 충격적인 사실은 45억 년의 긴 지질학적 시간 잣대로는 거의 순간적인 짧은 시간에 해당하는 산업혁명 이후 불과 200년 동안에, 10여만 년간 일어났던 약 80 ppm 이상의 농도 변화가 있었다는 것이다. 그 속도가 지금도 꾸준히 증가하는 것으로 볼 때 최근의 농도 변화를 자연적인 변화의 일부라고 보기에는 너무 큰 변화임이 분명하다.

지난 200여 년 동안 나타난 급격한 대기 중의 농도 변화는 목축산업의 부산물인 메테인(CH_4)이나 농업혁명을 이룰 수 있게 한 질소 비료의 원하지 않는 부산

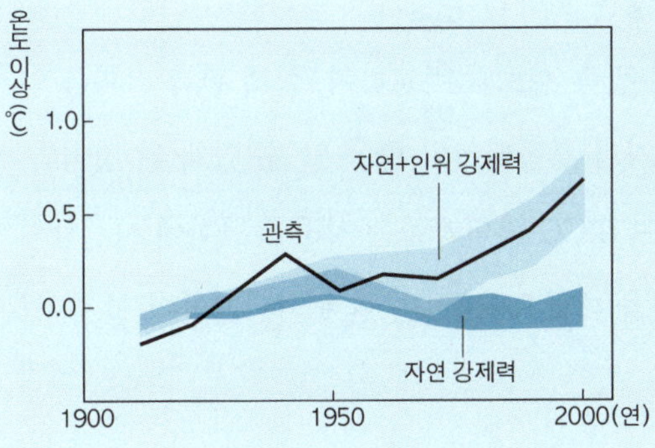

그림 5 컴퓨터 기후 모형으로 모사한 결과. 인위적 강제력을 포함한 결과만이 최근의 온도 변화를 설명해 준다.

물인 일산화이질소(N_2O, nitrous oxide)와 같은 온실가스에서도 관측된다. IPCC는 이러한 관측 자료에 기초하여 키일링 곡선이 인간 활동이 만들어 낸 작품이라는 결론을 내렸다.

이러한 기체들은 지구를 따뜻하게 해 주는 대표적인 온실가스들이지만, 최근의 이들 기체의 농도 증가는 사람들의 활동이 기후 시스템에 강제력을 부여하고 있음을 분명히 보여 주는 것 같다. 그런데 과학자들은 이런 심증을 어떤 방법으로 과학적 증거로 만들어 낼 수 있었을까?

■ 최근의 지구 온난화에는 인간의 활동이 깊이 관여되어 있다

과학자들은 컴퓨터의 발달로 정교한 기후 모형을 개발할 수 있게 되었다. 과학자들은 이러한 기후 모형을 이용하여 비교적 일관성 있게 기후 예측을 할 수 있게 되었으며 최근의 지구 기후의 변화도 모사해 볼 수 있게 되었다. 그런데 문제는 컴퓨터 모형에 키일링 곡선으로 대표되는 온실가스의 인위적 증가를 넣지 않으면 최근의 온도 증가를 전혀 재현할 수 없다는 것이다.

온실가스 증가를 고려하지 않은 모사와 온실가스 증가를 고려한 모사를 동시에 수행하고 이들 결과를 실제 관측 자료와 비교하여, 실제 관측 결과를 얻기 위해서는 온실가스의 인위적 증가가 포함되어야 함을 알 수 있게 된 것이다. 바로 이러한 컴퓨터 결과에 근거하여 IPCC 과학자들은 지구 온난화에 사람들의 활동이 깊이 관여되어 있다는 결론을 내렸으며, 이는 현재 과학자들이 할 수 있는 최선의 방법이다.

2007년 노벨 평화상

IPCC 4차 보고서가 최종적으로 발표된 2007년에 열린 노벨상 위원회는 '불편한 진실'이라는 이름으로 지구 온난화를 걱정하는 많은 캠페인을 벌였던 미국의 정치가 엘 고어와 IPCC 4차 보고서를 작성하는 데 수고한 약 1,000여 명의 과학자들이 포함된 IPCC를 노벨 평화상 공동 수상자로 선정하였다. 사람들이 만들어 낸 기후 변화에 관한 지식을 정리하고 널리 알려 기후 변화에 대응하는 데 필요한 여러 방안의 기초를 다진 노력을 기리는 수상이었다.

노벨 평화상을 공동 수상한 IPCC는 UNEP(유엔환경계획)와 WMO(세계기상협회)가 공동으로 제안하여 1988년에 구성된 기후와 관련된 지구과학을 전공하는 과학자들의 모임이다. IPCC가 결성된 20여 년 전인 1988년으로 돌아가 더워지는 지구에 대한 이야기를 좀 더 자세히 살펴보자.

■ 1988년

1988년은 우리나라에서 88서울올림픽이 개최된 해이다. 우리 국민들은 대부분 올림픽 열기 때문에 거의 눈치채지 못하였지만 이해는 이상 기후 원인의 대명사로 여겨지는 엘니뇨가 본격적으로 그 위력을 발휘한 해였다. 이해의 기상이변은 전 지구적인 현상이었다.

전례 없는 폭염이 미국 전역을 강타하여 목화 재배와 밀, 옥수수, 사탕수수, 콩 등을 엉망으로 만들었으며, 8월에 시속 80킬로미터의 돌풍과 함께 발생한 옐로스톤 국립공원의 대 화재로 거의 절반에 이르는 지역이 불에 탔고, 이때 발생한

| **그림 6** 1988년 서울올림픽 휘장

| **그림 7** 1998년 지구를 올해의 행성으로 선정한 「타임」지 표지

연기로 일부 도시에서는 '연기 속의 하루'라는 일기예보를 내보낼 수밖에 없었다. 지난 세기의 기록적인 태풍 허리케인 길버트(Gilbert)도 이해에 발생하였으며, 방글라데시의 홍수를 비롯하여 중국에서도 가뭄, 홍수, 태풍, 우박 등으로 1만 명 이상의 인명과 50만 채 이상의 가옥이 유실되는 피해를 입었다. 그리고 이러한 엄청난 기상 재난들은 서울에서 진행된 올림픽 경기와 마찬가지로 전 세계적으로 TV로 방영되어 기후 변화에 대한 관심과 이목을 끌었다.

그해 6월 미국 상원에서는 '온실효과와 기후 변화에 대한 제1차 공청회'가 열렸으며, 이를 계기로 정치가들과 과학자들의 대화가 시작되었다. 과학자들은 "지구의 기후가 '현재' 바뀌고 있다."라는 여러 증거가 있음을 피력하였다. '지구 온난화'라는 말이 전 세계의 매스컴에 거듭 이야기되기 시작하였으며, 전 지구적 변화는 이제 각 개인의 생활 속에 현실로 자리를 잡기 시작하였다. "과연 지구는 더워지고 있는가?", "만일 지구가 더워지고 있다면, 이것은 사람들의 활동에 기인한 것인가?" 등과 같은 기후 변화에 관한 중요한 여러 질문에 대하여 치열한 논의가 시작된 것이다.

「타임」은 매년 말에 올해의 인물을 선정한다. 그런데 1988년은 '올해의 사람' 대신 '올해의 행성'으로 지구를 선정하였다. 그리고 '위험에 빠진 지구(The Endangered Earth)'라는 부제를 붙였다. 이해는 지구를 보는 사람들의 눈이 분명히 변한 해였다. 3년 전인 1985년 남극 상공에서 발견된 거대한 오존 구멍도 이러한 생각의 변화에 한몫한 것은 물론이다.

■ **기후 변화에 관한 정부간 협의체(IPCC)**

이러한 배경 속에 WMO는 UNEP와 함께 기후 변화에 대한 진실을 밝혀내려는 과학자들의 모임인 기후 변화에 관한 정부간 협의체인 IPCC를 발족시켰다. IPCC의 주 임무는 기후 변화에 관하여 과학적 담론을 정리한 보고서를 발간하는 것이었다.

"지구 기후는 앞으로 어떻게 변할 것인가?"라는 질문은 누구나 답을 알고 싶어 하는 중요한 문제이지만 유감스럽게도 그 예측(prediction)은 불가능하다. 이것은 수권, 지권, 생물권, 대기권이 서로 복잡하게 얽혀 있는 기후 시스템을 다 이해하지 못하기 때문이다. 그러나 더 중요한 것은 앞으로 "사람들이 어떻게 행동할 것인가?"라는 중요한 변수에 많은 불확실성이 있기 때문이다.

따라서 IPCC에 참여하고 있는 과학자들은 사람들이 취할 수 있는 몇 가지 예상 시나리오를 만들고 이들 시나리오에 따라 지구 기후가 어떻게 변화할 것인지를 최선을 다해 전망(projection)하고 이를 보고서로 발표하고 있다. 그런데 이 보고서가 이야기하고 있는 미래 기후에 대한 전망이 그리 밝지 않다는 것이 걱정이다.

지구 온난화가 정말 그렇게 걱정일까? 기후를 연구하는 많은 과학자들은 이에 대하여 "그렇다."라고 대답한다. 극심한 가뭄이나 폭우 등의 이상 기후가 더 자주 발생할 것이 예상되며, 태풍의 강도나 발생 빈도가 높아질 것이 거의 확실해 보인다. 특히 사람들이 염려하는 심각한 문제 중 하나는 빠른 해수면의 상승이다. 지구가 더워지면서 빙하의 일부가 녹는 것도 중요한 요인이지만, 현재는 더워진 바닷물의 부피 팽창이 더 주된 원인이 되고 있다.

과학자들은 금세기 말까지는 전 지구적으로 적어도 평균 수십 센티미터 정도의 해수면 상승이 있을 것으로 추정하고 있다. 사실 지구는 빙하기와 간빙기를 거치면서 수십만 년에 걸쳐 130여 미터 이상의 해수면 변동의 역사를 겪어 왔다. 그러나 앞으로 100년도 안 되는 짧은 시간 동안에 해수면이 수십 센티미터 증가하면, 저지대가 많은 나라에서 겪을 어려움을 쉽게 짐작할 수 있다. 더구나 이렇게 상승한 해수면이 조석이나 태풍 등과 함께 작용하면, 그 파괴 효과가 더욱 가중될 것임은 두말할 나위도 없다. 더욱 심각한 것은 지금의 상승 속도가 지구 역사의 여느 때에 비하여 너무 빠르다는 것이다.

지구 온난화가 예측하는 지구 환경의 미래가 어려운 방향으로 기울어지고 있는 것은 피할 수 없는 사실 같다. 더욱 난처한 것은 지구 온난화는 지금보다도 우리 후손들이 살아가야 할 미래의 지구 환경에 더욱 절실한 문제인데, 문제의 원인을 제공하는 오늘을 사는 우리들이 이를 위해 할 수 있는 방법이 그리 간단하지 않다는 것이다.

■ 세계 정상들의 모임

오늘날 지구 온난화 문제는 모든 세계 정상회의에서 빠질 수 없는 중요한 주제가 되고 있다. 1992년 리우 회의에서 채택된 유엔기후변화협약(UNFCCC, UN Framework Convention on Climate Change)이 50개국에 의해 조인되면서 1994년 효력이 발생한 후 매년 열리는 당사국 회의가 대표적인 예이다. 특히 1997년 교토에서 열린 제3차 당사국 회의에서 채택된 교토의정서는 온실가스의 구체적인 감축을 의무화하는 중요한 틀을 제시하였다. 그러나 기본 원칙에 동의하면서도 실제 감축 방안을 마련하는 데 있어서는 많은 이견이 있다. 교토의정서는 2005년 러시아가 이에 조인함으로써 효력을 발휘하게 되었으나, 파국을 예방하려는 노력이 결코 쉽지만은 않아 보인다.

2011년 12월 멕시코 칸쿤에서 열렸던 제17차 당사국 회의에서 2012년 종료되는 교토의정서를 대체하는 후속 대책이 논의되었으나 당분간은 교토의정서를 지속해 가는 것으로 결정되었다. 그리고 지구 온난화를 약 2℃에서 멈추게 하자는 데 가까스로 동의가 이루어졌다. 2℃라는 온도는 대수롭지 않게 여겨질 수도 있지만, 과거 지구의 평균 기온이 약 6℃ 낮았을 때 지구가 빙하기로 들어간 것을 생각하면 결코 쉽게 지나쳐버릴 수 없는 숫자이다. 문제는 이를 위한 실천 방안조차 실행이 그리 쉽지 않다는 것이다. 해결 방안의 핵심에 자리 잡고 있는 탄산가스 사용을 줄이는 일은 매우 어려운데 이는 바로 에너지의 생산량을 줄이는 것과 직결되어 있기 때문이다.

탄산가스의 수지계산서

IPCC가 기울인 노력의 하나는 도대체 얼마나 많은 탄산가스를 사람들이 만들어 내며, 이렇게 만들어진 탄산가스가 어디로 가는지 그 행방을 추적하는 것이다. 이러한 노력이 꽤 성과를 거두어 이제는 탄산가스의 대략적인 전 지구적 수지계산서를 만들 수 있게 되었다. 지난 1997년 탄산가스의 평균적 수지계산서와 13년 후인 2010년의 변화된 결과(괄호 안 숫자)를 한 번 살펴보자.

지난 1990년대 중반 약 60억 명의 지구 식구들이 1년에 약 64억 톤의 탄산가

표 1. 탄산가스의 수지계산서 (단위: 억 톤)

탄산가스 만들기	1997년(2010년)
화석연료의 연소 및 시멘트 생성	64 (91)
삼림 벌채 및 열대 지역의 화전	16 (9)
총계	80 (100)

탄산가스의 행방	
대기 중으로(키일링 곡선의 증가분)	31 (50)
바다 속으로	22 (24)
육상 식물들 내로	27 (26)
총계	80 (100)

스(탄산가스 중의 탄소(C)의 양만을 고려한 것임)를 화석연료를 통해 방출하였으므로, 한 사람이 1년에 방출한 탄산가스 양은 평균 약 1톤이 된다.

표 2. 각국의 일인당 평균 화석연료 방출량 (단위: 톤)

국가	1997년	2010년	국가	1997년	2010년
미국	5.6	4.9 (2)	한국	2.6	3.2 (8)
독일	2.9	2.5 (6)	멕시코	1.0	1.1(13)
일본	2.5	2.4 (5)	프랑스	1.7	1.5 (18)
중국	0.7	1.7 (1)	인도	0.3	0.5 (3)

괄호 안은 2010년도 나라별 배출량 순위

그렇지만 이 값은 결코 공평한 값은 아니다. 선진국으로 갈수록 그 값이 커서 미국은 약 5.6톤, 우리나라는 약 2.6톤으로 세계 평균보다 훨씬 많은 양의 탄산가스를 배출하고 있다. 이들 숫자를 보면 탄산가스 배출이 그 나라의 살림살이와 밀접한 관련이 있음을 보여 주고 있으며, 우리나라도 만만치 않게 배출량이 큰 나라들 중의 하나임을 알 수 있다.

이렇게 방출된 탄산가스를 바다가 열심히 흡수하고(23억 톤), 식물도 성장하면서 상당 부분을 다시 흡수하지만(24억 톤) 배출량을 채우기에는 역부족이다. 이 때문에 감당하지 못하는 나머지(33억 톤)가 대기 중에 남아서 대기 중의 탄산가스 농도를 증가시키는 것이다. 증가 추세의 키일링 곡선은 바로 이를 보여 주고 있다.

2010년대에 이르면서 불과 10여 년 만에 화석연료에 의한 배출량이 27억 톤 정도나 늘어났으며, 일인당 방출량도 1.3톤 정도로 30%나 증가하였다. 그동안 전 세계 인구의 5분의 1을 차지하는 중국의 1인당 배출량이 0.7톤에서 1.7톤으로 2.5배 가까이 뛴 것이 중요한 원인이었음은 물론이다. 문제는 이를 흡수하는 바다나 육상식물의 역할은 별로 변하지 않았으므로, 증가된 값은 자연히 대기 중에 그대로 남아 있으면서 키일링 곡선의 기울기를 더욱 가파르게 만들고 있는 것이다.

그런데 조금 예외적으로 방출량이 적은 나라가 눈에 띈다. 바로 프랑스이다. 실제 탄산가스가 방출되는 경로를 살펴보면 총 방출량의 3분의 1 정도가 석탄이나 석유를 사용하는 화력 발전을 통해 전기를 생산하는 과정에서 방출된다. 프랑스가 작은 값을 가지는 이유는 바로 전력의 80% 가까이를 탄산가스를 내지 않는 원자력에 의존하기 때문이다.

우리들이 필요로 하는 에너지

우리가 생활하면서 사용하는 에너지는 모두 태양에너지를 화학에너지로 변환시킬 수 있는 식물의 광합성 덕분이다. 이렇게 식물들이 만들어 준 음식을 먹어 태우면서 우리 몸이 활동하는 데 필요한 에너지를 얻는 것이다.

오늘날 생활에 필요한 중요한 에너지 역시 옛날 지구 상에 살던 식물들이 광합성을 통해 고정시킨 에너지이다. 옛날 얕은 바다에 살던 식물 플랑크톤들이나 습지와 육상에 살던 식물들이 광합성으로 키운 자신의 몸집들을 오늘날 석유나 석탄의 형태로 우리들에게 선물로 제공한 것이다. 이렇게 우리들은 전적으로 태양에너지에 의존하며 살고 있다.

지금까지 아무도 예외를 발견할 수 없었던 중요한 경험 법칙의 하나는 열역학 제1법칙으로 불리는 '에너지 보존 법칙'이다. 우리는 에너지를 창조하거나 파괴할 수 없으며 단지 여러 형태로 변환시킬 수 있을 뿐이다. 또한 자연적인 현상은 반드시 어떤 방향성이 있다는 경험을 표현한 것이 바로 열역학 제2법칙이다.

물은 자연적으로 가진 방향성에 따라 항상 위에서 아래로 흐르며 사람들은 이런 흐름 속에서 생기는 위치에너지의 차이를 기계적 에너지로 변환시켜 궁극적으로 전기에너지로 바꾸는 수력 발전을 오래전부터 이용해 왔다. 지금도 노르웨이 같은 나라는 전력의 대부분을 수력 발전으로 얻고 있다. 그러나 이런 천혜의 혜택을 누릴 수 있는 나라는 그리 많지 않다.

따라서 많은 나라들은 석탄이나 석유를 태워 만들어지는 열에너지를 이용하여 수증기를 만든 후 기계적 에너지를 거쳐 전기에너지로 변환시키는 화력 발전을 통해 에너지를 이용하고 있다. 이러한 전기를 만드는 과정에서 방출되는 탄산가스가 바로 지구 온난화의 중요한 원인이 되고 있는 것이다.

이것이 윤택한 생활을 지속하면서도 탄산가스의 방출을 최소로 하고 효과적으로 에너지를 만들어 낼 수 있는 신기술의 개발이 절대적으로 필요한 이유이며, 오늘날 과학에 던져진 중요한 과제이다.

■ 다양한 새로운 발전 방법

바람을 이용하는 발전도 오늘날 열심히 추구되고 있는 전기 제조 방법이다. 연안의 좀 더 안정된 바람을 이용하는 발전 방법은 특히 유럽에서 많이 시도되고 있다. 바람이 만들어 내는 파도 역시 발전 가능성이 높은 연구 대상이다. 달과 태양의 인력이 만들어 내는 조석 현상도 물론 예외가 아니다. 밀물 때 들어오는 바닷물을 가두어 수차를 만든 후 썰물 때 이 물을 내보내면서 전기를 만들 수 있다. 조류가 충분히 빠른 곳에서는 직접 조류를 이용하여 터빈을 돌려 전기에너지를 만들어 낼 수도 있다. 수심에 따른 온도 차이를 이용하여 전기를 만드는 방법도 열심히 시도되고 있다. 또한 태양에너지를 직접 전기에너지로 변환시키는 태양광 발전도 꽤 진전이 이루어지고 있다.

■ 핵에너지

원자핵의 에너지를 원자번호 순으로 배열해 보면 원자번호 26인 철 부근이 가장 안정하다. 이 사실은 작은 핵들을 융합시키거나 큰 핵을 작은 핵들로 분열시킴으로써 질량 결손에 의한 에너지를 얻을 수 있다는 것을 알려 준다.

수소가 융합해서 헬륨이 되는 핵융합 에너지는 바로 태양이 열을 낼 수 있게 하는 에너지원이다. 이러한 핵융합이 가능한 것은 1000만 도라는 태양 내부의 극단적 환경 때문이다. 이러한 극한 조건을 일정한 설비 내에 인위적으로 만들고 안정하게 유지시켜야 하는 핵융합 발전은 엄청난 도전임을 쉽게 이해할 수 있다.

핵분열에 의한 엄청난 에너지가 인류에게 처음으로 확인된 것은 불행하게도 원자폭탄을 통해서이다. 이러한 폭발적인 엄청난 에너지를 적절히 조절하여 우리에게 필요한 만큼씩 사용할 수 있도록 한 것이 바로 원자력 발전이다. 우리나라도 전력의 3분의 1 이상을 원자력 발전에 의존하고 있다. 앞서 프랑스를 예로 들었던 것처럼 원자력 발전은 전 세계 여러 곳에서 꽤 많이 활용되는 발전 방법이다.

그러나 최근의 일본 후쿠시마 사건을 계기로 원자력 발전을 과연 계속해야 할 것인가 하는 문제에 대해서 많은 이야기가 진행되고 있다. 이런 질문에 대해서 정답은 존재하지 않는다. 단지 오늘날 우리들이 할 수 있는 최선의 선택은 무엇인지에 대해 논의를 할 수 있을 뿐이다. 원자력 발전은 안전이 보장되기만 하면 단위면적당 가장 많은 에너지를 저렴하게 생산할 수 있는 전기 생산 방법이었다. 이것이 바로 원자력이 세계적으로 중요한 발전 방법으로 이용되고 있는 이유이다. 그러나 앞으로 과학이 더욱 발전하여, 예를 들어 태양광 에너지의 생산 단가가 매우 낮아지면 태양광 발전 방법이 최선의 방법이 될 수도 있을 것이다.

아름다운 지구 지키기

우리는 앞에서 탄산가스 배출 원인의 3분의 1이 전력 생산이며 이를 줄이기 위한 여러 대책을 살펴보았다. 그러면 나머지 3분의 2는 어떤 경로를 통해 배출될까?

■ 3분의 1은 인간 활동의 책임

그 반인 3분의 1은 산업 활동과 사회의 제반 기반 시설을 통해서 방출된다. 현재 산업체들은 탄산가스의 배출을 줄이려는 노력을 열심히 하고 있으며, 공공부분에서도 청정에너지 체계를 도입하는 등 방출을 줄이려는 많은 노력을 하고 있다.

그런데 아직도 남은 3분의 1이 있다. 이 부분은 바로 지극히 작아 보이는 우리 개개인의 생활로 인하여 배출되는 부분이다. 오늘날의 지구 온난화 책임의 약 3분의 1이 우리들 하루하루의 생활 활동에 있다는 것이다.

오늘날 우리들은 에너지를 이용하면서 놀랍게 발전된 사회에 살고 있다. 그런데 이런 생활을 누리는 동안 우리들은 의도하든, 의도하지 않든 지구 온난화라는 원하지 않는 부산물을 만들어 내고 있다. 따라서 오늘날의 지구 온난화 문제를 해결할 수 있는 획기적인 방법이 있을 듯해 보이기도 하다. 어느 날 70억 명의 인류가 모두 하나의 결심을 하고 에너지를 별로 필요로 하지 않는 원시시대로 되돌아가면 될 것이다. 그렇지만 이런 일은 일어날 수 없다는 것이 어쩔 수 없는 우리들의 현실이다.

■ 노벨상과 지구환경과학

노벨상 위원회는 2007년 지구 온난화 문제에 노벨 평화상을 수여하기 이전에 이미 1995년에 오존층의 화학을 규명한 세 명의 과학자에게 노벨 화학상을 수여하여 지구 환경 문제의 심각성을 알린 바 있다.

이 수상자 가운데 한 명인 크루첸(Paul J. Crutzen) 교수는 오늘날 우리들이 사는 시대를 '인류세(anthropocene)'로 규정하고, 최근 지구의 급변하는 환경 문제에 대하여 우리들이 할 수 있는 자세에 대하여 다음과 같이 조언하고 있다.

"지구라는 이름의 우주호에 탑승한 시민들로서 우리가 꼭 취해야 할 행동은 어떤 것일까? 모든 것을 포괄하는 하나의 지침이 가장 적절하리라. 즉 오늘날 행성 지구에 살고 있는 인류가 자신들의 이익을 위해 지구가 가지고 있는 자원을 개발할 때는 가능한 모든 방법을 동원하여 우리 행성에 부수적으로 가해지는 스트레스를 최소화하는 노력을 동시에 강구해야 한다는 것이다. 사실 그것이 우리가 가지고 있는 유일한 길이기도 하다."

■ **아름다운 지구를 우리 후손들에게**

앞에서 지구가 참 아름답다는 것으로 이 글을 시작하였다. 그런데 지구를 새로이 볼 수 있는 눈을 과학자들에게 제공한 판구조론에 의하면 우리 지구의 모습은 끊임없이 변해 왔다.

오늘날 우리들이 발을 딛고 살고 있는 대륙들은 46억 년의 지구 나이로 보면 약 95%가 지난 약 2억 5,000만 년 전에 이르러서야 거대 대륙의 모습으로 지구상에 나타났으며, 이런 거대 대륙이 쪼개지기 시작하여 약 300만 년 전에 이르러서야 우리에게 익숙한 오늘날의 지구의 모습을 갖추게 되었다. 그리고 이렇게 아름다운 모습의 살기 좋은 지구 환경이 만들어진 바로 이때에 우리들이 지구상에 살게 되었다.

이런 지구를 물려받은 우리들은 아름다운 지구 환경을 우리 후손들에게도 물려주어야 할 책임을 가지고 있다. 단 하나뿐인 우리 삶의 터전인 지구의 아름다

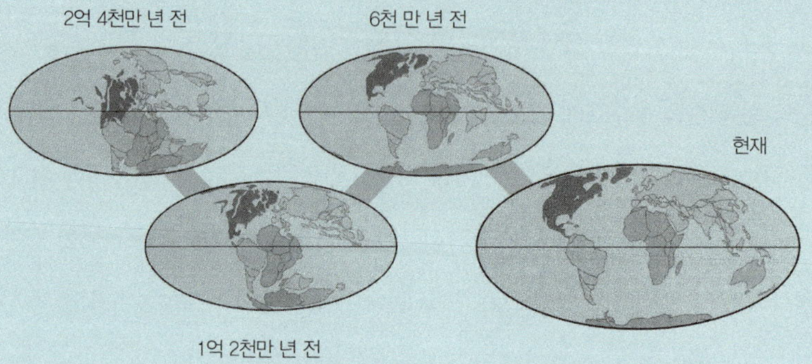

그림 8 판구조론은 지질학적으로 아주 최근에 와서야 지구의 겉모습이 오늘날 우리들이 보는 아름다운 모습을 갖게 된 것을 보여 준다

운 환경이 우리 후손들에게까지 지속될 수 있도록 에너지 절약을 실천하여야 할 시기인 것이다. 이것이 바로 과학적 마인드를 가진 우리 모두가 우리의 후손들을 위해서 할 수 있는 유일한 길이라고 생각된다.

표 3. 기후변화 관련 주요 일지

과학자들의 역할	연도	정치가들의 역할
IPCC formed	1988	
IPCC 1st Report	1990	제2차 세계기후회의 각료선언 1992 국제기후변화협약(UNFCCC)채택: 리우환경개발회의
	1994	UNFCCC 발효
IPCC 2nd Report	1995	당사국회의-1: 베를린
	1997	당사국회의-3: 교토: 교토 의정서 채택
IPCC 3rd Report	2001	
	2005	2월 16일: 교토의정서 발효
IPCC 4th Report	2007	당사국회의-13: 발리 발리선언 (반기문 UN 사무총장)
	2009	당사국회의-15: 코펜하겐
	2010	당사국회의-16: 멕시코 칸쿤
	2011	당사국회의-17: 남아공 더반
	2012	당사국회의-18: 카타르
IPCC 5th Report	2013	post-교토 협약: 유예

IPCC (**I**ntergovernmental **P**anel on **C**limate **C**hange, 기후변화에 관한 정부간협의체)

scientific technology

에너지 고갈을 극복하는 대체에너지 개발

최수현 (전 한국에너지기술연구원장, 전 한국과학기술기획평가원장)

현대 사회에서 에너지는 마치 인체 곳곳에 혈관으로 공급되는 혈액과 같은 필수 요소이다. 현대 인류가 주로 소비하는 에너지는 나라에 따라 석유, 석탄, 가스, 원자력, 수력, 태양광, 풍력 등 매우 다양하지만, 화석에너지로 구분되는 석유, 석탄, 가스가 세계의 모든 에너지 소비의 80%를 넘고 있다.

그러나 인류가 편리하게 소비하는 화석에너지는 지구 상에 그 매장량이 한정되어 있기 때문에 무한정 사용할 수 없고 고갈될 수밖에 없다는 근본적인 문제를 안고 있다. 지금까지 확인된 매장량을 현재 수준으로 소비한다면, 특히 석유와 가스는 대체적으로 40~60년이면 고갈된다는 분석이다. 새로 개발하는 오일샌드(oil sand)와 셰일가스(shale gas)에 희망을 걸고 있지만, 아직 불확실성이 높아 미지수이다. 현 시점에서는 문명사회를 지탱하는 화석에너지가 고갈된 후의 사태는 상상조차 하기 힘들다.

따라서 예상되는 에너지 고갈을 극복하기 위하여 전 세계적으로 가능한 모든 방법을 동원하여 화석에너지의 소비를 줄이고 대체 에너지의 개발과 이용에 적극 노력하고 있다. 특히 우리나라와 같이 에너지 소비가 세계 8번째로 많음에도 85%를 화석에너지에 의존하고, 부존된 에너지자원이 빈약하여 에너지 자급도가 불과 4% 미만인 경우는 더욱 절실한 실정이다.

여기서는 에너지 고갈에 대비한 다양한 종류의 대체에너지에 대해 알아본다. 원자력을 포함한 대체에너지의 이용은 화석에너지 소비가 촉진시키는 지구 온난화에 대응하는 효과적인 방안이기도 하다.

우리 생활에서 에너지란 무엇인가?

에너지는 일을 할 수 있는 힘으로 인류 문명의 원동력이기도 하다. 생활에서 소비되는 에너지란 석유, 석탄, 가스, 전기 등으로 엄밀하게 표현하면 '에너지원(源)'이지만, 일반적으로 이를 '에너지'라고 한다.

■ 어떠한 에너지가 사용되는가?

석유, 석탄, 천연가스는 현대 인류가 가장 흔하고 편리하게 사용하고 있는 대표적인 에너지이다. 이들은 생물의 잔해가 지하에 오랜 세월 퇴적되어 생긴 에너지로, 화석에너지(fossil energy)라고 부른다. 오래전부터 소규모로 사용하던 나무(바이오매스), 풍력, 수력, 햇빛(태양) 등도 훌륭한 에너지로, 최근 기술 혁신으로 이들로부터 대량의 에너지를 얻을 수 있게 되면서 이들 에너지가 다시 부각되고 있다. 이들은 쓰고 또 써도 계속 생긴다는 의미로 재생에너지(renewable energy)라고 한다. 재생에너지에 수소 등 새로운 에너지를 포함하여 신 · 재생에너지로 분류하기도 한다. 제한적으로 사용하는 원자력은 핵에너지로 구분한다. 여기에서 화석에너지를 제외하고 원자력을 포함한 모든 에너지를 광범위하게 대체에너지로 분류하며, 좁게는 재생에너지만을 대체에너지라고도 한다.

화석에너지는 세계 에너지 소비의 80%를 상회하고 있으며, 국제에너지기구(IEA)는 2035년에도 세계의 화석에너지 의존도가 75% 규모에 이를 것으로 전망하고 있다. 다만, 석탄과 석유의 소비는 감소하고 가스의 소비가 확대될 전망이다. 최근에 기존 천연가스보다 매장량이 많은 것으로 추정되는 셰일가스의 상업적 생산이 확대되면 가스의 의존은 더욱 증가할 것으로 예측된다.

표 1. 세계 에너지 전망 (단위: %)

	석탄	석유	가스	원자력	수력	재생에너지
2009년	27.2	32.9	20.9	5.8	2.3	10.9
2035년	24.2	27.4	23.2	7.1	2.8	15.3

자료: 국제에너지기구(IEA), 2011

■ **대체에너지, 왜 필요한가?**

화석에너지는 사용의 편리성에도 불구하고 지구 상에 그 매장량이 한정되어 있기 때문에 무한정 사용할 수 없다는 근본적인 문제를 갖고 있다. 현재 확인된 매장량과 에너지 소비 수준을 감안하면 대략 석유는 40년, 석탄은 220년, 천연가스는 60년 정도면 고갈된다는 분석이다. 현대 문명사회를 지탱하는 에너지가 고갈된 후의 사태는 상상조차 하기 힘든 일이다.

따라서 예상되는 에너지 고갈을 극복하기 위하여 가능한 모든 방법을 동원하여 화석에너지 소비를 줄이고 대체에너지 개발 및 이용에 적극 노력하고 있다. 특히 우리나라와 같이 에너지 소비는 많으나 거의 모두를 수입에 의존하는 경우는 더욱 절실한 실정이다. 아울러 대체에너지는 화석에너지가 야기하는 심각한 환경오염과 지구 온난화 문제도 해결할 수 있는 바람직한 대안이기도 하다.

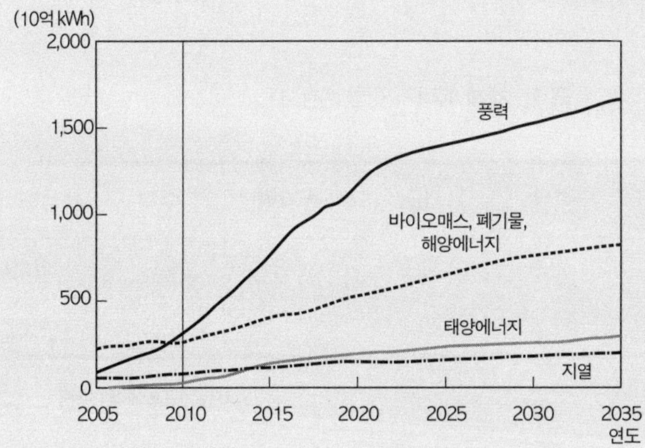

그림 1 세계 재생에너지 발전 전망[자료: 미국 에너지정보청(EIA)]

우리나라의 에너지, 무엇이 문제인가?

산업화가 추진되기 시작한 1960년대 이후 지난 반세기 동안의 우리나라의 경제 성장과 그에 따른 에너지 소비를 간략히 정리하면, 1960년대 1인당 국민소득이 100달러 미만에 불과하고 에너지는 거의 땔감나무와 석탄에 의존하였던 가난한 나라가 1인당 국민소득이 2만 달러를 넘어서고 석유, 석탄, 가스, 원자력 등 다양한 고급 에너지를 주로 사용하면서 에너지 소비 세계 8위, 석유 수입 세계 4위의 당당한 산업국가로 성장한 것으로 요약할 수 있다.

표 2. 국내 에너지 소비 구성(단위: %)

	석탄	석유	LNG	원자력	수력	신재생/기타
1966년	46.2	16.6	–	–	1.9	35.3
2010년	29.2	39.5	16.3	12.1	0.5	2.3

자료: 국가에너지통계종합정보시스템

그러나 화석에너지 의존이 85%에 이르며, 자급도는 4% 미만에 불과한 열악한 에너지 여건은 에너지 고갈에 매우 취약함을 여실히 보여 주고 있다. 2010년에만 에너지 수입에 지출한 외화가 1,216억 달러(140조 원)에 이르는데, 이는 주력 수출품인 선박, 반도체, 휴대전화로 벌어들인 외화보다 더 많은 액수이다. 이러한 문제들은 경제적 부담뿐만 아니라 에너지 안보에도 커다란 걸림돌이 되고 있다.

원자력은 유망한 대체에너지

에너지로의 원자력은 열을 직접 이용하는 방안도 있으나 주로 원자력 발전을 의미한다. 원자력 발전은 안전성에 대한 많은 우려에도 불구하고 현재 기술수준에서는 화석에너지를 대량으로 대체할 수 있는 가장 유망한 대안으로 평가되고 있다.

■ 원자력 발전의 원리

우라늄 원자핵에 중성자가 흡수되면 원자핵이 둘로 쪼개진다. 이를 핵분열이라고 하며, 이때 많은 열에너지와 함께 2~3개의 중성자가 방출된다. 방출된 중성자가 다른 원자핵에 흡수되면 또 다시 핵분열이 일어난다. 이렇게 핵분열 연쇄 반응이 느린 속도로 계속 이루어지면서 열을 방출하게 하는 특수 장치를 원

그림 2 월성원자력 발전소 전경(둥그런 구조물 내부에 원자로가 있음)

자로라고 하며, 원자로에서 생성되는 뜨거운 열을 이용하여 외부의 증기터빈을 구동시켜 발전기로 전기를 만드는 기술을 원자력 발전이라고 한다. 핵연료인 우라늄 1그램에서 얻는 에너지는 석유 9드럼, 석탄 약 3톤이 연소할 때 생기는 에너지와 비슷하다.

■ 국내 원자력 발전 현황

우리나라의 원자력 발전소는 1978년에 첫 도입 이후 계속 증가하여 현재(2013년)는 총 23기가 가동 중이다. 설비 용량은 총 20,716메가와트(MW)에 이르며 국내 총 발전 설비 용량의 대략 25%를 차지한다. 우리나라는 자체 기술로 원자력 발전소를 설계하고 건설하는 원자력 강국으로, 국제에너지기구(IEA)에서도 미래 원자력 발전을 중국, 한국, 인도가 주도할 것으로 전망한 바 있다.

원자력 발전의 가장 큰 취약점은 방사선이 나오는 데 있다. 따라서 원자력 발전의 철저한 안전성 확보와 원자력 발전소에서 나오는 사용 후 핵연료를 비롯한 다양한 방사성 폐기물(이하 방폐물)을 어떻게 처리하느냐가 원자력 발전 확대의 가장 중요한 요소로 작용한다. 우리나라는 경주에 건설되는 방사성 폐기물 처리장(이하 방폐장)에 원자력 발전소에서 사용된 장갑, 작업복 등 중 · 저준위 방폐물을 지하동굴 안에 안전하게 보관하게 된다. 사용 후 핵연료와 같은 고준위 방폐물은 이와는 별도로 처리한다. 기술적으로는 재처리하여 발전 연료로 다시 사용할 수도 있으나 우리나라는 재처리가 금지되어 있기 때문에 고준위 방폐물에 대한 처리 대책이 시급히 이루어져야 할 문제이다.

■ 원자력 발전의 세계 추세와 안전성

원자력 발전은 구소련과 미국에서의 사고에도 불구하고 31개 나라에서 비교적 안전하게 가동되면서 효과적인 대체에너지로 자리를 잡아가고 있다. 그러나 2011년 일본의 후쿠시마 원자력 발전소 사고를 계기로 세계적으로 원자력 발전에 대한 재검토가 확산되고 있는 추세이다.

독일, 일본, 프랑스에서는 에너지 공급에서 원자력 비중을 크게 감축할 계획이고 에너지를 많이 소비하는 미국, 중국 등은 이용이 불가피하다는 입장이며 우리나라도 이용은 지속하나 크게 확대하지는 않는다는 입장이다. 프랑스 등 원자력 발전을 감축하려는 나라들과 프랑스에서 전기를 수입하는 EU 국가에서는 부족분을 재생에너지로 채운다는 것이 대체적인 추세이다.

결론적으로 원자력 발전의 필요성은 불가피하지만 방사능 피해에 대한 국민들의 불안감이 증대되고 있기 때문에 예상하지 못한 어떠한 자연재해에서도 방사성 물질이 누출되지 않도록 조치해야 한다. 원자력 발전의 안정성에 대한 확고한 믿음을 갖게 한다면 에너지 문제 극복을 위한 효과적인 대안으로의 역할이 더욱 증대될 수도 있다.

깨끗한 재생에너지

재생에너지는 대기오염 물질이나 온실가스의 배출도 없으며 방사능 누출의 우려도 전혀 없는 깨끗한 에너지이다. 또한 비싼 외화를 들여 수입할 필요도 없

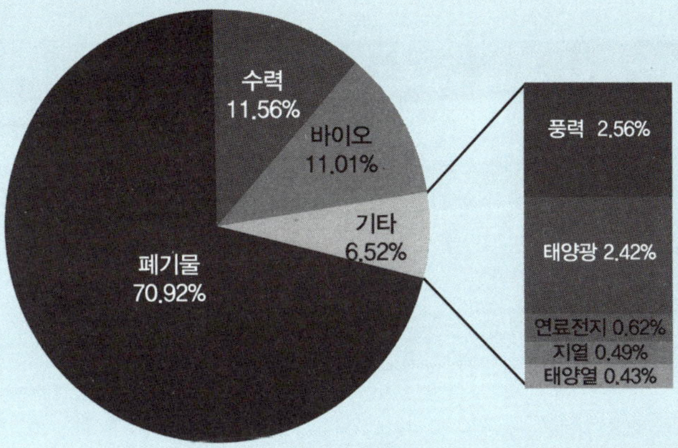

| **그림 3** 우리나라 신재생에너지 종류별 보급 비중 (자료: 에너지관리공단, 2010)

는 자국 에너지라는 장점이 있다. 최근 들어 일본 원자력 발전소 사고로 이러한 재생에너지의 중요성과 비중이 더욱 커지고 있다. 재생에너지의 종류는 그 나라 환경에 따라 매우 다양한데, 우리나라에서는 태양열, 태양광, 바이오매스, 풍력, 소수력, 지열, 해양에너지, 폐기물에너지를 재생에너지로 분류하고 있다. 대표적 재생에너지인 기존의 수력 발전은 오래전부터 대용량으로 이용되고 있기 때문에 통상 재생에너지에는 포함시키지 않는 것이 세계적인 추세이다. 우리나라는 전체 에너지에서의 신·재생에너지 비중을 현재 3% 미만에서 2035년까지 11%로 높인다는 계획이다.

■ 태양에너지

지구 표면에 도달하는 태양에너지는 전 세계가 소비하는 에너지의 1만 배에

그림 4 스페인의 태양열발전소 전경. 태양열발전소는 수많은 반사판으로 중앙의 타워 상단에 열을 모아 발전을 한다.

가까운 막대한 양으로, 그 일부만 효율적으로 변환하여 사용하여도 인류의 에너지 문제는 근본적으로 해결되는 셈이다. 그러나 아직은 태양에너지를 흡수하여 대량의 에너지로 사용하기에는 가격이 비싼 편이고 매우 넓은 면적이 필요하다는 등의 단점으로 이용에 제한적이다. 태양에너지를 이용하는 데에는 태양열을 이용하는 방식과 태양 빛을 이용하는 방식의 두 가지가 있다.

먼저 태양열을 이용하는 방식에 대해 알아보자.

지구 북반부에서는 남향으로, 남반부에서는 북향으로 집을 짓는 것은 태양열을 이용하는 전통적인 방법이다. 기술이 발달한 현대식 이용 방법으로는 태양열 온수기가 대표적이다. 태양열 온수기는 태양열을 잘 흡수하도록 제작된 집열판으로 물을 데워서 저장탱크에 모았다가 필요할 때 온수, 급탕, 난방 등에 사용하는 장치로서 주택의 지붕 위에 설치하여 사용하기도 한다.

외국에서는 일사량이 풍부한 넓은 지역에 수많은 태양열 집열판을 설치하여 여기에서 얻어진 높은 온도의 열로 발전하기도 한다. 파라볼라형 반사경 등 집열 기술에 따라 대략 섭씨 200~1,000도의 열을 얻을 수 있으며 온도 범위에 따라 산업용 또는 발전용 등으로 다양하게 이용할 수 있다. 이 기술은 미국과 스페인에서 많이 이용하고 있으며, 미국의 모자브 사막에는 총 용량 354메가와트의 세계 최대 태양열 발전소가 있다. 최신 화력 또는 원자력 발전소 1기 용량이 1,000메가와트임을 고려하면 그 규모를 짐작할 수 있다.

태양열을 이용하는 방식과는 다르게 태양빛을 직접 전기로 변환시켜 이용할 수도 있다. 기본 원리는 태양전지(solar cell)라고 부르는 반도체에 빛을 쪼이면 광전 효과(photovoltaic effect)라는 물리적 현상에 의해 빛에너지가 전기에너지로 바뀌

그림 5 태양전지의 일반적인 이용 – 시계 방향으로 인공위성, 태양광 가로등, 태양광을 이용한 주택

그림 6 대용량 태양광 발전소 – 왼쪽은 전남 신안의 24메가와트 태양광 발전소, 오른쪽은 일본의 가고시마 현 바다에 건설 중인 70메가와트 해상 태양광 발전소

는 것이다. 이를 태양광 발전이라고 한다. 태양광 발전은 1970년대 세계적인 석유 파동을 겪으면서 대체에너지 기술로 적극 개발되어, 태양전지로 점등되는 가로등, 태양전지로 전기를 얻는 주택 등을 주변에서 흔히 볼 수 있다. 근래에는 대용량 태양광 발전소로 더욱 확대되는 추세이지만 아직은 경제성 면에서 불리한 편으로 저렴하고 효율이 높은 태양전지를 개발하는 것이 관건이다.

태양전지의 종류에는 재료에 따라 실리콘 태양전지, 화합물 태양전지, 그리고 새로 개발되는 연료 감응형 태양전지, 유기물 태양전지 등이 있다. 현재 상용화되어 대용량으로 사용되는 것은 주로 실리콘 태양전지이다. 상용화된 태양전지의 에너지 변환 효율은 단결정 실리콘 태양전지가 15~18%로 가장 높은 편이다.

태양전지는 햇빛이 있을 때만 전기를 생산하므로 태양광 가로등 같은 경우는 전기를 저장하는 축전 설비가 있어야 한다. 그러나 일반 태양광 발전은 축전 설비 없이 전력회사의 계통선에 직접 연결하여 사용한다. 이 경우는 태양광 발전 설비 소유자가 전기를 전력회사에 판매할 수도 있다.

소규모로 이용하는 경우에는 주택의 지붕 또는 건물 옥상이나 벽면에 태양전지를 설치하여 전기를 얻는다. 대규모 태양광 발전소는 태양열 발전과 마찬가지로 풍부한 일사량과 넓은 부지가 필요하여 외국에서는 사막 지역을 활용하기도 한다.

세계적으로는 출력 200메가와트의 대용량 태양광 발전소도 있으며, 국내에는 신안 해안가에 있는 20메가와트 태양광 발전소가 최대 규모를 자랑한다. 부지 문제를 해소하는 방안으로 태양광 발전 설비를 바다 또는 호수에 설치하는 수상 태양광 발전소도 개발되고 있으며, 우주에 건설하는 우주 태양광 발전소도 제안되고 있다.

■ 풍력 발전

바람의 힘으로 전기를 생산하는 풍력 발전은 현재 기술 수준에서는 가장 경제성이 있는 재생에너지이다. 풍력 발전에는 수직축과 수평축 풍력 발전의 두 가

그림 7 영덕 풍력 발전 단지 전경. 1.65메가와트 풍력 발전기 24기로 총 39.6메가와트 규모이다.

표 3. 주요 나라의 풍력 발전 보급 현황 (단위: 메가와트, MW)

미국	독일	덴마크	중국	인도	한국	일본
40.180	27.214	3.752	44.733	13.065	379	2.304

자료: Global Wind Report, GWEC, 2010

지 방식이 있으나 대용량에서는 에너지 변환 효율이 높은 수평축 풍력 발전이 대부분이다. 수평축 풍력 발전기는 2~3개의 회전날개가 바람의 힘으로 회전하면서 발전기를 돌려 발전을 한다.

풍력 발전에서는 회전날개가 클수록 그리고 바람이 세게 불수록 더 많은 전기를 생산한다. 풍력 발전기에는 바람의 방향과 속도를 측정하는 센서가 부착되어 있어 바람을 더 많이 받기 위해 맞바람을 찾아 돌게 하고, 바람이 너무 강하면 회전날개를 강제로 멈추어 파손을 방지하는 안전장치가 있다.

세계적으로는 소재와 기술의 발전으로 회전날개의 크기가 커지면서 풍력 발전기의 단위 용량이 대형화되고 있는 추세이다. 현재는 발전 용량 3메가와트 미만이 주종을 이루고 있으나 5~10메가와트급이 상용화되고 심지어 해상풍력용으로는 15메가와트급의 초대형 풍력 발전기도 개발되고 있다. 초대형 풍력 발전기의 회전날개 길이는 대형 여객기의 양 날개 길이와 비슷한 정도이다.

세계의 풍력 발전은 중국, 미국, 독일이 선도하고 있다. 우리나라는 보급 면에서 매우 미미한 실정이지만 제주도, 대관령, 영덕, 군산 등 여러 곳에서 풍력 단지가 가동하면서 전기를 공급하고 있다. 영덕 풍력 단지의 경우 1.65메가와트급 풍력 발전기 24기가 설치되어 총 39.6메가와트 규모로 약 2만 가구에 전기를 공급할 수 있다. 제주도에는 다양한 대체에너지 기술과 함께 3메가와트급 해상 풍력 발전기도 가동되고 있다.

또한 대체에너지의 비중을 높이기 위해 국내에서 바람 조건이 가장 좋다는 서남해안 일대에 육상 풍력 1,000메가와트, 해상 풍력 6,000메가와트, 총 7,000메가와트의 대규모 풍력 단지가 조성될 계획이다. 이 사업이 마무리되면 원자력 발전소 7기에 해당하는 대규모 풍력 발전이 이루어지게 된다.

■ 바이오매스와 폐기물 에너지

나무나 농축산 부산물 등의 생물학적 물질을 일컬어 바이오매스라고 하는데, 이러한 바이오매스는 재생에너지로서의 커다란 잠재력을 갖고 있다. 또한 버려지는 폐기물(쓰레기)도 훌륭한 재생에너지로 활용될 수 있다. 실제로 우리나라에서는 신 · 재생에너지 이용 시 폐기물이 차지하는 비중이 70%를 상회한다.

그림 8 대표적인 바이오매스인 바이오디젤 (자료: Shutterstock)

바이오매스나 폐기물은 소각할 때 나오는 열을 이용하거나 가연성 가스와 같은 다른 형태의 에너지로 변환시켜 이용한다. 대량으로 소비되는 바이오매스로는 매립지가스, 바이오에탄올, 바이오디젤 등이 대표적이다. 매립지가스란 땅속의 유기물 쓰레기가 부패하여 발생시키는 가연성 가스를 말한다. 매립지가스의 에너지화는 서울의 월드컵공원 매립지(옛 난지도)에서 생성되는 가스로 물을 덥혀 월드컵 경기장과 그 인근 아파트 단지에 난방용으로 공급하는 것이 좋은 예이다.

바이오에탄올은 주로 사탕수수, 옥수수 등을 발효시킨 연료로 미국, 브라질 등에서 자동차 대체연료로 많이 소비하고 있다. 바이오디젤은 콩기름 같은 식물성 기름, 동물의 지방 또는 폐식용유 등으로부터 만들어지는 디젤 연료로, 기존 디젤 차량의 연료가 될 수 있다. 우리나라에서도 경유 80%에 바이오디젤 20%를 혼합하여 이미 청소 차량 등에 연료로 사용하고 있으며 전용 주유소도 있다.

이외에도 쓰레기를 소각하여 얻은 열로 지역의 난방용 온수를 공급하거나 발전을 하여 전기를 공급하기도 한다. 현재 전국적으로 쓰레기 소각으로 열과 전기를 얻는 자원회수시설이 여러 군데 있다. 근래에는 쓰레기 매립이나 직접 소

그림 9 조력 발전과 지열 발전 – 왼쪽은 세계 최대 규모의 시화호 조력 발전소 전경, 오른쪽은 필리핀의 지열 발전소 전경

각 대신에 쓰레기를 압축해서 만든 RDF라는 연료와 목재 부산물을 압축한 나무 팰릿 등도 재생에너지로 사용된다.

■ 소수력과 해양에너지 그리고 지열(地熱)

소수력과 해양에너지, 그리고 지열은 우리나라에서 아직 사용량은 적지만 잠재력이 있는 재생에너지이다. 소수력 발전은 강의 지류 또는 계곡에 소규모로 건설되어 말 그대로 적은 용량으로 발전하는 수력 발전을 의미한다. 원리 면에서는 일반 수력 발전과 큰 차이가 없으나 기술적으로 훨씬 단순하다. 최근에는 4대 강에 설치된 보에도 소수력 발전 설비를 건설하여 전기를 얻고 있으며, 화력 발전소에서 냉각수로 사용된 바닷물을 그대로 방류하기 전에 발전에 재활용하는 해양소수력 발전도 이용하고 있다.

바다에서 에너지를 얻는 해양에너지에는 조력 발전이 대표적이며, 이외에 파도의 힘으로 발전하는 파력 발전, 흐르는 바닷물을 이용하는 조류 발전, 바다 깊은 곳과 해수면의 온도 차이를 이용한 해양온도차 발전 등이 있다. 조력 발전은 바다의 밀물과 썰물의 조수간만 차이를 이용하여 발전하는 기술로, 하루 두 차례씩 안정적으로 전력을 생산할 수 있는 장점이 있다. 밀물 때 호수에 바닷물을 가두어 놓았다가 썰물 때 방류하면서 발전하거나 반대로 밀물 때 밀려드는 바닷물로 발전을 한다. 세계적으로는 프랑스의 랑스 조력 발전소(240메가와트)가 최초로 상업 발전을 시작하였으며 2011년에는 우리나라 서해안 시화호에 발전 설비 용량 254메가와트의 세계 최대 조력 발전소가 완공되어 발전 중이다.

땅속의 지열도 훌륭한 에너지로 이용할 수 있다. 땅속은 계절에 관계없이 일정한 온도를 유지하며, 지역에 따라서는 뜨거운 열을 분출하기도 한다. 고온의 지열로 증기가 나오는 곳에서는 직접 증기터빈을 돌려서 발전을 하며, 땅속에 뜨거운 암석층이 있는 경우는 암석층에 구멍을 뚫고 물을 주입하여 증기를 만들어 발전하는데, 이러한 기술을 지열 발전이라고 한다. 지열 발전은 미국, 필리핀, 인도네시아 등에서 많이 이루어지고 있다. 낮은 온도의 지열은 땅속에 파이프를 설치하여 온천 또는 화훼 농가, 건물, 아파트 등의 냉난방에 이용된다.

신에너지

신에너지의 개념은 나라마다 다소 다르지만 우리나라에서는 정부에서 연료전지, 석탄액화 · 가스화, 수소에 한정하여 기술 개발과 이용 확대를 지원하고 있다.

■ 수소와 연료전지

수소는 무공해 청정에너지로 핵융합 발전과 함께 인류가 궁극적으로 추구하는 대체에너지이다. 그러나 아직은 대량의 에너지로 사용하기에는 생산 가격이 매우 비싸다는 단점을 갖고 있다. 수소는 연소시켜서 그 열을 이용할 수도 있고 연료전지의 연료로 사용하기도 한다.

연료전지는 수소 또는 수소 성분이 포함된 탄화수소 계열의 연료를 이용하여 전기화학적인 반응으로 발전을 하는 새로운 기술이다. 화학 반응으로 발전을 하

| **그림 10** 연료전지 – 연료전지스택과 연료전지 자동차 (자료: 한국에너지기술연구, 현대자동차)

기 때문에 회전하는 터빈이나 기계적인 발전기가 아예 없어 공해물질과 소음의 발생이 없고 발전 효율이 매우 높은 고효율의 청정에너지이다. 연료전지는 두 전극 사이에 전해질이라는 물질을 둔 단위전지의 전극에 각각 수소와 산소를 공급하면 발전이 이루어지는 원리로, 부수적으로 열과 물이 생성된다. 물의 전기분해 원리를 역으로 이용하는 기술인 셈이다.

연료전지는 단위전지(single cell)를 여러 개 적층시켜 적정 발전 용량의 스택(stack)을 만들고, 다시 스택을 여러 개 연결하여 필요한 용량의 발전을 하도록 구성하여 사용한다. 기술적으로는 사용하는 전해질의 종류에 따라 인산형, 용융탄산염, 고체전해질, 고분자전해질, 직접메탄올 연료전지 등 다양한 종류의 연료전지가 응용 분야에 따라 사용 중이거나 개발되고 있다.

연료전지는 1960년 전후하여 우주선의 전력 공급용으로 첫 실용화된 기술로, 현재는 중소 규모 열병합 발전, 주택, 자동차 동력, 잠수함 동력 등에 다양하게 이용되고 있다. 연료전지 자동차는 연료전지로 발전된 전기로 구동되므로 소음과 대기오염 물질을 배출하지 않고 물만 배출하는 꿈의 자동차이다.

■ 석탄가스화 · 액화

화석에너지를 대체한다기보다는 화석에너지인 석탄을 환경친화적인 가스 연료 또는 운송이 편리한 액체 연료로 변환하여 사용하는 기술이다. 석유보다는 매장량이 훨씬 풍부하고 가격도 저렴한 석탄을 환경친화적으로 활용한다는 장점이 있다.

석탄가스화복합발전(IGCC)은 석탄을 고온 고압의 가스화기에서 가스 연료로 변환하여 가스터빈을 구동하여 발전하고, 다시 가스를 연소시켜 증기터빈과 발전기를 구동하여 2차로 발전하기 때문에 종합적으로 발전 효율을 대폭 향상시키는 고효율의 발전 기술이다. 석탄액화는 운송이 불편한 고체 연료인 석탄을 휘발유, 경유 등의 액체 연료로 전환시켜 연료로 사용하는 기술이다.

대체에너지 이용을 확대하기 위한 노력

세계적으로 에너지 고갈을 극복하는 수단으로 대체에너지의 개발과 이용이 더욱 확대되고 있다. 아울러 대체에너지의 개발은 화석에너지 소비에서 발생되는 환경오염과 지구 온난화의 원인이 되는 온실가스 배출도 방지할 수 있는 훌륭한 대안이 되고 있다. 다만, 원자력 발전의 안정성에 대한 불안과 신 · 재생에너지의 비싼 가격 및 불편성 등이 화석에너지를 대규모로 대체하는 데에 커다란 장해 요인으로 작용하고 있다. 세계 각국은 이러한 문제를 해결하기 위해 관련 분야 연구 개발에 적극 투자하고 있다.

에너지 여건이 매우 열악한 우리나라의 경우, 대체에너지 이용을 확대하기 위하여 적극적인 연구 개발 투자가 이루어지고 있다. 이와 함께 원자력 발전의 안정성 제고를 위한 투자와 정책 지원을 강화하고 있으며 아울러 신 · 재생에너지 설치비용 및 발전 차액 등을 지원하고 전력회사 발전 연료의 일부를 의무적으로 신 · 재생에너지로 대체하도록 하는 등의 신 · 재생에너지 활성화 정책을 추진하고 있으며, 세계의 많은 나라들도 유사한 정책을 추진하고 있다.

scientific technology

국민의 삶을 편안하게 하는 환경산업기술

김명자 (한국여성과학기술단체총연합회 회장, 전 환경부 장관)

생태계 훼손과 오염의 환경위기, 자원 고갈과 가격 상승의 자원위기가 깊어짐에 따라 1980년대에 지속가능 발전(Sustainable Development)이라는 새로운 발전 패러다임이 대두되었다.

지속가능 발전 개념의 요체는 지속성, 형평성, 효율성이라는 키워드로 요약된다. 기존의 대량 생산과 대량 소비, 대량 폐기의 생활양식으로는 인류 문명이 존속될 수 없다는 문제 인식에 기초한 이 패러다임은 단순히 환경적 차원을 넘어서 자원의 이용과 성장 결실의 배분에서 형평성이 담보되어야 한다는 넓은 의미의 개념을 담고 있다.

이러한 시대적 필요에 따라 사회적, 경제적 패러다임이 '양적 성장'에서 '질적 성장'으로 옮겨가고 있으며, 삶의 질 향상을 위한 방향으로 환경 정책 기조도 전환되는 추세이다. 이것이야말로 지속가능한 발전을 구현할 수 있게 하는 복지 정책의 근간이기 때문이다.

따라서 이 글에서는 이러한 시대적 흐름 속에서 어떤 환경 이슈가 대두되고 있는지, 그리고 그것이 사회 문화적인 맥락 속에서 어떻게 복지 이슈와 얽혀 있는지 연관성을 살펴보고자 한다. 나아가서 과학기술의 힘이 이러한 복합적 환경 이슈를 해결하는 데 어떻게 기여해야 하는지, 국민의 삶을 안락하게 할 수 있는 환경산업기술의 요건은 무엇인지 등을 살펴보고자 한다.

복합 위기의 21세기

21세기는 문명사적으로 유례없는 격동기이다. 글로벌화는 이미 대세를 이루었고, 국가 간의 지리적 장벽과 인종, 종교, 경제적 장벽이 허물어지고 있다. 또한 새로운 국제 질서가 형성되면서 에너지 자원의 지리경제학적 변동, 국제기구의 약화, 신 권력의 부상과 권력 이동 등의 변화가 가시화되고 있다. 그 가운데 20세기 산업사회로부터 비롯된 자원위기와 환경위기가 갈수록 어두운 그림자를 드리우고 있다. 인류 문명의 존속을 위해서는 이들 절체절명의 과제를 해결해야 한다는 문제의식이 대두된 지도 이미 오래이다. 그러나 그 실적은 미미하다.

이러한 도도한 흐름의 한가운데 자리한 것이 기후 변화의 충격이다. 그 여파로 에너지, 식량, 수자원은 이른바 '전략적 자원(Strategic Resources)'으로 규정되고 있고, 이들 자원을 둘러싼 국가 간 갈등과 분쟁이 심화되고 있다. 기후 변화 속도는 전문가들의 예상보다 훨씬 빨라서, 당초 2060년경 여름에 북극의 빙하가 사라질 것이라는 예측이 무색하게 최근에는 2013년 설까지 나오고 있다.

환경위기와 자원위기가 심화되면서 인류 문명의 성장이 한계에 다다랐다는 위기의식 속에서 1980년대에 지속가능 발전이라는 새로운 발전 패러다임이 대두되었으며, 이후 그 현실화를 위한 국제적 협력의 필요성이 거듭 강조되고 있다. 그러나 아직까지는 논의만 무성할 뿐, 실천 계획은 지지부진하다.

지속가능 발전을 구현하기 위해서는 국가의 '경제-사회-환경' 세 정책 기둥이 조화를 이루어야 하고, 세 가지 정책 기둥이 균형을 이루는 통합적인 발전을 할 때 비로소 실현 가능하다.

그러나 현실은 지속가능 발전과는 거리가 멀다. 자원 고갈과 가격 상승, 수자원 부족과 오염, 온실가스 배출 증가로 인한 기후 변화, 그에 따르는 자연 재해, 생물 다양성 훼손, 유해 화학물질의 위협, 생태계 파괴, 사막화, 식량 부족 등의 현상은 지구촌 곳곳에서 생존을 위협하는 수준으로 전개되고 있다. 이에 대한 근본적 해결 방안을 찾지 못한다면 지구촌 사람들의 삶의 질은 지속적으로 악화될 수밖에 없고, 복지 정책은 근본적 접근에서 멀어질 수밖에 없다. 투입되는 고비용에도 불구하고 사후 처리 방식으로는 효과가 지극히 미흡할 수밖에 없기 때문이다.

최근 우리 사회는 특히 복지에 대한 요구가 가파르게 상승하고 있다. 포퓰리즘 수준의 복지 선심 정책이 정치권을 압박하고 있는 가운데, 사후 대응 위주의 정부 대응은 복지 예산의 급증을 초래하는 양상이다. 전반적으로 사회적, 경제적 패러다임이 '양적 성장'에서 '질적 성장'으로 옮겨가고 있는 것과는 대조적으로 복지 수요 증진에 대한 대응은 근본적인 접근에서 벗어나 심각한 취약성을 드러내고 있는 것이다. 선진국은 이미 이들 추세에 대응하여 미래 환경 이슈를 전망하는 기초 위에 국민의 삶의 질 향상을 위한 방향으로 환경 정책의 기조를 전환하고 있다. 이것이야말로 지속가능 발전의 구현을 가능하게 하는 복지 정책의 근간이라고 할 수 있기 때문이다.

미래 환경 전망: 사회 변동과 환경 위기

환경 위기의 대두는 어제 오늘의 일이 아니다. 특히 20세기 산업화에 비례하여 발생한 각종 환경 사건은 각종 재난 에피소드의 역사를 기록하였다. 19세기 말에 영국에서 대형 오염사건이 터지기 시작하였고(1880년 런던 스모그로 1,000여 명이 사망), 20세기 중반 유럽과 미국의 대기오염 사건이 꼬리에 꼬리를 물고 일어났다. 이러한 환경재난은 1979년 미국 스리마일 섬 원전 사고에 이어 1986년 구소련 체르노빌 사고, 그리고 2011년 후쿠시마 원전 비상사태를 겪으며 새로운 기술 위험의 공포를 실감하게 하였다.

그러나 환경문제는 대형 환경 재난에 국한되는 것이 아니다. 일상생활에서 남녀노소 할 것 없이 이미 숨을 쉬고 먹고 사는 삶 속에 깊숙이 침투해 있다. 이 문제는 대기, 물, 토양, 식품 등 모든 매체를 통해 우리 삶의 질을 떨어뜨리고, 각종 질병과 건강 위해 등 만성적 질환으로 나타난다. 특히 고령화, 빈부 격차에 따라 취약 계층이 받는 피해는 더욱 커진다. 그렇다면 다양한 환경 영역에서 어떤 쟁점이 시급한 현안으로 대두되고 있는가?

■ 지구 온난화와 기상이변

전 세계적으로 발등의 불처럼 닥친 쟁점 문제는 지구 온난화로 인한 기후 변화이다. 과학자들은 20세기 동안 지구 평균 기온이 0.74도 상승하였다고 한다. 보통 사람들은 그 정도 기온 상승이 뭐 그렇게 큰일인가 생각할 것이다. 날씨가 따뜻해지면 특히 추운 지방에서는 난방비도 덜 들고 좋아지는데 어째서 위기라고 하는가 하는 인식의 문제가 내재되어 있는 것이다.

사람은 체온이 조금 오르면 해열제를 먹는다. 체온이 더 오르면 병원에 가야 한다. 마찬가지로 지구의 평균 기온이 섭씨 15.6도에서 0.74도 상승하면 지구 생태계가 감당하기 어려운 수준의 충격적인 상황에 접어든다. 게다가 지구 표면에 온도가 고르게 올라가는 것이 아니라, 북극 지방의 상승률이 훨씬 더 크다. 그 결과 해빙이 일어나고 물의 열팽창으로 해수면이 상승하고 해류 교란이 일어난다. 또한 대기 중에서는 수증기 순환의 교란이 일어난다. 이는 바로 예측을 불허하는 가뭄과 홍수의 재난을 낳고, 냉해 등의 기상이변을 낳는다.

■ 기후 변화의 충격

우리나라의 기후 변화 충격은 더욱 크다. 지구 평균값의 두 배가 넘고, 해수 온도 상승도 더 크다. 1990년대 중반 이후 전 세계적으로 자연재해가 급증하고 있고, 이 때문에 막대한 경제적 피해가 발생하고 있는데, 기후 변화의 피해를 심각하게 받고 있는 피해 국가는 온실가스 배출과는 거리가 먼 개발도상국이다.

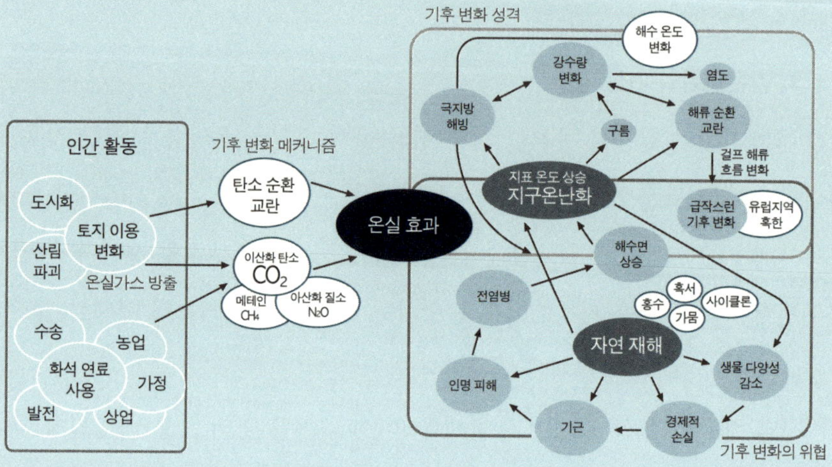

그림 1 기후 변화, 왜 어떻게 무엇이 문제인가? (자료: UNEP/GRID-Arendal)

2009년 12월 네팔 정부는 에베레스트 베이스캠프(해발 5,545미터)에서 산소마스크를 낀 모습으로 각료 회의를 열었다. 2009년 8월 몰디브 정부는 바다 밑 6미터에서 수중 장비로 무장하고 국무회의를 열었다. 선진국이 내뿜은 온실가스 때문에 개발 문턱에도 이르지 못한 국가들이 받는 고통에 대한 절규를 보여 주기 위한 것이었다. 히말라야 빙산의 해빙은 호수 범람과 수자원 고갈을 초래하고, 해수면 상승은 태평양 섬나라의 국토 포기 사태를 낳고 있다. 투발루는 2001년 수도가 수몰되면서 뉴질랜드로 주민을 이주시키고 있다.

기후 변화는 수자원에 충격을 가한다. 현재 물 부족 피해로 고생하는 인구는 80개국의 12억 명에 달한다. OECD의 환경 전망 베이스라인 시나리오에 따르면 2050년까지 지구촌 39억 명이 '심각한 물 스트레스' 지역에 거주할 것으로 예상된다. 현재 지하수는 재충전되는 것보다 빠른 속도로 개발되고 있으며 오염도 점점 심해지고 있다. 도시화 속도가 상수도 연결 속도를 추월하고 있으며, 2050년경에는 4억 명 이상이 오염된 물을 먹을 것이라는 전망이 나온다. 2050년 이후에는 기후 변화가 수자원 문제의 핵심 동인이 될 것으로 전망된다.[11]

■ **생물다양성 훼손의 심각성**

생물다양성 훼손은 기후 변화가 야기하는 또 다른 환경 문제이다. UNEP 보고서에 따르면 생물다양성은 12% 감소하였으며, 특히 적도 지역에서는 30% 감소되었다고 한다.[12] 야생 동식물의 서식지를 개간해서 식량과 바이오 연료를 생산하는 등 경작지가 증가하는 것도 원인이다. 아프리카, 라틴아메리카 지역의 산림 훼손은 더욱 심각하다. OECD는 "생물다양성 손실이 지속되면 경제 성장과 인간 복지를 가능하게 하는 생태계 서비스의 지구 능력이 제한될 것"이라고 경고하였다. 생물종 감소로 인해 생태계 균형과 자정 능력이 감소하고, 생물자원의 잠재적 혜택도 감소하기 때문이다.

UNEP의 'Living Planet Index'에 의하면, 지구의 역동성은 점점 감소하고 있다. 이 지수는 2,500여 종의 생물종을 바탕으로 산출되는데, 지난 15년간 열대우림, 해양, 육지 지역 전반에서 생물종이 크게 감소하였다. 특히 열대 우림 지

---

11 OECD, 「OECD Environmental Outlook to 2050, The Consequences of Inaction - Summary in Korean」(2012)

12 주 케냐 대사관, 정종선 과장, 「리우 이후 20년간 지구환경 변화」

역의 감소가 컸는데, 1992년에 비해 30%가 멸종되었다. 또한 조류의 13%, 양서류의 41%가 이미 멸종 위기에 놓여 있으며, 평균적으로 매년 52종의 생물종이 새로운 멸종 위기 종으로 분류되고 있다[13].

■ **환경위기와 사회 복지**

환경 문제에서 고려해야 할 주요 요소는 사회 변동과 이로 인한 복지 수요의 증가이다. 인구의 증가, 연령층 분포의 변화 등의 사회 변화는 환경 변화로 인한 영향이 어떻게 나타나는지를 결정하는 중요한 요소이다. 1992년 이래로 세계 인구는 매년 1.3% 이상 증가하였으며, 현재 지구촌 인구 70억 명은 1992년에 비해 26% 증가한 수치이다.[14] 세계 인구의 60%는 아시아에, 15%는 아프리카에, 그리고 15%는 북아메리카 대륙과 유럽에 살고 있다. 인구 증가세는 서아시아 지역에서 가장 높고(67%) 아프리카(53%)가 그 다음이다. 유럽의 인구 증가는 고작 4%였다. 인구 증가율에서 선진국은 개발도상국의 절반 정도에 그친다. 1990년대 초에 1.65%이던 연간 인구 증가율은 2000년대 후반 1.2%로 감소해서 증가세가 27% 감소한 것으로 나타났다.

2100년에는 세계 인구가 100억 명이 될 것으로 예측되는데, 그중 65세 이상의 고령층이 크게 늘고 있다는 것이 문제이다. 선진국에서는 고령층 인구가 14세 이하의 인구와 맞먹는다. 개발도상국은 14세 이하의 인구가 65세 이상보

---

13 WWF (2010). Living Planet Report 2010: Biodiversity, biocapacity and development. World Wildlife Fund, Gland

14 UN (2011). World Population Prospects 2010. United Nations

다 훨씬 많다. 이처럼 노년 인구의 증가율은 전체 인구의 증가율을 크게 앞지른다. UN은 이러한 인구 추세가 세계 경제, 교육, 보건, 그리고 환경 분야에 엄청난 영향을 미칠 것으로 보고 있다. 노년 인구의 증가는 선진국의 공공 보건 시스템과 의료 시스템, 식사 균형, 그리고 삶의 질 향상에 힘입은 바가 크고, 그 결과 전 지구적으로 평균 기대 수명은 4~8세 증가하였다.

환경 위협의 비대칭성: 환경 취약 계층의 위기

■ 환경 취약 계층과 환경 취약 지역

기후 변화, 수자원 위기, 생물종 다양성 위기 등의 환경 변화와 맞물려 개발도상국의 인구 증가와 선진국의 인구 고령화가 진행되고 있는 가운데, 환경문제로 인해 가장 피해를 보게 될 계층이 누구인지에 대한 관심도 커지고 있다. 사회구조적으로 더 피해를 보게 될 계층으로 노인, 어린이, 여성, 저소득층 등 사회적 약자에 속한 그룹이 환경 취약 계층으로 분류된다.

환경 재해로 인한 피해는 국가별로 다른 양상을 띤다.[15] 아래 지도에서 보는 바와 같이 자연재해의 피해 인구는 지역별로 다르다. 특히 개발도상국과 저개발국은 지진, 폭염, 혹한, 홍수, 태풍, 산불 등의 재해에 속수무책으로 노출되어 있다. 개발도상국의 인구 10만 명당 자연재해로 인한 사망자는 선진국에 비해 12

---

15 UN/DESA, based on data from the Centre for Research on the Epidemiology of Disasters (CRED) International Disaster Database (EM-DAT), Université catholique de Louvain, Brussels, 2009. Available from www.emdat.net.

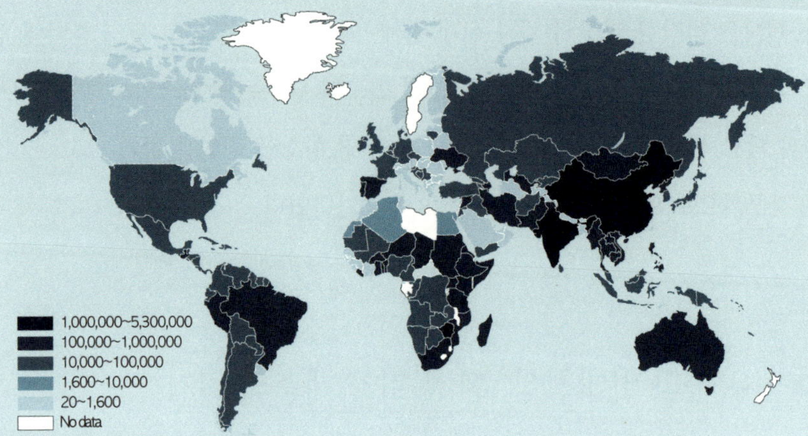

| **그림 2** 자연재해에 노출되는 인구수(1990~2009)

배 이상이다. 저개발국의 경우는 더욱 심각해서 그 차이가 16배에 달한다. 특히 대규모 자연 환경 개조로 인한 국지성, 게릴라성 호우, 저지대와 급경사지의 도시화와 도로 포장에 의한 유수 유출 속도의 증가 등으로 도시 지역의 재난 피해도 증가하고 있다.

■ **재해로 인한 건강 위협**

기후 변화로 인한 질병 확산도 심각한 위협이다. 그 피해는 건강 보험 혜택이 적거나 의료비 부담 여력이 없는 빈곤층, 노인층에 더 큰 피해를 입히고 있다. WHO의 2009년 자료에 의하면, 1970년대 이후로 기후 변화로 인한 만성 질환의 사망자 수가 매년 15만 명 정도 발생하고 있다. 영양실조, 수인성 질환, 말라리아 등이 사망 원인으로 집계된다. 이들 원인은 서로 얽혀 있어 부분적으로 해결하는 것도 어렵다. 예를 들어 말라리아와 설사로 인한 사망자의 90% 이상이 영양실조와 연관되고, 이것은 특히 5세 이하의 어린이들에게서 심각하다.[16]

■ 식량 안보 위협

급작스러운 기후 변화로 인한 농업 생산량 감소는 앞으로 기아선상에 있는 어린이 수를 2050년경 20% 이상 증가시킬 것으로 전망된다.[17] 또한 식량 수확의 감소는 빈곤층과 소규모 자영농에게 악영향을 미치게 될 것이다. 방글라데시의 소규모 어업에 종사하는 사람들은 바닷물 침식으로 인해 강에서 어업 활동을 하지 못하고 있다. 2050년까지 방글라데시 국민 7,000만 명 이상이 기후 변화로 인한 재해에 노출될 것으로 예측되고 있다.

■ 환경 취약 계층의 피해

여성의 경우, 임산부의 환경 피해 사례를 들 수 있다. 속칭 환경 호르몬이라고 하는 내분비계 교란 물질은 산모는 물론 뱃속의 태아에게까지 치명적 피해를 줄 수 있다. 남아의 생식기가 중성화되어 태어나는 현상도 환경 호르몬과 상관된다는 연구 결과가 발표된 바 있다. 그 증세 가운데 요도하열은 요도 형성 과정에 안드로겐 남성 호르몬의 작용이 감소되어 유발되는 기형으로 알려져 있다. 미국

16 Campbell-Lendrum, D. (2009). Saving lives while saving the planet: protecting health from climate change. Background paper prepared for World Economic and Social Survey 2009.

17 Organization for Economic Cooperation and Development and Food and Agriculture Organization of the United Nations (2010). OECD-FAO Agricultural Outlook 2010-2019. Paris: OCED; Rome: FAO

의 요도하열 발생이 1970년대에는 신생아 1만 명당 20명 정도였으나 1990년대에는 35명을 넘어섰다. 우리나라도 1984년부터 1994년 사이에 요도하열 발생 비율이 2배 증가하였다.

사춘기가 빨리 시작되는 증세로 여아는 만 8세 이전에 유방 발달이 시작되고, 남아는 만 9세 이전에 고환이 커지는 경우도 발생하고 있다. 2011년 건강보험심사평가원 자료에 따르면, 성조숙증 환자는 최근 5년 사이에 4.4배 정도 늘었고 연평균 진료 환자 수 증가율은 44.9%였다. 서구화된 식습관으로 인한 소아비만과 TV, 인터넷 등을 통한 성적 자극 증가가 원인으로 꼽히고 있으며 환경 호르몬도 원인으로 지적되고 있다. 푸에르토리코 대학에서는 연구 결과 성조숙증 아동의 혈청에서 정상 아동의 최고 10배에 달하는 프탈레이트가 검출되었다고 밝혔다.

1970년대부터 실시된 외국의 연구 결과에 따르면 만성적인 납 중독 현상은 어린이들의 폭력 성향에 직접적인 영향을 미친다고 한다.[18] 범죄자들의 혈액에서 납의 함량이 높았다는 것뿐만 아니라 학생을 대상으로 조사한 결과에서도 납의 혈중 농도가 높은 아이들은 끈기와 이해력이 부족하고 주의가 산만하며 성급하고 거칠게 행동하는 것으로 나타났다. 1979년 3월 29일자 미국 '뉴욕 타임즈'에 실린 하버드대학 의과대학 소아병원 연구팀의 연구는 납 중독과 아이들의 성향의 상관관계를 밝히고 있다.

납 오염이 아동에게 특히 치명적인 이유는 성인에 비해 배출이 늦고 아이들의

---

18 김명자, 「동서양의 과학전통과 환경운동」, 동아출판사, 1997

뇌는 3~4세까지 성장하고 있기 때문이다. 또한 태아의 경우에는 산모의 뼈에 축적되어 있던 납이 태반과 태아의 뇌를 쉽게 통과한다. 어린 나이에 납에 노출되는 경우 뇌와 신경계통에 결정적인 손상을 입게 되어 치유가 불가능하게 되며 경미한 증세로도 학습 능력과 집중력 등이 현저하게 떨어지는 것으로 밝혀졌다. 미국에서는 연구 결과, 사회의 전반적인 난폭 성향과 관련시켜 생각할 때 만성 납 중독의 아이들이 어른이 되어 반사회적인 행동을 하는 경향이 큰 것으로 나타났다.

2010년 우리나라 환경공단 조사에서 한국인의 납 오염도는 19.1%, 아이들의 경우 56.3%로 높게 나타났다. 납은 아토피를 유발하기도 해서 아토피 질환 아동도 증가하는 것으로 나타났다. 통상적으로 인체 면역계에 납이 과다하게 유입되면 균형이 깨져 알레르기, 아토피 등의 질환을 일으킨다는 것이다.

■ 새로운 환경 이슈의 대두

첫째, 환경 문제가 사회적 쟁점이 되고 있다는 점에 유의해야 한다. 빈부 격차, 남녀평등, 고령화 등은 이미 국가적 차원에서 해결해야 할 사회적 이슈로 대두되었다. 환경문제는 이를 질적으로 더욱 심화시키고 있다. 열악한 환경 속에서 빈부 격차는 보건의 문제로 확산되고 있으며, 여성의 문제는 임산부와 태아의 건강 문제로 확산된다. 환경오염으로 인한 질병의 증가는 노년층의 만성 질환을 악화시키고, 국가 복지 재정을 악화시킨다. 그리고 이것은 결국 국민의 삶의 질 악화로 이어진다. 다시 말해서 환경문제와 사회적 불안정은 불가분의 관계로 얽혀 있다.

둘째, 이러한 사회적 문제의 해결은 단순히 환경산업 기술만의 문제도 아니며, 사회적 정책만의 문제도 아니라는 것이다. 과학기술이 만병통치약처럼 문제를 해결해 줄 수 없다는 것을 인식하고 과학기술계에도 사회적 대응에 관심을 갖고 통합적인 해결 방안을 위한 연구 주제를 찾아야 한다. 즉 사회적, 문화적 맥락 속에서 환경문제를 이해하고, 과학기술의 사회적 인터페이스의 복합적 시각이 필요하다는 인식의 전환이 필요하다.

환경문제 해결을 위한 과학기술 정책 과제

▪ 국내 동향

심화되는 환경오염과 그로 인한 사회 · 경제적 영향을 줄일 수 있는 과학기술적 해결 방안은 무엇인가? 한국환경산업기술원은 다음과 같이 환경 쟁점별로 환경 과학기술 연구 개발의 27개 주제를 선정한 바 있다.

환경 쟁점별 과학기술 분야로는 기후 변화와 이산화탄소 저감 관련 주제가 우선적으로 꼽히고 있다. 그린 콜 에너지는 석탄(60%)과 물(40%)을 혼합하여 기존 석탄과 중유 대용으로 사용할 수 있는 에너지를 가리킨다. 석탄 액화연료는 100% 연소가 가능하며 미세 입자를 완전히 제거함으로써 수송과 저장에서 발생하는 대기오염을 줄일 수 있다. 온실가스 감축과 자연 에너지 저장 대책은 에너지를 생산 저장할 수 있는 기후 변화 대응 기술이고, 지질학적 구조상 온실가스를 처리하는 폐기물 에너지화 사업이다. 인공 광합성 녹말은 지구 온난화 방

표 1. 국내 주요 환경 이슈 및 해결 방안

환경 쟁점	세부 내용
기후 변화와 이산화탄소 저감	• 그린 콜(green coal) 에너지로 이산화탄소 저감 • 온실가스 감축과 자연 에너지 저장 • 온실가스를 이용한 폐기물 에너지화 • 해상 고공 풍력으로 대기 중 이산화탄소 저감 • 고효율 열전도 물질 • 인공 광합성 녹말
수질, 토양, 대기오염 대응	• 분산형 재사용 패키시(Decentralized Reuse Package) 시스템 • 고인물(호수, 저수지, 댐, 연못)의 녹조 방지 및 수질 정화 기술 • 토양, 폐기물, 수질, 대기환경의 공동생태 정화법 제정 • 토양 은행 • 강이 바다를 만나는 하구의 복원 • 상수도 말단부 고도 정수처리 시스템 • 자동차 유해물질 배출 실시간 측정 및 모니터링 기술 • 생물종 관리사무소 설치 • 생분해성 환경오염 자재 개발
환경오염 감시	• 환경 유해 성분 감시 · 경고 · 저감 시스템 구축 • 휴대형 환경오염 미생물 감지 및 제어시스템 • 범국가적 전자파 모니터링 시스템 • 스마트 더스트(Dust) 개념 극소형 · 저전력 대기 모니터링 시스템 개발 • 개별적 생활환경 오염에 대한 모니터링 및 책임 부과 방안 발굴
사회, 정책, 기술적 분야	• 기술집약적 환경 분야 사회적 기업 육성 • 환경 경영 체제 도입에 따른 기업 효율성 평가 • 환경 경영 정책을 통한 축분 및 축산 부산물 활용 기술 개발 방안에 관한 연구 • 자원 리사이클 정보은행 및 거래 시스템 구축 • 지역별 환경 자원을 활용한 녹색문화 교육 및 생활 양식 보급 • 생태복지 프로젝트(Ecological Welfare Project) • 동북아 환경기술 국제 공동연구 프로그램 개발

지와 식량 안보 등에 기여할 것으로 기대된다.

수질, 토양, 대기오염 대응에 관련된 과학기술로는 분산형 재사용 패키지(Decentralized Reuse Package) 시스템이 꼽히고 있다. 이는 수 처리 기술 발전을 기반으로 물의 재이용과 재활용을 위한 시스템이다. 호수, 저수지, 댐, 연못의 녹조 방지와 수질 정화 기술은 정수 식물, 부유 식물 조성과 바이오 디젤, 호소 물 순환, 초음파를 이용한 조류 제어 기술을 연계하는 시스템을 구축하는 기술이다. 이는 청정 수자원 확보, 친환경 생태계 조성, 친환경 농업 육성을 위한 통합관리기술이다.

자동차 유해 물질 배출 실시간 측정과 모니터링 기술도 지속적으로 연구되고 있다. 생물종 보전과 관련하여 관리사무소 설치로 토착 생물자원을 보호하고, 도입종 관리를 위한 기술적, 제도적 보완도 필요하다. 생분해성 환경오염 자재의 개발은 오염 방재 자재를 처리함으로써 2차 오염을 방지하고, 오염 방재 자재를 재활용하는 기술을 의미한다.

환경 유해 성분 감시 · 경고 · 저감 시스템은 언제 어디서나 환경 유해 성분 탐지와 통보 기능을 통합적으로 수행하는 기술을 가리킨다. 휴대형 환경오염 미생물 감지 및 제어 시스템은 현장에서 환경성 질환 미생물, 바이러스의 오염과 감염 여부를 빠르고 간단하게 스크리닝, 차단, 예방, 제어할 수 있는 시스템을 가리킨다. 범국가적 전자파 모니터링 시스템은 휴대형 생명 보조 장치와 인공 장기 등에 대한 전자파 영향을 측정하고 분석하는 시스템이다. 실시간으로 정확하고 정밀하게 측정하여 일기예보처럼 지역별 전자파 환경을 예보할 수 있다.

스마트 더스트 개념의 극소형 · 저전력 대기 모니터링 시스템은 화산 폭발, 산불, 홍수 등의 대형 재난의 발생 징후를 모니터링하는 시스템이다. 스마트 더스트 개념으로 사용할 수 있는 극소형, 저전력 기반의 센서 시스템으로 실시간으로 무기 살포와 핵 오염의 정도도 모니터링할 수 있다.

또한 에코 마일리지, 탄소 포인트, 그린카드 제도에 비해 강력한 법적 구속력을 갖는 시스템 도입도 필요한데, 생산자와 소비자에게 녹색환경 실천을 보다 적극적으로 유도할 수 있는 개별적 생활환경 오염에 대한 모니터링과 책임 부여 방안이 시급하다.

전 지구적 차원에서 생태환경적 재난을 예방하기 위해서는 기존의 정부나 국제기구 차원의 노력보다 기업의 적극적인 노력이 강화될 필요가 있다. 기업의 자발적인 환경보전 노력을 유도하기 위한 방안으로 환경친화기업제도가 운영되고 있다. 또한 친환경 제품의 생산을 권장하고 소비자의 현명한 선택을 돕기 위하여 환경표지제도도 시행하고 있다. 그러나 이를 보다 적극적으로 알리고 환경친화기업에 대한 정부 차원의 혜택을 늘려 기업 부문의 친환경 기술 개발을 촉진할 필요가 있다.

자원 리사이클 정보은행 및 거래 시스템 구축 사업은 자원 이동을 최소화하고 모든 폐기물을 다른 산업 부문의 원료로 활용하도록 해서 최종적으로 제로 폐기물에 이르게 하는 것이 목적이다. 그리고 지역별로 산재된 환경 교육 자원을 활용한 친환경 교육 포털 개발, 지방자치단체와의 협력을 통한 교육 프로그램 활용도 중요하다. 생태 복지 프로젝트(Ecological Welfare Project)는 취약 계층에 대한 환경 및 사회복지 서비스를 제공하는 것이다. 시민의 일상적 삶에 밀착된 보편적 환경의 질을 보장하고 복지 서비스를 제공하며, 경제 · 환경 · 복지를 통합적으로 고려하여 생태 복지를 구현하는 것을 목표로 한다.

동북아(한, 중, 일, 북한, 몽고, 러시아 등) 지역의 환경 협력은 그 어느 지역보다도 중요하다. 다양한 환경문제(대기 수질, 생활환경, 건강, 의료 등)를 중장기적 관점에서 사전에 예방하고 사후 처리에서도 효율적으로 공동 대처할 수 있기 위해서는 동북아 환경 기술 국제 공동 연구 사업의 활성화가 필요하다. 황사, 산성비 등 동북아 지역의 환경문제 해결을 위해 '동북아 환경협력 중장기 로드맵'을 작성, 두만강 유역 환경보전 사업 등 동북아 환경 협력의 내실화를 추진하는 한편, 북한을 포함한 동북아 국가들과 UNEP 등이 참여하는 황사 대응 지역 협력 체계의 기반 조성을 위한 노력이 강화되어야 할 것이다.

■ 해외 동향

다음으로는 글로벌 차원의 미래 환경 전망을 알아보기 위해 해외 환경 R&D 전문가 100여 명의 연구 현황을 살펴보기로 한다. 이들 환경 분야 저명인사들의 연구 주제를 분야별로 정리하면 표 2와 같다. 인물 선정은 노벨상, 푸른 지구상, 타일러 환경 공로상 등 주요 환경 관련 상 수상자와 가디언, 타임 등 권위 있는 해외 언론에서 주요 연구자로 선정된 인사를 기준으로 하였다. 분야 구분은 기후 변화와 대기, 수자원, 청정에너지, 환경보건, 자연보전(생명공학 포함), 정책 연구 등으로 구분하였고, 일부 중첩되는 성격의 하부 연구 주제도 포함되어 있다.

표 2. 국외 환경 R&D 분야별 연구 주제

분야별	연구 주제
기후 변화, 대기	• 기후 변화 모델 • 기후 관련 정책 • 온실가스 저감 방안 • 이산화탄소 포집 • 기후 변화가 빙하 지역에 미치는 영향 • 기후 변화가 환경과 건강에 미치는 영향 • 오존층 파괴
수자원	• 수자원의 지속가능한 관리, 복원과 보전 • 해양, 지하수 등 수체의 이해와 인간 활동에 의한 교란 • 담수 생태계 이해와 호수 생태계에 대한 여러 요인의 영향 • 수질과 유기화합물의 분해, 혐기성 미생물의 적용 가능성 • 기후 모델링에 의한 수문학의 물리적, 확률적 측면 이해 • 물속의 미량 원소에 대한 화학적 연구 • 수질 처리 공정 선진화 • 수인성 전염병 예방 • 일본의 수자원 관리 선진화 • 기후 변화가 산호초군에 미치는 영향 연구
청정에너지	• 반도체 연구 • 태양광: 태양에너지 이용 효율의 저해 요인 연구, 실리콘 태양전지 개발 • 태양전지, 배터리, 촉매 등에 적용 가능한 신재료 연구 • 재생에너지, 풍력에너지 • 친환경 에너지 기술 • 마그네슘 에너지 • 개발도상국에서의 에너지 효율에 대한 기술적, 경제적, 정책적 연구

환경 보건	• 건강을 위한 화학물질 · 오염물질 규명, 오염물질 사용 금지 정책 • 폐기물 관리와 위생학 • 오존층 파괴로 인한 생물권에의 영향, 오존층과 기후 변화 상관관계 • UV가 피부, 피부암에 미치는 영향 • SARS, HIV 등 환경 변화로 유발된 전 지구적 전염병에 대한 대응 • 독성물질이 환경과 건강에 미치는 영향 • PCBs의 오염 영향 등 유기오염 물질의 영향 연구 • 방사성 물질과 기후 변화가 생태계에 미치는 영향 • 환경 보건 정책과 유색 인종 커뮤니티 보호 • 생물다양성, 환경 보건, 경제와 국가 안보 사이의 상관관계
생명공학/자연보전	• 농업 생태학 • 수확량 증산을 위한 곡물 재배 • 척박한 환경에서의 곡물 재배 • 질소산화물을 적게 배출하는 곡물 개발 • 환경친화적 가축 사육 기술 • 사막화 예측 • 환경오염 제어를 위한 생물학적 과정 연구 • 2010년 석유 누출로 인한 걸프만의 생태 복원 • 독성 물질과 방사능이 삼림에 미치는 영향 • 연료로 사용하기 위한 야생 조류 연구
정책 연구	• 지속가능 발전의 국제적 이행 전략 • 개발도상국의 환경 질, 환경보건, 자원사용, 기후, 개발과 정책 연구 • 사회적 불평등, 인종과 환경문제 등에 대한 해결 방안 • 대형 환경 위협에 대한 과학적 해결 방안 • 친환경 디자인, 지속가능 경영 · 행정 • 지속가능 건축 • 외래식물종 연구의 국제 협력 • 야생동물 보호 연구 • 개발도상국의 환경 경제, 농업 경제, 지속가능한 토지 사용의 경제 • 자동차 의존형 대도시의 지속가능성 향상 모델 연구 • 환경 경제: 경제적 측면에서 환경 이슈 분석 • 자동차, 도시화, 기후 변화의 사회적 비용 연구 • 다양한 오염 물질 제어 전략의 경제학적 분석과 정책 대안

UNEP (UnitedNations Environment Programme)	• 기후 변화 (climate change) • 자원 효율성 (resource efficiency) • 독성 화학물질과 유해 폐기물 관리 (harmful substances) • 생물다양성 보존 (ecosystem management) • 자연 재해, 환경 갈등 (disasters and conflicts) • 환경 거버넌스 (environmental governance)

삶을 편안하게 하는 환경산업기술을 위하여

'지속가능 발전' 패러다임은 기술 산업 등 경제적 측면뿐만 아니라 부의 공정한 분배와 삶의 질 등 사회적 측면을 포괄하는 넓은 의미의 거버넌스(governance) 개념이다. 따라서 국민 복지 향상과도 긴밀하게 연관되어 있다. 이 패러다임은 개발 시대의 경제적 효율성에서 나아가 생태적 효율성(ecological efficiency)까지 고려하는 균형적 발전을 목표로 한다. 따라서 생태 효율의 개념을 국가 경제, 사회 인프라 전반으로 확장하여 생태 자원의 효율적 이용을 통해 지속가능한 소비와 생산의 경제 체제를 창출하는 것이 핵심이다.

그러나 현실은 전 지구적 환경 위기와 자원 위기가 다양한 형태로 우리를 위협하는 상황에서 복잡하게 맞물려 있다.

오늘날 이러한 위기 상황에 처하게 된 근본적 원인은 자연 생태계의 균형을 깨뜨리는 발전 모델에서 유래한다. 여기에서 파생되는 모든 부문의 갈등과 부작용을 사후에 처리하는 것은 막대한 재원 투입에도 불구하고 근원적인 해법이 될

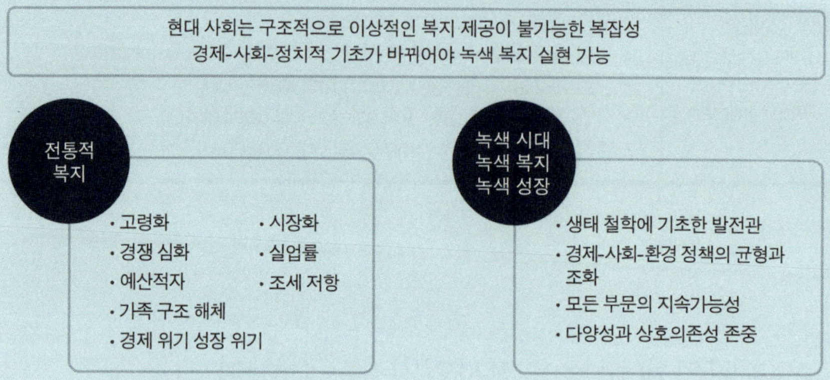

그림 3 복지 개념의 변화 (자료: 녹색 복지 – Ife, J., Community Development, Longman Australian Pty. Ltd., 1995)

수 없다. 발상의 전환이 필요한 것이다. 기존 발전 모델에서의 성장과 환경 간 갈등과 부조화가 극복되어 경제(Economy)와 생태(Ecology) 간에 화해와 상생 관계가 정립되어야 한다. 그때 비로소 인류 문명과 사회 발전의 지속가능성의 확보가 가능해진다. 예를 들면 성장의 양적 팽창에서 탈피하여 질적인 향상을 실현할 수 있을 때 인류의 삶의 질 향상과 복지 증진의 실현이 가능하다. 기후 변화 - 에너지 안보 - 경제 체제 사이의 악순환을 해소하여 신에너지 체계와 녹색 경제 체제가 구축되어야 하고, 이를 위해서는 경제 활동뿐만 아니라 삶의 방식, 행동 양식, 가치관의 변화가 이루어져야 한다. 질적 변화로 성장과 생태계 보존이 조화를 이룰 때 삶의 질 향상과 복지 향상을 구현하는 것이 근원적 접근이기 때문이다.

환경산업기술 분야에서도 혁신(Innovation)과 융합(Convergence)은 핵심 개념이다. 기존의 방법론적 틀과 연구 개발(Research & Development)에서 더 나아가 검증과 보급(Demonstration & Deployment)에 이르기까지 전 주기로 연계되는 혁신이 이루어져야 한다. 그리고 사후 처리 중심이 아니라 사전 예방 중심으로 진화해야 한다. 또한 환경 분야의 과학기술적 성과가 사회 제도적 조치로 결실을 거두고, 삶의 방식의 변화로까지 이어지는 가치관적 측면과 융합을 이루어야 한다. 무엇보다도 환경 정책의 고립이 아니라 경제-사회 정책과 통합되고 균형을 이루는 융합적 접근이 구현되어야 한다. 그런 체계가 구축될 때 비로소 환경산업기술에 투자되는 재원이 국민의 삶의 질을 향상시키고 환경 복지의 기본적 틀을 짜는 결실을 거둘 수 있을 것이다.

그러나 생태 환경적 위기 인식이 정책 수립과 개인의 실천으로까지 연결되는 데에는 여러 가지 장애요인이 작용한다. 따라서 기본적인 인간의 욕구를 충족시키는 동시에 인간의 건강과 안녕을 증진시키고, 인간이 그 일부로서 존재하는 자연 세계의 존속을 지속가능하게 하기 위해서는 인간의 소비 행위를 통제할 수 있는 능력이 제대로 작동할 수 있어야 한다.[19] 그리고 이는 삶의 방식에 대한 근원적 성찰을 필요로 하는 가치관적 접근과 통합될 때 비로소 실현 가능하다.

그동안 환경산업기술은 고도 산업화 사회의 여러 환경 쟁점을 해소하는 데 많은 기여를 하였다. 그러나 한 쪽에서 오염이 해결되는 기미가 보이는가 하면 다른 한 쪽에서 새로운 환경 문제가 발생하는 것이 오늘의 현실이다. 이에 따라 과

---

19 월드워치연구소, 지구환경보고서 2004, p.10-11, 2004.2

학기술은 새로운 연구 분야를 계속 만들면서 새로운 사회적 변화와 수요에 대응하는 방식으로 전개되고 있다. 궁극적 목표를 '지속가능성'으로 설정하고, 모든 분야가 변화되어야 하는 것이다. 이런 맥락에서 산업화 시대에 환경을 위협하며 제로섬 게임을 벌이던 과학기술은 이제 지속가능한 과학기술로 진화하여 인간의 삶의 질을 높이고 환경 복지를 구현하는 목표 실현에 눈을 돌리게 된 것이다.

성장 지상주의의 발전 패러다임 또한 SOC 확충 일변도의 정책에서 벗어나 지속가능성과 생태 효율성을 높이기 위한 정책으로 변화되고 있다. 이러한 변화 속에서 산업계는 환경을 피해야 할 '비용 요인'으로 인식하는 것이 아니라, 기업 이익과 경쟁력의 원천이자 필수불가결의 요소로 인식하고 있다. 이러한 발상의 전환은 청정 생산의 환경 경영 체제를 정착시키는 변화를 낳고 있다.

더 많이 소유하고, 더 많이 쓰며, 쓰는 대로 버리는 것을 당연하게 여기던 소비문화의 흐름도 절약과 나눔 중심의 새로운 문화로 바꾸어야 한다. 지속가능한 소비가 지속가능한 생산을 실질적으로 선도해야 하는데, 아직은 그 속도와 파급효과가 미미하다는 것이 한계이다. 소비 활동은 부분적으로는 공동 선(public good)을 달성하기 위해 효과적인 정부 규제와 재정 정책이 개입되어야 하는 사회적 성격을 지니고 있다. 그러나 다른 쟁점과 달리 소비생활의 변화는 풀뿌리 수준에서만 달성할 수 있는 수많은 개인적인 결정이 개입되는 복잡한 사안이다. 합리적인 소비자로서 개개인의 역할이 중요해지는 이유가 바로 여기에 있다.

이러한 상황에서 지난 정부가 '녹색성장' 국정비전을 제시한 것은 시의적절하고 장기적으로 추진해야 할 국정과제였다고 본다. 그러나 미래 환경 전망과 사회 변동에 대한 연구 인프라가 미비한 실정에서, 정책성과에 대한 모니터링과

피드백 메커니즘 등의 미흡으로 미완의 과제로 남게 되었다. 여기에서 지적하고 싶은 것은 경제 중심의 녹색성장 정책은 보다 범위를 넓혀 사회적, 환경적 정책과 실효성 있게 연계되고, 그로써 지속가능한 발전의 패러다임으로 통합 발전되어야 한다는 것이다. 그리고 그 성공 여부는 국가혁신체제(National Innovation System)의 혁신에 달려 있고, 정책 추진의 합리성과 효율성, 그리고 리더십에 의해 좌우될 것이다. 새 정부에서 이들 정책을 어떻게 이끌어 나갈지 주목된다.

4.
대중을 보듬는 과학기술

scientific technology

광우병, 조류독감, 구제역과 싸우는 수의학

이영순 (서울대학교 수의과대학 명예교수)

불과 10년 전까지만 해도 국내에서는 조류 인플루엔자, 구제역, 광우병 등 오늘날과 같이 세상을 시끄럽게 하는 악성가축전염병 또는 사람에게도 공통으로 질병을 일으킬 수 있는 소위 인수공통감염병이 거의 없었다. 이들 전염병은 대부분 세계의 글로벌화에 따라 인적 · 물적 교류가 활발해지면서 외국에서 유입되었는데, 우리나라는 지난번 구제역 파동만으로도 소 16만 5,000마리, 돼지 336만 마리가 살처분 또는 매몰되어 그 비용에만 약 3조 원, 기타 간접적 경제적 피해까지 합산하면 약 10조 원의 막대한 경제적 손실을 입었다. 이에 따라 축산 농가는 거의 파멸에 이르렀으며 농촌 경제에도 심각한 타격을 주었다.

이와 같이 지난 10년간 조류인플루엔자, 구제역 등의 발생은 국내 경제에 타격을 주었을 뿐만 아니라 국제적으로는 가축 방역이 허술한, 그래서 여행하기에 위생적으로 문제가 있지 않을까 우려되는 위생불량국가의 이미지를 얻게 되었다. 따라서 선진국다운 면모를 갖기 위해서는 이런 악성가축전염병이나 인수공통감염병의 대량 발생이 없어야 한다.

앞에서도 말한 바와 같이 이런 악성 질병들은 인적 · 물적 교류를 통해 외국에서 유입되므로, 가축 방역은 제2의 국방이라고도 일컬어진다. 그리고 이러한 악성가축전염병의 해외로부터의 유입 방지, 국내 방역을 책임지는 것이 수의학의 사명이다.

그동안 우리나라에 유입되어 커다란 경제적 손실과 이미지 다운을 가져왔던 조류독감, 구제역에 대해서, 그리고 단 한 건의 발생도 없었으면서 우리 사회를 소란스럽게 만들었던 광우병의 과학적 진실에 대해서 알아보자.

수의학의 사명

사람만을 대상으로 하는 의학과 달리 수의학에서는 대상동물이 너무 많다. 그래서 수의학 전공자들은 전공 분야를 크게 5개의 부류로 나누어 자신에게 맞는 분야를 전공한다. 첫 번째로는 지금도 가장 중요하고 또 앞으로도 가장 비중이 클 것으로 생각되는 대상동물인 경제동물, 즉 소, 돼지, 닭, 칠면조, 오리 등을 대상으로 하는 분야이다. 경제동물로부터는 동물성 식품과 모피, 가죽을 얻을 수 있기 때문에 이들 경제동물을 대상으로 한 사료, 치료 및 예방약, 사육 시설, 장비 등의 산업은 그 규모가 대단하다.

두 번째로는 개, 고양이 등의 반려동물을 대상으로 하는 분야이다. 인간 사회가 먹고 살만해지고, 핵가족화되면서 반려동물의 선호도가 더욱 증가하고 있다. 고립감, 정신적 외로움을 달래는 방법으로 반려동물을 선호하는데 이들 반려동물을 대상으로 한 산업도 상당한 규모에 이른다.

세 번째로는 마우스, 랫드, 토끼, 원숭이 등의 실험동물이 있다. 의약품, 농약, 사료 및 식품첨가제 등의 원료로 사용되는 신물질 개발에 있어서 그 약효(Efficacy)와 안전성(Safety)을 연구하는 데에 실험동물이 이용되고 있으며, 이 방면의 산업도 대단히 크다. 그 밖에도 사람에서의 난치성 질환과 아주 닮은 질병들이 실험동물에서도 발견되면서 인간 질병 연구의 모델로 사용되고 있다. 이 질환모델동물의 유지, 생산은 산업으로까지 확대되어 다방면에 걸쳐 연구가 이루어지고 있다.

네 번째로는 그 밖의 야생동물을 들 수 있다. 동물원 동물을 비롯해 산야에 서식하는 각종 동물군이 이에 속한다.

마지막으로는 어패류, 즉 물고기, 조개, 새우 등에 대한 수의학 분야이다. 바다에 나가서 야생 상태로 자란 물고기 떼를 찾아서 잡아들이던 어업 형태에서 담수, 해수 연안에서 대량으로 양식하는 어업으로 많이 바뀌면서 대량 양식의 결과로 발생되는 각종 질병의 연구, 그리고 치료 및 예방법의 개발이 최근 들어 많은 각광을 받고 있다.

수의학은 이렇게 많은 동물 종을 대상으로 하고 있지만, 수의학의 목적과 필요성은 크게 두 가지이다. 우선 대상동물들의 질병 발생을 예방하고 치료하는 것이 첫 번째 사명이다. 동물들을 질병으로부터 구해 내고 죽지 않도록 돌봐주는 것이 가장 큰 목표인 것이다. 오늘날에는 모든 대상동물들을 되도록 많이 길러내기 위해 밀집사육을 하게 되면서 질병의 발생과 만연은 피할 수 없게 되었는데, 이런 질병을 예방하고 치료해서 생산성을 향상시키는 것이 중요하다.

그러나 이것보다 더 막중한 사명이 수의학에 있다는 것은 일반인들이 잘 모르고 있다. 바로 축산물 위생검사이다. 소, 돼지, 닭 등의 가축을 도축장에서 도축할 때 처음부터 끝까지 도축검사원(반드시 수의사여야 하며 법률로 지정되고 있음)의 검사를 거친 후 합격도장을 받아야만 식육으로서 유통되고 우리 식탁에 오를 수 있다. 우유, 계란 등도 위생검사 없이는 유통될 수 없다. 이러한 축산물의 위생검사는 인수공통감염병이 사람에게 감염되는 것을 막기 위해서이다. 사람 전염병의 65% 이상이 동물로부터 전염되는 것이기 때문에 수의학은 예방의학(Preventive Medicine)이라고도 불린다.

인수공통감염병

많은 질병이 자신의 주위에서 생활하는 가축으로부터 감염되어 발병한다는 인식은 이미 3세기경부터 있어 왔다. 사람에 감염되는 것으로 알려진 병원미생물이나 기생충의 약 5분의 4가 자연계에서 다른 척추동물에도 감염된다. 이처럼 사람과 동물에서 공통으로 감염되는 전염병을 인수공통감염병(조류독감, 브루셀라, 광우병)이라고 하는데, 지난 수십 년간 새로이 인식된 사람의 감염증의 대부분이 인수공통감염병이다. 그래서 1952년 WHO 전문가 회의에서는 이를 '척추동물과 사람과의 사이에 자연적으로 전파되는 질병, 또는 감염'이라고 정의내렸다.

수의사들이 수행하였던 지금까지의 연구 중 인간의 보건 향상에 직접적으로 영향을 미친 것 가운데 가장 중요한 것은 인수공통감염병에 관련한 것들이다. 인수공통감염병과 관련하여 상호 간의 관심사로 말미암아 수의사와 의사, 그리고 기타 분야의 생물학자들 간에는 연구 목적뿐만 아니라 질병 구제를 위하여 서로 긴밀히 공조하여 왔다. 공중보건사업에 수의사가 참여하기 시작한 것은 인수공통감염병의 예방과 구제에서 수의사의 역할이 필수적이라는 인식이 있었기 때문이다.

요즘 같이 도시화된 환경에서는 사람과 야생동물의 접촉의 기회가 적어졌지만, 사스(SARS)와 같이 돌연히 나타나 세계를 긴장시키는 무서운 감염증이 생겨날 수도 있고, 실험동물 영역에서 볼 수 있는 것과 같이 또 다른 형태의 새로운, 즉 사람과 동물 간의 관계의 긴밀화가 생기게 되므로 앞으로 인수공통감염병의 수는 계속 증가할 것이다.

사람과 동물 사이의 질병의 역사는 대단히 오래되었으며 그 수도 매우 많다. 현재 300종 이상의 인수공통감염병이 알려져 있으며 의학적으로 중요한 것도 많다. 인수공통감염병 중에는 (1) 광견병, 탄저와 같이 사람과 동물 쌍방에 모두 위중한 증상을 나타내는 질병, (2) 뉴캐슬병과 같이 동물에는 위중한 증상을 나타내지만 사람에는 경미한 증상만을 나타내는 질병, (3) 브루셀라, Q열 등과 같이 동물에는 가벼운 증상을 보이지만 사람에는 매우 위중한 증상을 나타내는 세 가지 유형의 인수공통감염병을 볼 수 있다. 당연히 이들 중에서는 세 번째가 공중보건상 가장 중요하다. 또 여기에서 우리가 생각해야 할 것은 인수공통감염병의 전파 사이클에서 사람이 그 가운데에 위치하는 것은 상당히 드물며, 사람의 감염은 '병원체의 존속'이라는 관점에서 볼 때는 의미가 없는 소위 '종말감염'이

되는 것이 많다는 것이다(예: 광견병, 유행성 뇌염).

예상과 달리 요즈음에는 인간과 동물의 접촉 빈도가 나날이 증가하고 있으며, 국제적 교류, 동물들의 수출입이 보다 자유로워져 동물에서 동물로, 동물에서 사람으로 또는 사람에서 동물로 전파되는 질병들이 사회 전반에 커다란 문제점으로 대두될 것이다. 따라서 이러한 문제들의 해결을 위한 전문가로서 수의사의 역할이 크게 증대될 것으로 보인다.

주요 인수공통감염병에 대해 알아보자.

조류인플루엔자

인플루엔자 바이러스는 사람을 비롯한 각종 동물에서 인플루엔자를 발생시킨다. 인플루엔자 바이러스는 크게 3개의 혈청형으로 나누어 볼 수 있는데, 바로 A형, B형, C형이다. A형 인플루엔자 바이러스는 사람, 조류, 돼지, 말, 개 등에게 감염되고, B형은 사람, 바다표범, C형은 사람, 돼지에 감염을 일으킨다. 사람은 A, B, C의 모든 혈청형 바이러스에 감염될 수 있다. 이 바이러스는 8개의 RNA 핵산 분절로 구성되어 있으며 변이가 심하여 많은 종류의 혈청형이 존재한다. 지구 상의 모든 병원미생물 가운데 가장 병원성의 변이가 심한 것이 이 바이러스이다. A형 바이러스에만도 144종의 하위 유형이 존재한다.

따라서 봄철에 유행한 인플루엔자 바이러스를 가지고 백신을 만들어도 가을이 되면 다시 새로운 타입의 인플루엔자가 기승을 부리기 때문에 이에 대해 매

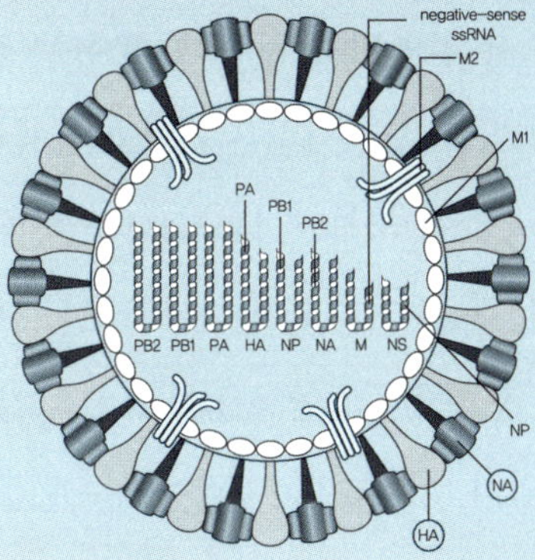

- 핵산: 8개 RNA핵산 분절로 구성
- 변이가 심하여 많은 종류의 혈청형 존재

그림 1 인플루엔자 바이러스의 특성

번 방어하는 것은 어렵다. 동물에서도 마찬가지이므로, 매번 백신을 만드는 것이 어려워 살처분에 기대고 있는 것이다.

조류인플루엔자(AI, Avian Influenza)는 닭, 오리 및 철새 등 조류에 감염되는 바이러스성 전염병이다. 조류에 감염되어 나타나는 병원성의 정도에 따라 고병원성, 저병원성, 비병원성으로 구분된다. 이 중에서 어린 병아리에서 75% 이상의 폐사율이 발현되는 H5 및 H7형의 AI 바이러스를 고병원성으로 분류한다. 우리나라에 2003년부터 4차례나 발생해서 수천억 원의 경제적 피해를 가져왔던 것도 H5N1이었다. 그래서 고병원성은 제1종 가축 전염병으로 분류되어 있다. 주로 11월이나 12월에 추위가 시작되면서 발생하기 쉽고, 가끔 4월, 5월의 봄철에도 발생한다. 인수공통감염병으로서 주목받는 H5N1은 2003년부터 2008년 사이에 전 세계적으로 아시아 17개국, 중동 7개국, 유럽 26개국, 아프리카 11개국의 전체 61개국에서 발생하였다.

이 조류에 고병원성을 가진 H5N1 바이러스는 조류에 감염되기 쉽고 또 치명적이지만, 사람에게는 잘 감염되지 않는다. 조류는 이 바이러스의 리셉터(Receptor)인 α2-3를 가지고 있는 반면 사람은 가지고 있지 않기 때문이다. 그런데도 2012년 3월 WHO의 통계에 의하면, H5N1에 의해서 15개국에서 597명의 사람이 감염되어 351명이 사망하였다고 한다. 이러한 사망 사례는 주로 후진국에서 발생되었는데, 시골 농가에서 감염동물과 고도로 접촉한 어린이에게서 주로 발생된 것으로 조사되었다. 아무래도 시골 농가는 동물과 사람의 생활환경이 구분되어 있지 않아서 더욱 감염 기회가 많으며, 의약품도 희귀하고 의사도 만

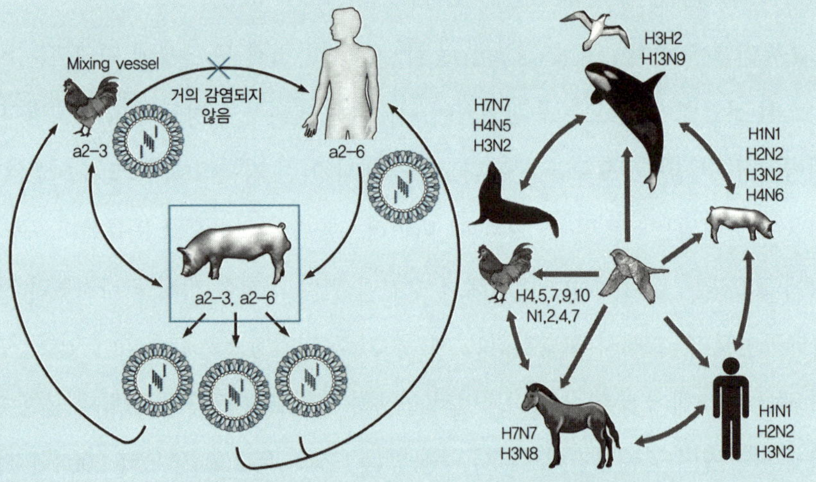

그림 2 각종 동물의 인플루엔자 바이러스 리셉터

나기 어려워 사망자가 많은 것으로 보고 있다.

사람을 비롯한 각종 동물은 인플루엔자 바이러스의 리셉터가 대부분 서로 다르다. 앞에서도 말한 것과 같이 조류는 α2-3를 가지고 있으나, 사람은 α2-6를 가지고 있다. 돼지는 α2-3와 α2-6를 모두 가지고 있다.

2009년 3월 멕시코의 베라크루스 주를 비롯한 3개 주에서 시작되어 이후 미국으로 빠른 속도로 전파되었고, 그 후 유럽, 아시아로 확산되어 전 세계 129개국에서 26만 명의 환자가 발생하였고 이 중 1만 5,000명 정도가 사망한 신종 인플루엔자를 기억하고 있을 것이다. 신종 인플루엔자는 감염 환자에 비하면 사망자는 적은 편이다. 그러나 전염력이 매우 높다. 학자들이 우려하는 것은 돼지의 체내에서 신종 인플루엔자의 원인 바이러스 H1N1의 높은 전염력과 AI 바이러스의 H5N1의 높은 치사력이 결합된 신종 바이러스의 출현이다. 1918년 스페인 인플루엔자에 의해서는 전 세계적으로 2,000만 명 내지 4,000만 명의 사망자가 발생한 것으로 추정하고 있는데 이런 신종 인플루엔자가 다시 유행할 것을 우려하는 것이다. 인류 역사상 가장 많은 사상자를 낸 제1차 세계 대전에서 전쟁에 의한 사망자 수가 1,800만 명이었던 것과 비교하면 인플루엔자의 치사력이 얼마나 대단한지 짐작할 수 있다. 그래서 인플루엔자 바이러스를 연구하는 학자들 중에는 "그 옛날 우리 지구 상에서 먹이사슬의 제일 정점에 군림하였던 공룡들이 하루아침에 사라졌듯이 우리 호모 사피엔스도 언젠가는 인플루엔자 바이러스에 의해서 지구 상에서 영원히 사라질지도 모른다."라고 경고하고 있다.

광우병

원래 소를 잡아서 먹을 때, 소 한 마리에서 먹을 수 있는 부분은 45% 정도에 불과하다. 나머지, 즉 머리, 척추뼈, 등골, 내장, 다리뼈 등은 그대로 버려졌다. 그런데 이것들을 가루로 내어 육골분(Meat bone meal)으로 사료에 첨가하였더니 젖소는 젖이 많이 나오고, 고깃소는 비육이 잘 되는 것을 알게 되었다. 그러자 영국은 1972년부터 전국적으로 육골분을 소 사료의 일부로 사용하기 시작하였다.

그런데 1985년경부터 갑자기 이 사료를 먹은 소들이 이상한 행동을 하는 것을 발견하였다. 뒷다리를 떨다가 주저앉고, 소리나 접촉에 대해 감각 과민 상태를 보이기도 하고, 불안한 증세 또는 광폭한 증세(Mad cow disease)를 보였다. 이것은 이전에는 볼 수 없던 이상 증상으로, 학계는 철저한 연구 조사를 통해 광우병, 즉 BSE(Bovine Spongiform Encephalopathy)라는 정식 병명을 채택하기에 이르렀다. 학계에서는 양(羊)의 스크래피(Scrapie) 원인체가 육골분 사료를 통해서 소에게 감염된 것으로 추정하였는데, 이것은 뇌의 신경세포에 구멍이 숭숭 뚫리는 병리 조직상이 일치하였기 때문이었다. 그래서 1988년부터 영국은 소에게 동물성 사료를 먹이는 것을 법으로 금지하였다. 스크래피는 1732년 양에서 발견된 이래 사람에게 감염된 예가 없었기 때문에 인체 감염의 우려는 없다고 판단하였다. 그러나 이로부터 3~4년 후, 사람광우병(변형크로이츠펠트야콥병, vCJD)이 나타나기 시작하였다. 원래 사람에게는 1920년대에 처음 확인된 크로이츠펠트야콥병(CJD)이라는 것이 있었다. 그런데 이 vCJD는 호발 연령대, 특징적인 임상 증상과 질병의 경과에서 CJD와 달랐다. 1996년 10월경 영국왕립의학회는 공식적으로 소의 광우병이 사람에 감염된다고 발표하였다. 이로부터 소의 BSE가 인수공통감염병으로 인정되게 되었다. 한편 필자는 그해 8월 여름방학에, BSE 발생 조사차 영국 왕립수의과대학을 방문하여 병리학 교수와 대담을 한 바 있다.

평균 100만 마리의 양에서 1마리 정도로 발생을 보였던 스크래피나 뉴기니아의 포아족에서 자주 발생한 쿠루(Kuru)라는 질병은 1997년 이전에는 Slow virus로 인식되어 왔다. 그러던 중 하버드대학교의 가이듀섹(Gajdusek) 박사팀이 쿠루 환자의 뇌 조직을 갈아서 원숭이 뇌에 전달하는 실험에 성공하여 바이러스설을 입증하였고, 이 공로로 노벨상까지 수상하였다. 그러나 그 후 캘리포니아주립대학교 생화학 교실의 프루시너(Stanley B, Prusiner) 교수가 바이러스가 아닌 핵산을 가지고 있지 않은 변형프리온(PrPsc)이 원인이라는 설을 내놓아 1997년 노벨상을 수상하였다. 이로써 지금은 바이러스가 아니고 변형프리온이 원인체로 인정되고 있다. 이 변형프리온은 정상프리온의 단백질 구조 중 일부 α-helix

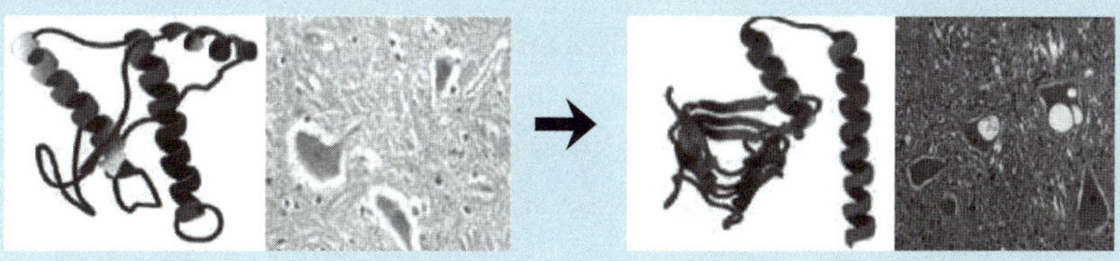

그림 3 정상프리온과 광우병을 일으키는 변형프리온의 구조 차이 : 정상 프리온(왼쪽)과 변형 프리온(오른쪽). 조직 사진에서 구멍이 숭숭 뚫린 신경세포가 관찰됨.

구조가 β-sheet 구조로 변형된 상태이며 소의 SRM(Specified Risk Material)에만 존재한다.

SRM이란 두개골, 뇌, 척추, 척수, 회장원위부, 눈, 편도를 말하며, 소의 근육, 우유, 혈장, 골수 등에는 존재하지 않는다. 따라서 SRM만 제거하면 소의 광우병은 사람에게 감염될 수 없다.

■ 비정형광우병(BASE)

처음에는 양의 스크래피 원인체가 육골분으로 소에 들어가서 소에서 광우병(BSE)이 발생하였다고 주장하였다. 그런데 스크래피와 BSE는 원인체인 변형프리온의 생화학적 구조가 다른 반면, BSE와 사람광우병(vCJD)의 생화학적 구조는 동일하다는 것이 밝혀졌다. 이에 따라 세계 각국의 연구자들은 BSE의 원인체에 대한 분석을 하기 시작하였는데, 그 결과 전형적인 BSE와 차이가 나는 단백분획이 낮거나(L-type) 높은(H-type) 것들이 발견되었다. 2003년 이후 그 존재들이 확인되기 시작하였으며, 그것이 바로 비정형광우병(BASE)이다. BASE는 주로 10세 이상의 고령의 소에서 발견되는데 변형프리온 단백질의 생화학적 성상이 전형적인 BSE와 다르며, 변형프리온 단백질의 뇌내분포도 다르고, 신경병리조직상에서는 전형적인 BSE와 달리 아미로이드 침착을 볼 수 없다(L-type)는 특징이 있다. 지금 알려진 것으로 L-type은 이탈리아, 일본, 벨기에, 프랑스, 네덜란드, 독일, 폴란드, 그리고 H-type은 프랑스, 네덜란드, 독일, 폴란드, 스웨덴, 미국에서 발견되었다.

변형프리온(PrPsc)에 의해서 발생되는 사람의 CJD, 양의 스크래피, 소의 BASE

BSE 유래의 PrP^{SC}

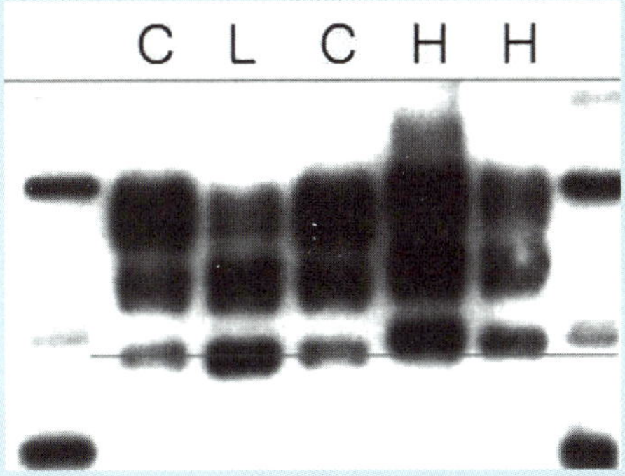

| 그림 4 비정형광우병의 존재

등은 모두 100만 명(마리)이상에서 1명(마리) 정도로 발생되는 비전염성 자연 발생 질병으로 인식되고 있다. 소의 자연 발생 비정형광우병의 변형프리온이 육골분으로 사료를 통해 소에게 감염된 것이다. 그렇기 때문에 세계 각국은 소의 사료로 육골분을 사용하는 것을 법률로 금지하고 있다. 그 결과 지금은 거의 발생이 멈추었다. 전 세계적으로 2011년에도 29마리의 광우병 소가 발견되었지만 대부분이 비정형광우병 소이다. 따라서 지금까지 우리나라를 포함한 뉴질랜드, 호주와 같은 광우병 비발생국도 언제든지 비정형광우병이 발생할 수 있다. 미국은 지금까지 세 마리의 광우병 소가 발견되었으나 모두 비정형으로 판명되었다.

■ 광우병의 발병역학과 제압

1989년부터의 통계에 의하면 매년 1만 마리 이상씩 발병하던 광우병이 1992년

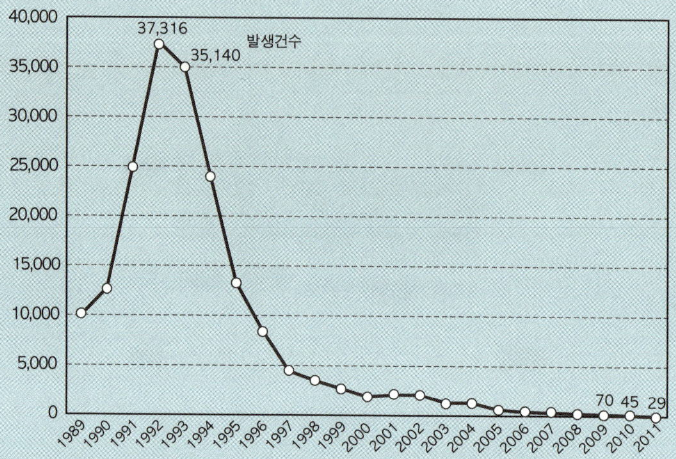

| **그림 5** 기하급수적으로 하강곡선을 그린 광우병 발생 곡선

에 3만 7,000여 마리 발생을 정점으로 매년 기하급수적으로 줄어들어 2011년에는 29마리로 줄어들더니 2013년에는 드디어 4마리 발생으로 거의 소멸되었다.

소 광우병의 원인이 육골분에 있다는 사실을 알고, 세계 각국이 법률적으로 생산을 금지하였기 때문이다. 또 사람 광우병의 발생은 소에서와 마찬가지로 영국에서 가장 많아서, 전체 광우병 사망자 200여 명의 80%나 된다. 하지만 이것도 광우병 발생국들에서 소의 SRM을 제거시키는 법률들이 실시되면서 지금은 사망자가 발견되지 않고 있다.

전염병이 성립되려면 세 가지 요소가 구비되어야 하는데, 원인체(변형프리온)와 감염체(소, 사람), 그리고 그 둘을 연결시켜 주는 감염 경로(육골분, SRM)가 필요하

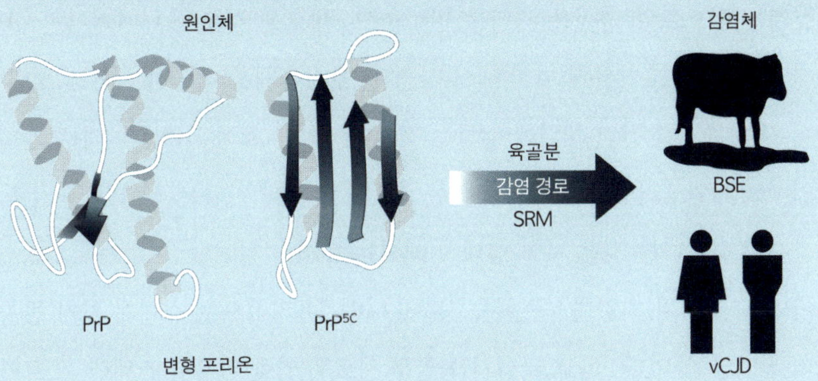

그림 6 광우병의 발병역학과 제압

다. 전염병의 예방이나 제압에는 원인체의 박멸이 제일 좋지만, 매우 힘들고 불가능하기 때문에 감염 경로를 차단시킴으로써 그 목적을 달성하고 있다. 이번의 광우병 사태에서도 소에서의 광우병 감염 경로인 육골분 사용을 금지시켜서 소에서의 광우병 발생을 막았고, 사람 광우병의 발생은 그 감염 경로인 SRM의 식용을 금지시킴으로써 성공적으로 근절시켰다.

감염병 역사상에서 이렇게 드라마틱하게 감염병을 제압한 예도 드물다. 그러나 그렇게 성공하게 된 데에는 또 다른 이유가 있다. 즉 광우병은 일반적인 전염병들과는 매우 다르게 공기, 물, 토양, 사료, 접촉, 동거 등에 의해서 전염되지 않기 때문이다.

■ 광우병 사태에서 얻어야 할 교훈

첫째는 앞으로의 축산은 과거를 반성하고, 새로운 각오로 나아가야만 한다. 보다 많은 젖과 고기를 얻기 위해서 항생제, 호르몬제를 적당히 사용해 오던 공장식 사육 체계를 전면 개편해야 하는 것이다. 둘째, 그 개편 방향이 환경친화적이면서도 자연생리학에 위배되지 않는 축산으로 가야 한다는 것이다. 육골분 사료를 제조하였다는 것은 자연 상태 아래서는 도저히 일어날 수 없는 '소가 소를 잡아먹은 결과'가 되었다. 육골분 사료에 대해 "윤리적으로 소에게 자기 동족의 고기를 먹일 수 없다."라고 끝까지 육골분 사료 수입을 거부한 스웨덴, 노르웨이 등은 광우병이 한 마리도 발병하지 않았다. 셋째 영국과 독일에서 각각 '공장식 사육 체계에 대한 전면적 개편', '기업농업 대신 유기농 방식을 채용한 소규모 농장체제로의 개편' 움직임이 일어나고 있는 것은 그나마 다행이며, 우리도 보다 위생적인 사육시설에서 가축을 밀집사육하지 않는 환경하에서 기르도록 노력해야 할 것이다.

구제역

구제역(FMD, Foot and Mouth Disease)은 소, 돼지, 양 등 발굽이 두 개로 갈라진 우제류의 급성, 열성 수포성 전염병으로, 공기로도 감염이 될 정도로 전파력과 이환율이 높은 특징을 가지고 있다. 옛날에는 인수공통전염병으로 인식하였던 적도 있지만 지금은 아닌 것으로 여겨지고 있다. 최근에 영국, 타이완, 우리나라에

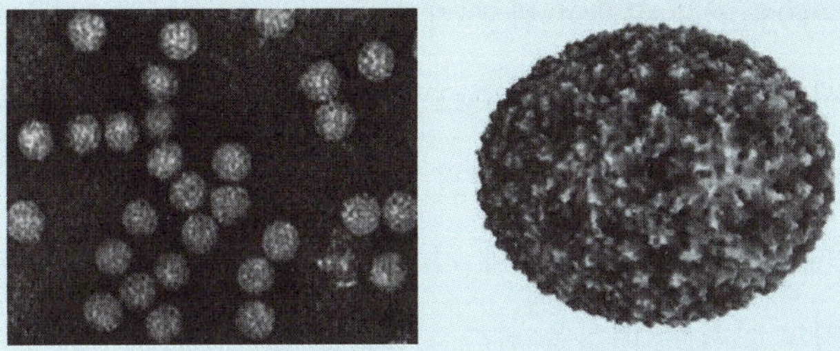

| **그림 7** 구제역 바이러스의 전자현미경 사진과 입체 구조

서 전국적으로 수백만 마리의 소와 돼지가 발생하여 살처분하였을 때도 사람에의 감염 예는 단 한 건도 없었다는 것이 이를 뒷받침하고 있다. 이 질병이 발생한 국가는 지체 없이 OIE(세계동물보건기구)에 보고하고 타국으로의 확산을 막기 위해 신속하게 모든 가축과 축산물의 교역을 금지하도록 하고 있다. 따라서 질병 자체에 대한 직접적인 경제적 손실뿐만 아니라, 교역 금지에 따른 경제적 피해도 크다. 아시아, 아프리카, 남아메리카, 유럽 등에서 자주 발생한다. 원인체는 Foot and Mouth Disease Virus(FMDV)로서 바이러스들 가운데 가장 작은 20~25나노미터의 구형 RNA 바이러스로 단일 가닥 RNA 유전자를 지녔다.

FMDV는 7개의 혈청형(A, O, C, SAT1, SAT2, SAT3, Asia1)이 있으며, 이 혈청형에 따라 주요 감염 동물과 증상, 발생 지역이 다르다. 우리나라는 주로 O형, 때로 A형이 발생하고 있다.

■ **우리나라에서의 발생 상황**

우리나라는 1934년에 구제역 발생 기록이 있은 후, 66년 만인 2000년 3월에 구제역이 다시 발생하였다. 그 후 2002년에 다시 한 번 발생하였으나 8년간 재발생이 없었다. 그러다가 2010년에 1월, 4월, 11월에 발생하여 2011년 6월까지 호남 지역을 제외한 우리나라 전역에 가까운 75개 시 · 군에서 발생하였다. 이로 인해 소 · 돼지의 살처분, 매몰을 위한 직접적인 경비만도 3조 원에 이르는 경제적 피해를 가져왔다.

지역별 각종 축제의 전면적인 스톱, 화훼농가의 손해, 지방 경제의 숨통이라고 할 수 있는 5일장의 폐쇄 등 간접적인 경제적 피해까지 합산한다면 약 10조

표 1. 우리나라의 연도별 구제역 발생 및 피해 현황

구분		2000년	2002년	2010년	2010년	2010~11년
발생 기간		3.24~4.15 (23일)	5.2~6.23 (53일)	1.2~1.29 (28일)	4.8~5.6 (29일)	11.28~ (이동제한해제 : 6.25일)
발생 지역		6개 시군	4개 시군	2개 시군	4개 시군	75개 시군
매몰	소	2,021	1,372	2,905	10,858	150,865
	돼지	63	158,708	2,953	38,274	3,318,298
	기타	132	75	98	742	10,800
재정 소요		3,006억 원	1,434억 원	298억 원	1,267억 원	28,478억 원

원의 경제적 손실을 가져왔다고 평가된다.

■ 구제역에서 살처분, 매몰을 하는 이유

병원체는 바람을 타고 60~300킬로미터까지 이동할 수 있어서 전파력이 매우 강하다. 영국과 프랑스에서는 도버 해협을 건너서 전파가 이루어진 기록도 있다. 그리고 감염된 돼지 한 마리가 하루에 침흘림, 호흡으로 1억 TCID(Tissue Culture Infectious Dose)의 구제역 바이러스를 체외 배출하는데, 그중 10 TCID만으로도 소 한 마리를 감염시킬 수 있다. 우리나라에서 사육되는 모든 소의 마릿수가 200만 두 정도이므로 구제역에 감염된 돼지 한 마리가 하루에 배출하는 구제역 바이러스로 우리나라 전체 소의 5배인 1,000만 마리를 감염시킬 수 있는 것이다. 이 때문에 즉각 살처분하여 지하에 파묻지 않으면 안 되는 것이다. 이것은 원자로 사고 시 원자로를 콘크리트로 씌우는 것과 같다고 보면 된다. 경제가축은 전염병 발생 시 치료를 하지 않고 적발도태방식(Test & Slaughter)을 하는 것이 원칙이다. 병원체의 생산장을 빨리 폐쇄해야 하기 때문이다.

가축 방역은 제2의 국방이다

국가의 존립 여부는 국방력에 달려 있다. 어느 나라가 외적으로부터 침입을 당한다면 그 나라의 군인들이 무기로 막아내야만 한다. 국가에서 준비하고 훈련된 단체가, 즉 군인들이 국방을 지켜야 하는 것이다. 가축 방역도 마찬가지이다.

구제역, 조류인플루엔자와 같은 무서운 가축 전염병은 그 원인체가 외국으로부터 들어옴으로써 발생하고 유행된다. 구제역이나 조류인플루엔자 같은 전염력과 치사율이 높은 전염병이 국내에 한 번 침입하면 최소한 수천 억에서 수조 원 가량의 경제적 피해를 가져온다. 2010년 경북 안동을 시작으로 7개 시 · 도, 62개 시 · 군에 걸쳐 전염되었던 구제역은 직접적인 소 · 돼지의 살처분에만 3조 원이 들어갔으며 간접적 피해까지 환산하면 무려 10조 원의 경제적 손실을 가져온 것으로 집계되었다. 그런데 이러한 상황에서 일반 축산 농가들이 사람과 물자가 들어오는 항구나 공항을 직접 제어할 수는 없다. 그렇기 때문에 나라의 곳간을 지키기 위해서 국가가 방역을 철저히 책임지지 않으면 안 된다. 가축 방역이 제2의 국방으로 불리는 이유도 이 때문이다.

우리나라의 국경 방역이 얼마나 허술한가를 비교하는 좋은 예가 있다. 호주의 시드니 공항에는 동식물의 전염병을 일으키는 병원체의 검역 검사대가 8대 있으며, 일반 세관 검사대는 한 군데에 불과하다. 그런데 우리 인천 공항에는 일반 세관 검사대가 25곳 있는데 반하여 검역 검사대는 한 곳밖에 없다. 또 항공기 운항 대수와 검역 검사원의 수를 비교해 봐도, 시드니 공항은 하루 60~70대가 이착륙하는 데도 400명의 검역 검사원이 근무하는 데 반하여, 인천공항은 하루 155대가 이착륙하는 데도 검역 검사원이 겨우 43명뿐이다. 호주 정부가 필요 이상의 검역 검사를 하고 있는 것일까? 결코 아니다. 국경 방역은 경제적 피해뿐만 아니라 엄청난 인명 피해도 가져올 수 있는 중요한 일로, 제2의 국방이라고 불릴 만큼 철저하게 방어하고 제어해야 하는 것이다.

한국은 가축 방역 시스템을 철저히 준비해 놓고 각종 악성가축감염병 상시 발생국과 인적 · 물적 교류를 시작하였어야 하는데 그렇게 하지 못하였다. 따라서 지금부터라도 시스템을 재정비하지 않으면, 구제역, 조류인플류엔자 등의 악성 가축감염병 및 인수공통감염병이 우리나라에서 상존하게 될 것이고, 우리나라의 국격은 비위생국가, 여행 요주의 국가로 전락할 것이다.

scientific technology

국민의 마음을 즉각 반영하는 통계조사

박성현 (한국과학기술한림원 원장)

각종 통계조사를 통하여 국민들이 생각하는 우리 사회의 중요한 쟁점들에 대하여 그 실상을 정확히 파악하는 것은 국민의 마음을 읽고 국민을 따뜻하게 하는 정책을 펴기 위한 중요한 과제이다. 예를 들면 대선 후보 여론조사, 사교육비 부담, 중산층 감소, 여성 가구주의 급증, 소비자 물가의 급등, 저출산 등은 우리 사회의 중요한 쟁점 문제들이다. 이들에 대한 통계조사를 통하여 무엇이 핵심 문제이며, 문제의 본질이 어떻게 변하고 있고, 이를 풀어나가기 위해서는 어떤 대안이 있는지 등을 모색해 보는 것은 우리 사회의 실상을 파악하고 따뜻한 과학기술 중심 사회를 만드는 데 필요한 중요한 과제이다.

이 글에서는 대선 후보 여론조사, 사교육비 규모 조사와 중산층 붕괴 여부 조사에 관한 통계조사를 소개하기로 한다.

국민의 마음을 반영하는 대선 여론조사

■ 차기 대선 후보 여론조사(2011년 12월)

조선일보와 미디어리서치는 2011년 12월 26~28일에 전국 19세 이상 1,500명을 대상으로 집 전화와 휴대전화를 병행한 RDD(임의번호걸기, Random Digit Dialing) 방식으로 대선 후보에 대한 여론조사를 실시하였다. 이 방식은 컴퓨터에서 집 전화와 휴대전화 번호를 동시에 무작위로 생성하여 전화를 걸어 전체 표본의 절반씩을 집 전화와 휴대전화로 조사하는 새로운 여론조사 방식이다. RDD 방식을 이용한 이유는 집 전화를 전화번호부에 등록하지 않는 전체 60%에 달하는 가구도 조사하기 위해서이다. 여기에 휴대전화도 이용함으로써 집에서 유선전화 없이 휴대전화만 쓰고 있는 가구(전체의 15.6%)까지 조사대상에 포함시키기 위해서이다. 이 조사의 최대허용 표본오차는 95% 신뢰수준에서 ±2.5% 포인트이다.

이 조사에서는 그림에서 보는 바와 같이 "여야 구분 없이 차기 대통령으로 누가 가장 낫다고 생각하느냐?"라는 질문에 대하여 다음과 같은 결과를 얻었다.

박근혜: 31.5% / 안철수: 23.8%

문재인: 7.3% / 이회창: 2.7%

유시민: 2.6% / 손학규: 2.4%

이 조사에서 "내년 대통령 선거에서 한나라당 후보 박근혜와 야권 단일 후보

안철수, 단 두 명만 출마할 경우에 누구에게 투표하겠습니까?"라는 질문에 대하여는 다음과 같은 결과를 얻었다.

안철수: 47.6% / 박근혜: 41.7% / 모름: 10.7%

즉 안 교수가 박 대표를 5.9% 포인트 앞선 것으로 나타났다. 이 조사는 신뢰수준 95%에 표본오차는 ±2.5% 포인트이므로, 두 사람의 격차는 표본오차 보다는 더 벌어진 상태이다.

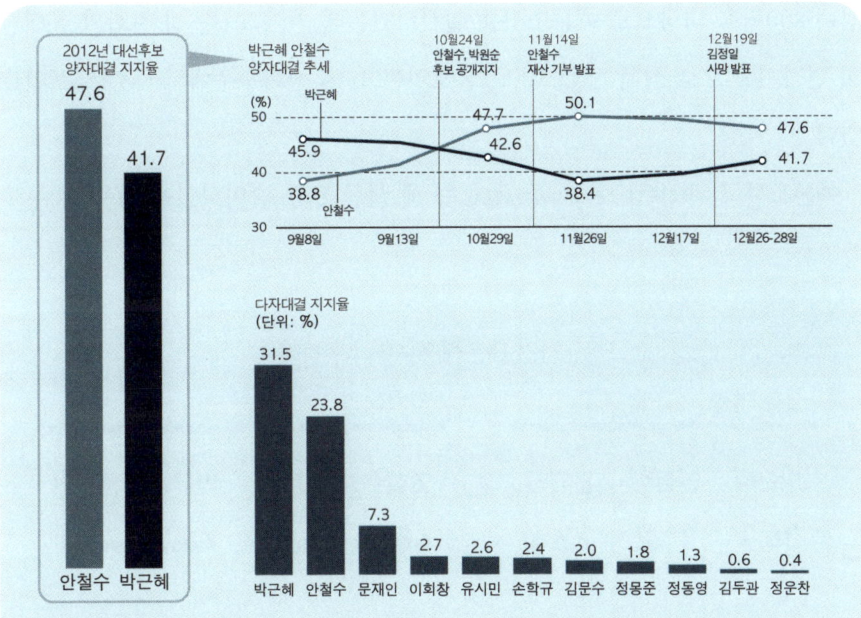

그림 1 여론조사 결과 (2011년 12월)

■ **차기 대선 후보 여론조사** (2012년 9월)

대선 후보 여론조사와 같은 중요한 사안에 대하여는 국민의 마음이 시간에 따라 어떻게 변하고 있는가를 조사하는 것도 중요하다. 앞에서는 2011년 12월에 실시한 여론조사 결과를 살펴보았는데, 9개월이 지난 2012년 9월에 대선 후보에 대한 국민의 마음에 어떤 변화가 생겼는지를 살펴보자. 이 시점에서는 새누리당은 박근혜 후보를 대선 후보로 확정하였고, 민주통합당에서는 문재인 후보가 대선 후보로 확정되었다. 그리고 무소속의 안철수 후보가 대선 출마를 선언한 시점으로, 이들 3자의 대선 후보에만 국민이 관심을 가지는 시기이다.

한국경제신문이 글로벌리서치에 의뢰하여 2012년 9월 22일 19세 이상 전국 남녀 800명을 대상으로 여론조사를 실시하였는데, 이 조사는 집 전화와 휴대전화 면접 방식으로 실시하였으며, 표본오차는 95% 신뢰수준에서 ±3.5%포인트였다.

여론조사 결과(한국경제신문 9월 24일자)는 세 사람 모두 출마하였을 경우 박 후보

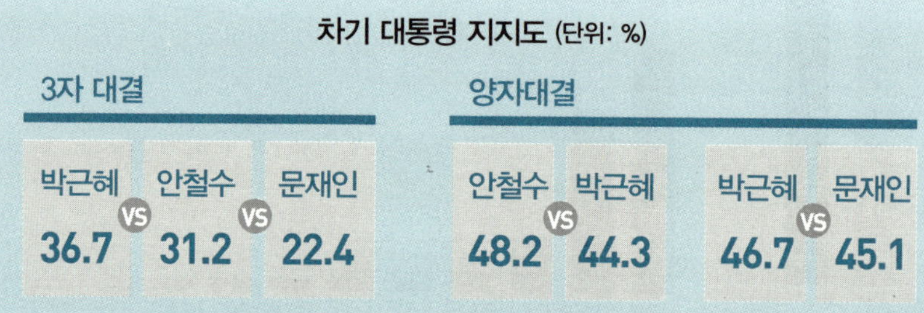

| 그림 2 2012년 9월 여론조사 결과

는 36.7%의 지지율로 안 후보(31.2%)와 문 후보(22.4%)를 앞섰다. 그러나 야권이 안 후보로 단일화된 경우에는 양자 대결에서는 안 후보가 48.2%의 지지율로 박 후보(44.3%)를 이겼다. 야권이 문 후보로 단일화된 경우에는 박 후보(46.7%)가 문 후보(45.1%)에게 근소하게 우세를 보였다. 이를 정리하면 〈그림 2〉와 같다.

3자 대결 결과를 〈그림 3〉과 같이 연령 세대별, 지역별로 나누어 보면 지지도에서 확연한 차이가 난다. 이번 대선이 결국 세대별, 지역별 간 싸움으로 치러질 것임을 시사하는 것이다.

연령별로 보면 20~30대는 안 후보, 40대는 문 후보, 50~60대는 박 후보가

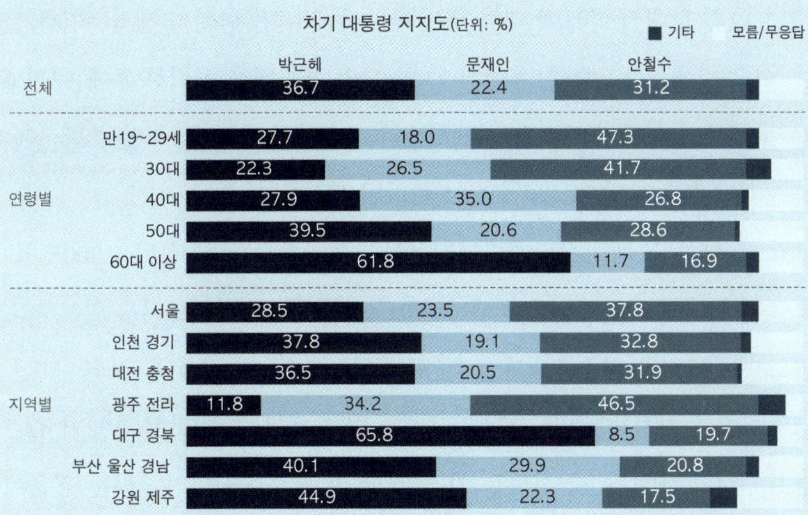

그림 3 2012년 9월 여론조사 결과 (3자 대결 시 연령별, 지역별 지지율)

높게 나타났다. 안 후보는 20대에서 47.3%, 30대에서 41.7%, 문 후보는 40대에서 35.0%, 박 후보는 50대에서 39.5%, 60대에서 61.8%로 가장 앞서고 있다.

지역별로 보면 서울에서 안 후보 지지율이 가장 높았다. 안 후보는 37.8%, 박 후보는 28.5%, 문 후보는 23.5%의 순이었다. 문 · 안 후보의 출신지인 부산 · 울산 · 경남에서는 박 후보가 40.17%로 문 후보(29.9%)와 안 후보(20.8%)를 앞서고 있다. 야권 단일화를 가늠하는 표심에서 중요한 지역인 광주 · 전라 지역에서는 안 후보가 46.5%로, 문 후보(34.2%)를 앞서고 있다.

■ 차기 대선 후보 여론조사 (2012년 12월)

앞에서는 2012년 9월에 실시한 여론조사 결과를 보았는데, 3개월이 지난 2012년 12월에 대선 후보에 대한 국민의 마음에 어떤 변화가 생겼는지를 살펴보자. 이 시점에서는 안철수 후보가 11월 23일 후보직을 사퇴한 후에 12월 6일에는 안 후보가 문재인 후보을 지원하겠다고 선언한 후이다. 사실상 박근혜 후보와 문재인 후보의 양강(兩强) 구도가 확정된 시점이다.

12월 8일에는 조선일보와 미디어리서치가 공동으로 전국 성인 1,000명을 대상으로 집 전화와 휴대전화를 병행하여 RDD 방식으로 여론조사를 실시하였고, 표본오차는 95% 신뢰수준에서 ±3.1% 포인트였다. 〈그림 4〉를 보면 "대선 후보로 누구를 지지하겠는가?"라는 질문에는 박 후보가 47.5%, 문 후보가 42.7%이었고, "정치 쇄신과 새 정치를 가장 잘할 후보는 누구인가?"라는 질문에는 박 후보가 44.4%, 문 후보가 36.8%이었다. 그리고 과거 안철수 지지층이 현재 지지하는 후보로는 박 후보가 20.9%, 문 후보가 64.3%이었다. 안철수 전 교수가 문 후보를 적극 지지하기로 한 것에 대해서는 잘못한 결정이라고 보는 비율이 44.4%이었고, 잘한 결정이라고 보는 비율은 44.1%로 거의 반반으로 나누어졌다.

■ 표본오차는 어느 정도일까?

여론조사에서 어떤 사항에 대한 실제비율 p를 추정하여 발표하는 경우에

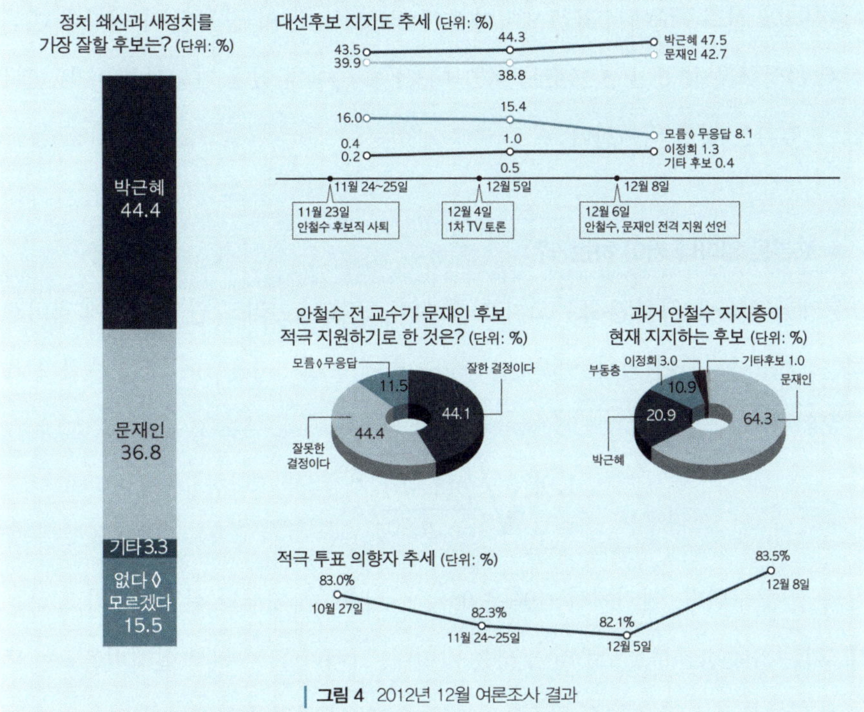

| **그림 4** 2012년 12월 여론조사 결과

"95% 신뢰수준에서 표본오차는 몇 %이다."와 같이 발표하는 것을 흔히 볼 수 있다. 표본오차(sampling error)는 최대허용 표본오차 또는 오차한계(error limit)라고도 부른다. 이 문장의 의미는

(표본에 의한 추정비율) ± (표본오차)

구간(이를 신뢰구간〔confidence interval〕이라고 부름)에 실제비율이 존재할 가능성이 95% 정도라는 것이다. 예를 들어 어떤 사항에 대한 조사에서 찬성률이 40.0%이고 95% 신뢰수준에서 표본오차가 3.1%라고 하자. 이 경우에 이 사항에 대한 실제 찬성률은 40.0 ± 3.1%로, 36.9~43.1% 사이에 있을 가능성을 95% 신뢰할 수 있다는 것을 의미한다.

■ 표본은 얼마나 커야 하는가?

통계학 이론에 의하면 표본오차는 표본의 크기를 n이라고 할 때 $\sqrt{n}$ 에 역비례하는 것이 증명되어 있다. 95% 신뢰수준 하에서 실제비율 p에 대한 추정의 표본오차는

$$1.96\sqrt{\frac{p(1-p)}{n}}$$

와 같이 구한다. 여기에서 1.96은 95% 신뢰수준하에서의 신뢰계수라고 하는데, 이는 표준정규분포로부터 구하는 값이다. 그러나 위 식에서 실제비율 p는 모르는 값이므로, p의 가능한 값, 즉 $0 \le p \le 1$에서 위의 표본오차를 최대로 하는

p의 값은 0.5이다. 0.5를 p에 대입시키면 위식은

$$1.96\sqrt{\frac{0.25}{n}}$$

가 된다. 예를 들어 표본의 크기가 $n = 1{,}000$인 경우에 95% 신뢰수준하에서의 표본오차는

$$1.96\sqrt{\frac{0.25}{1{,}000}}$$

이 된다. 〈표 1〉은 표본의 크기가 변할 때 신뢰수준 95%에서의 표본오차를 계산할 것이다. 따라서 표본오차를 2% 수준으로 하고 싶으면 표본의 크기가 대략 2,000은 되어야 한다.

표 1. 표본 크기에 따른 표본오차

표본 크기	표본오차(%)
100	9.8
300	5.7
500	4.4
700	3.7
1,000	3.1
1,500	2.5
2,000	2.2
4,000	1.5
8,000	1.1

■ 여론조사의 오류, 어디에서 생기는가?

여론조사나 사회조사의 대부분은 표본조사로 행해지므로, 여기에서는 표본조사의 오류에 대하여 고찰하기로 한다. 표본조사의 오차는 표본오차(sampling error)와 비표본오차(nonsampling error)로 나누어진다. 표본오차는 모집단을 전수조사하는 대신에 표본조사함에 따라 발생하는 불가피한 통계적 오차이다. 비표본오차는 조사 과정에서 조사원의 미숙이나 설문지의 부정확한 표현 등으로 인하여 발생하는 오차이다. 표본오차는 통계적으로 예측이 가능하고 표본크기에 따라 조절이 가능하다. 그러나 비표본오차는 추정 또는 예측이 불가능하며, 표본조사의 계획과 자료 수집 및 분석 단계에서 비표본오차가 발생하지 않도록 최선을 다하는 것이 중요하다.

비표본오차가 발생하는 대표적인 원인은 다음과 같다.

- 설문의 불명확성: 질문의 내용이 명확하지 못하거나 특정한 대답을 유도하는 듯한 설문은 매우 왜곡된 결과를 줄 수 있다.
- 조사원의 미숙: 조사원이 조사의 목적이나 내용에 대하여 잘못된 정보를 제공하거나 부실한 조사를 할 경우에는 오차가 심각하게 커질 수 있다.
- 무응답오차: 우편조사, 전화조사 등에서 회신을 거부하거나 응답을 거부하는 경우에 이들 무응답자는 특별한 경향을 가질 수도 있다. 따라서 이들을 전혀 고려하지 않을 경우에 오류가 커질 수 있다.
- 수집 및 분석 과정의 오류: 자료를 수집하는 과정에서 기록을 잘못하였거나, 컴퓨터에 입력하는 과정에서 오류가 발생하는 것도 오차의 원인이 된다.

- 명확한 표본설계의 잘못: 표본이 모집단을 대표할 수 없도록 설계되어 있는 경우에는 추정비율 등에 치우침(bias)이 발생하여 엉뚱한 결과를 초래하는 경우도 있다.

위와 같은 비표본오차가 발생하면 〈표 1〉에 명기된 표본오차에 비표본오차가 더해지므로 신뢰성이 떨어지는 매우 큰 오차가 발생할 수 있다. 이런 경우에는 여론조사 결과를 믿을 수 없게 된다. 동일한 문제에 대하여 동시에 실시된 두 개의 다른 여론조사에서 간혹 표본오차 이상의 차이가 발생하는 것은 이처럼 비표본오차가 끼어들기 때문이다.

엄청난 사교육비, 감소하고 있는가?

우리나라에서 초 · 중 · 고등학생이 있는 대부분의 가정에서는, 학원비 등의 사교육비가 가정에 엄청난 짐으로 작용하고 있다. 그 실태를 통계적으로 파악하기 위하여 2007년부터 매년 교육과학기술부(현 교육부)와 통계청이 공동으로 전국 1,012개의 초 · 중 · 고등학교 학부모 4만 4,000여 명을 대상으로 사교육비에 대한 서면조사를 실시하고 있다. 질문은 과목별로 어느 정도의 과외비를 쓰고 있는가를 물어보는 것이다.

교육과학기술부의 발표(2011년 2월 11일자 조선일보)에 의하면 2010년에 총 사교육비는 20조 8,718억 원으로, 2009년의 21조 6,259억 원보다 7,541억 원(3.5%)이 줄어들었고, 이에 교육과학기술부 장관의 "공교육 약화, 사교육 팽창의 순환을

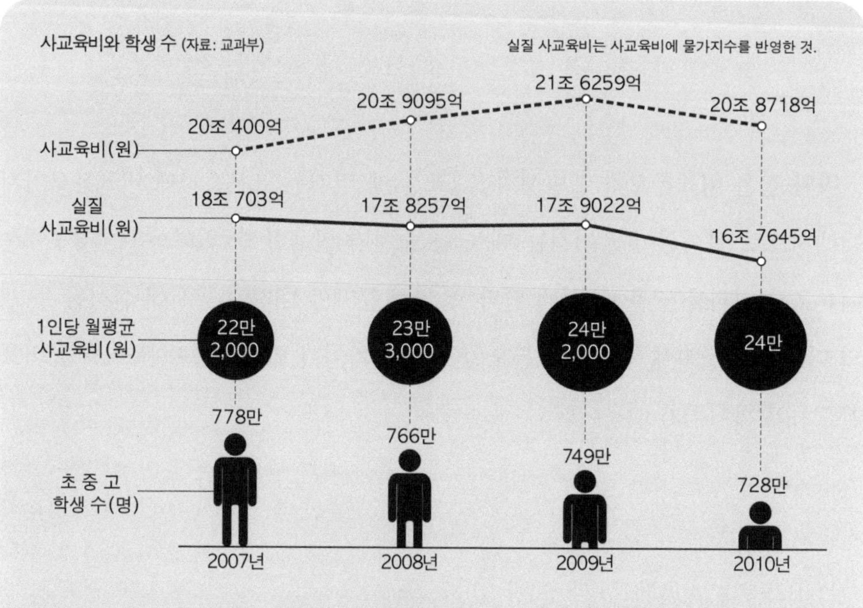

| **그림 5** 사교육비와 학생 수의 변화 추이

드디어 끊었습니다."라는 발표가 있었다. 그러면 정말로 사교육비가 줄어들고 있는 것인가? 여기에는 통계적으로 고찰할 때 큰 의문이 있다. 〈그림 5〉를 살펴보자.

초 · 중 · 고등학교 학생 수는 2009년의 749만 명에 비하여 2010년에는 728만 명으로 2.8% 줄었고, 따라서 1인당 월평균 사교육비는 24만 2,000원에서 24만 원으로 2,000원 줄어서 0.8% 감소에 지나지 않는다. 이는 통계적으로 볼 때 의미 있는 숫자가 아니다. 따라서 교육과학기술부 장관이 언급한 "공교육 약화, 사교육 팽창의 순환을 드디어 끊었습니다."라고 장담할 수는 없다. 좀 더 추세를 살펴보아야만 판단할 수 있을 것이다.

1인당 사교육비를 초·중·고별로 살펴보면, 초등학생의 경우 월평균 사교육비는 24만 5,200원(전년 24만 5,400원), 중학생의 경우 25만 5,000원(전년 26만 9,000원), 고등학생의 경우 26만 5,000원(전년 26만 9,000원)으로 학년이 올라갈수록 사교육비가 약간씩 증가하지만 전년에 비하여 큰 차이는 없다.

과목별로는 국어(월 2만 2,000원 → 2만 1,000원), 사회·과학(1만 6,000원 → 1만 4,000원)은 감소하고, 수학(6만 7,000원 → 6만 8,000원)은 약간 증가하였다. 영어는 전년과 동일하게 월 8만 원으로 사교육비 중에서 가장 큰 비중을 차지하였다.

사교육비 통계 기준을 살펴보면 방과 후 학교 수업비와 EBS 영어교재비를 제외하였기 때문에 이를 감안하면 사교육비는 거의 변화가 없을 것이란 분석이다. 지난해 수험생들은 'EBS·수능 연계 출제 방침'에 따라서 대부분의 학생들이 EBS 교재 30~40권을 구입한 것으로 추측되며, 이런 비용을 포함하면 사교육비가 아직 감소하고 있다고 판단하기에는 이르다.

중산층은 붕괴하고 있는가?

■ 중산층은 누구이며 얼마나 되는가?

최근 신문을 보면, 경제는 그런 대로 성장하는데 중산층은 해마다 감소하고 있다고 한다. 한나라당(현 새누리당)에는 '중산층을 두텁게'라는 구호가 있었고, 2011년 4월에 분당을 국회의원 보선에 출마한 손학규 민주당 대표는 '중산층 재건'이라는 구호로 젊은 층의 지지를 받아 당선되었다. 이러한 정치구호는 중산층이 얇아지고 있다는 반증이다. 1960년 이후 경제 부흥기를 거치면서 중산층이 꾸준히 증가하였던 한국은 이제 정치구호에서 보듯이 정말로 중산층이 점점 사라져가고 있을까?

경제협력개발기구(OECD)는 전체 가구를 소득 순으로 줄을 세웠을 때 한가운데 위치한 소득의 중앙값(median), 즉 '중위(中位) 소득'을 100%로 놓고, 이것의 50~150% 소득을 버는 가구를 중산층 가구라고 정의하고 있다. 소득이 50% 이하인 가구는 저소득층, 150% 이상인 가구는 고소득층이라고 부른다. 예를 들어 2009년도 우리나라의 모든 가구의 연 중위 소득은 2,664만 원(월 222만 원)이었다. 이의 50%는 1,332만 원, 150%는 3,996만 원이므로 월별 소득이 1,332만 원 미만이면 저소득층, 1,332~3,996만 원 사이에 있는 가구는 중산층 가구이고, 3,996만 원이 넘으면 고소득층 가구인 셈이다.

■ 중산층은 붕괴하고 있는가?

삼성경제연구소의 자료에 따르면 1993년 이후 중산층 가구의 비율이 줄어들고 있는 것으로 나타났다. 〈그림 6〉을 보면 전반적으로 감소하고 있는 경향이다. 특히 IMF 경제위기를 맞았던 1998~99년에 중산층 비율이 급격히 줄어들었고 그 후 안정세를 유지하고 있다가 2007년 이후 다시 감소하는 경향을 보이고 있다. 1993년에 65.2%에 달하던 중산층 비율은 2009년에 55.3%로 9.9% 포인트 감소하였다.

이러한 중산층의 감소 현상은 한국뿐 아니라 미국, 일본, 유럽과 같은 선진국에서도 공통적으로 나타나고 있다. '1억 총 중류사회'로 불리던 일본은 1990년대 '잃어버린 10년'을 거치면서 '격차사회 심화', '하류사회로의 전락'이라는 말이 유행하고 있다. 미국과 유럽은 제조업과 서비스업의 일자리가 중국이나 인도로 옮겨가면서 중산층이 줄어들고 있다.

통계에서는 OECD의 중산층 정의를 사용하고 있으나 빈부의 양극화 현상, 상·하위층 소득차 등을 분석할 때에는 다른 방법을 사용하기도 한다. 국민소득을 다섯 등급으로 나누고 하위 20%를 소득 하위층, 상위 20%를 소득 상위층으로 분류하여, 이 두 개 층을 비교하여 빈부의 양극화 현상을 설명한다. 1997년에 발발한 외환위기 이후 10여 년 동안은 '경제적 양극화' 시기였음이 통계로 확연히 드러난다.

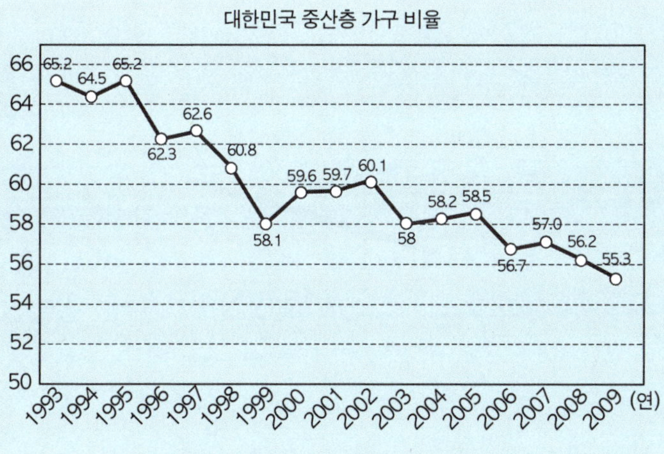

그림 6 우리나라 중산층 가구의 비율 추세

국세청 자료에 따르면 〈그림 7〉과 같이 2009년도 종합소득세 신고자 중 상위 20%의 소득자 1인당 평균 소득금액은 1999년 5,800만 원에서 2009년에 9,000만 원으로 10년 사이에 55.2% 늘었다. 같은 기간에 하위 20%의 1인당 평균 소득금액은 306만 원에서 199만 원으로 53.8% 줄었다. 이렇게 큰 차이가 나는 것은 상위 20% 속에는 극히 일부의 고소득자가 평균을 끌어 올리고 있고, 하위 20% 속에는 소득금액을 정확히 신고하지 않는 많은 자영업자가 속해 있기 때문이다.

이와 같은 양극화의 출발점은 외환위기가 주범으로 지목된다. 삼성경제연구소에 따르면 "외환위기 후 구조조정 광풍이 불면서 실직자가 대량 발생하였고, 이들은 대거 자영업으로 진출하였다. 이에 따라 경쟁이 심해지면서 중산층을 이루던 자영업자의 상당수가 저소득층으로 내려앉았다."라고 분석하고 있다.

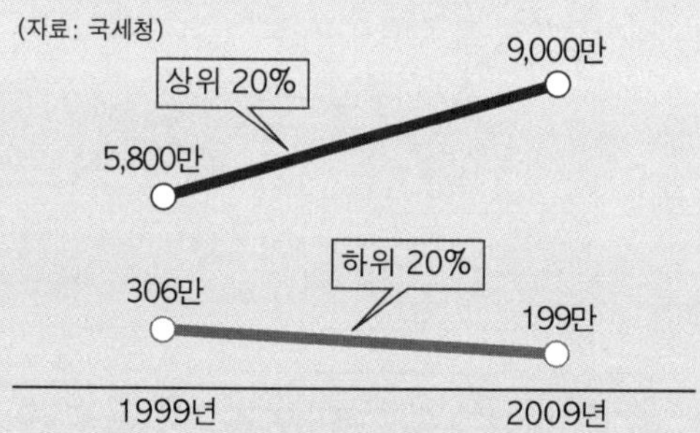

| **그림 7** 소득 상 · 하위 20% 연소득 비교 (국세청 신고기준, 단위: 원)

■ 중산층을 두텁게 하려면

중산층은 한 국가에서 사회적 안정의 구심점이 되는 계층이다. 중산층이 두터우면 사회적 통합의 가능성도 높아진다. 빈곤층으로 전락하는 중산층이 늘어날수록 계측 간 갈등과 사회 불안의 위험성이 커지고 포퓰리즘(populism, 인기영합주의)의 온상이 된다. 중산층을 되살리는 근본적이고도 장기적인 해법은 경제성장이다. 기존 수출주도형 성장 모델과 함께 내수형 성장 모델의 병행 발전이 중요하다.

한국의 평균 임금은 이미 선진국 수준에 육박하고 있다. 중산층을 두텁게 하려면 부가가치가 높은 신규 일자리 창출이 급선무이다. 제조업보다 국제 경쟁력이 현저히 낮은 서비스업(의료, 교육, 법률, 관광, 물류 등)의 규제 완화와 신규 진입 장벽 철폐 등은 질 좋은 일자리를 만들어 내는 지름길이다. 고부가가치 서비스업을 육성하여 신규 일자리를 많이 만들면 중산층을 두텁게 하는 지름길이 될 것이다.

■ '중산층'에 관한 국민의식과 국가정책 방향

2009년도 기준에 의하면 연간 소득이 4,000만 원 이상이면 고소득층 가구로 분류된다. 그러나 중산층에 관한 국민의식은 이와 많이 다르다. 2010년에 동아시아연구원이 실시한 의식조사 결과에 따르면 우리 국민은 연간 수입 6,400만 원, 금융자산은 3억 9,000만 원, 부동산은 6억 6,000만 원, 자동차는 2,300cc 정도 되어야 중산층이라고 생각하는 것으로 나타났다. 이와 같이 우리 국민은 기대치가 매우 높으며 고소득층이 되고자 하는 열망이 매우 크다는 것을 알 수 있다.

결국 상류층으로 편입되고 싶어 하는 대한민국 중산층을 위해서는 유럽형 복지경제가 아니라, 경제가 성장하고 양질의 일자리가 늘어나는 자유주의 시장경제가 답이라고 할 수 있다. 1인당 국민소득이 2만 달러를 넘어, 3만 달러로, 5만 달러로 가는 방법밖에는 없는 것이다.

그러나 경제성장을 이루면서도 국가정책으로서 유의하여야 할 사항은 OECD 기준 중산층 가구의 비율을 높게 유지하도록 하여야 하고, 소득 상 · 하위 20% 연소득 비교에서 양극화가 벌어지지 않고 차츰 줄어들도록 노력하여야 한다는 것이다. 우리나라가 명실공히 선진국으로 진입하면서도 중산층이 두터워져 국민이 다 함께 행복한 나라로 발전하여 나가기를 희망하여 본다.

scientific technology

개발도상국을 돕는 적정 기술

최항순 (서울대학교 조선해양공학과 명예교수)

21세기 인류 공통의 쟁점이 되고 있는 기후 변화, 에너지, 환경보존에 관한 문제를 해결하여 지속가능한 발전을 이루고, 인류 공영을 위하여 소외된 계층의 복지문제를 효율적으로 해결하는 새로운 방법으로 적정 기술(Appropriate Technology)에 대한 관심이 높아지고 있다.

이 글에서는 적정 기술이 무엇인지 적정 기술에 대한 정의를 살펴보고, 이러한 개념이 어떻게 시작되어 발전되어 왔는지 그 경과를 간단히 살펴보고자 한다. 또한 해외원조를 제공하게 된 우리나라가 개발도상국을 진정으로 도와주는 방법으로 적정 기술이 부각된 배경을 살펴본다. 마지막으로 적정 기술의 실제 예로 첨단의 태양전기판을 이용하여 고효율의 전기 공급 시스템과 우리 고유의 온돌을 개량하여 네팔의 오지에 제공한 경우를 간단히 소개한다.

적정 기술이란?

21세기에 들어와 적정 기술에 대한 관심이 다시 높아지고 있다. 위키피디아에는 적정 기술이 다음과 같이 설명되어 있다.

"적정 기술은 한 공동체의 문화적 · 정치적 · 환경적인 면들을 고려하여 만들어진 기술을 말한다. 적정 기술을 지지하는 사람들은 대세를 이루는 기술보다 적정 기술이 더 적은 자원을 사용하며, 유지하기도 더 쉽고, 환경에 더 적은 영향을 미친다고 주장한다. 적정 기술이라는 단어는 개발도상국들, 또는 이미 산업화된 국가들의 소외된 교외 지역에 알맞은 단순한 기술을 의미하는데, 보통 이 단어가 이용되는 기술들은 대부분 자본집약적 기술이라기보다는 노동집약적 기술이다. 실제로 적정 기술은 특정한 지역에서 효율적으로 원하는 결과를 얻을 수 있게 하는 가장 단순한 수준의 기술을 말한다."

이 설명은 적정 기술에 대한 다양한 견해를 모두 담지는 않았지만 적정 기술을 잘 설명하고 있다.

우리나라 기업이 적정 기술로 개발한 제품 두 가지를 살펴보면 적정 기술을 더욱 쉽게 이해할 수 있다. 오래전에 이 분야에 진입한 국제구호개발 NGO 굿네이버스가 몽골의 효율적인 열난방을 위하여 개발한 G-saver(지세이버)는 게르에서 사용하는 난로 위에 부착하여 사용하는 축열기로, 열효율을 높여 연료사용량의 40% 이상을 줄였다. 또한 유해가스를 발생시키는 난방연료인 유연탄 사용을 줄여 대기오염을 감소시켰으며, 간편하게 청소할 수 있는 등 유지 관리가 편리

그림 1 굿네이버스가 몽골의 효율적인 열난방을 위하여 개발한 G-saver (자료: 굿네이버스 제공)

그림 2 그린엔텍이 개발한 정수기

하여 현지인의 생활특성에 알맞게 개발되었다. 또한 그린엔텍이 개발한 정수기는 태양광으로 동력을 얻어 식수를 생산하는 소형 기구인데, 크기는 작지만 하루에 400리터를 생산하여 100명에게 식수를 제공한다. 특히 물의 특성에 맞는 필터를 선택할 수 있어 여러 지역에서 적용할 수 있다는 장점을 지니고 있다.

적정 기술의 발상과 개념 정립

적정 기술을 처음 생각해 낸 사람은 인도의 독립운동가 간디로 알려져 있다. 그는 영국의 방직기가 인도에 도입되어 직물이 대량 생산되면서 인도의 전통 섬유산업이 붕괴되고, 이에 따라 지역 경제가 황폐해지는 모습을 보면서 독립운동

그림 3 인도 전통의 물레로 짠 직물로 옷을 만드는 간디의 모습

의 일환으로 '차크라'라고 불리는 인도의 전통 직물기기인 수동식 물레를 돌려 직물을 짜고, 이 직물로 직접 옷을 만들어 입는 운동을 펼쳐 인도의 섬유산업을 보호하고자 하였다.

그는 인도에 도입된 서양의 대량 생산 체제로부터 혜택을 받는 사람은 소수에 불과하고, 오히려 이로 인하여 실업 상태에 빠지는 사람이 훨씬 많다고 주장하였다. 그는 이에 따라 대량 생산 방식은 인도의 발전은커녕 인도의 빈곤을 영속화시킨다고 그 병폐를 지적하였다. 이러한 배경에서 그는 "세계의 빈곤은 대량 생산 기술이 아니라 대중에 의한 생산 방식으로 해결할 수 있다."라는 유명한 말을 남겼다.

이러한 간디의 사상에 영향을 받은 영국의 경제학자 슈마허(Ernst Friedrich

Schumacher)는 적정 기술이라는 개념을 처음 도입하고 이를 학문적으로 정립하였다. 슈마허는 당대의 저명한 경제학자로 케인즈(John Maynard Keynes)와 함께 오랫동안 영국 재무성을 위해 일하였다. 그러던 중 1955년에는 유엔사절단의 일원으로 지금의 미얀마를 방문하여 당시 수상이었던 우누(U Nu)의 부탁으로 버마의 경제상황을 연구하기 시작하였다. 이 과정에서 그는 간디의 철학을 접하게 되었고, 이를 통하여 제3 세계의 빈곤 문제를 새롭게 인식하게 되었다. 그는 연구를 통해 서양의 경제학은 제3 세계의 빈곤문제를 해결할 수 없으며, 이 문제는 경제에 국한된 것이 아니라 결국은 인간의 문제로 접근해야 한다고 주장하였다. 그리고 이 문제는 서양에서 통하는 보편적 해법이 아닌 현지 상황에 맞는 특화된 해법으로 접근해야 한다고 결론을 내렸다. 그가 찾아낸 해법의 핵심이 소위 말하는 중간 기술(Intermediate Technology)이다. 이 기술은 해당 지역의 인력, 자본, 에너지 등 현지의 자원을 활용하여 그 지역의 역사와 문화 그리고 전통과 조화를 이루면서 그 지역의 필요를 충족시키는 기술을 뜻한다. 즉 앞에서 소개한 것과 같이 간디가 인도의 전통 직물기로 섬유를 짜내어 옷을 만드는 운동이 대표적인 사례라고 할 수 있다. 그는 1973년에 펴낸 『작은 것이 아름답다』라는 책에서 근대 산업사회의 근간을 이루는 대량 생산 기술은 자원을 낭비하고, 생태계를 파괴하며, 인본주의에 어긋나기 때문에 지식과 경험을 잘 활용하여 생태계의 법칙에 순응하며 자원을 낭비하지 않는 중간 기술이 필요하다고 주장하였다.

마침 서구 사회는 제1차 중동 전쟁이 발발하면서 중동의 산유국이 석유 공급을 정치적 수단으로 활용하면서 발생한 오일쇼크로 경제는 물론 일상생활에까지 심각한 불편을 야기하는 위기 상황에 빠져 있었다. 이를 계기로 서구 사회에서는 에너지 문제가 중요한 사회적, 국가적 이슈로 부각되었고, 이를 해결할 수 있는 새로운 방법을 모색하게 되었다. 이러한 분위기에서 적정 기술이 하나의 대안으로 받아들여져 이에 대한 관심이 높아졌다. 슈마허는 자신의 생각과 뜻을 함께하는 사람들을 모아 중간 기술 개발 그룹을 결성하여 잘 알려진 '중간 기술 운동(Intermediate Technology Development Group)'을 펼치기 시작하였다. 이 과정에서 중간 기술이란 용어가 명확한 이미지 전달에 어려움이 있으며, 특히 새로이 떠오르는 첨단기술에 비하여 뒤처진 기술로 비하되는 경우가 있다는 지적에 따라 적정 기술이란 새로운 이름을 붙이게 되었고, 그 후 이에 대한 의미가 더욱 확대 발전되었다.

지속가능한 발전에 부합하는 적정 기술

21세기를 바라보면서 유엔의 리우 선언이나 교토의정서 등을 통하여 지구 환경 보존이 중요한 글로벌 이슈로 떠오르게 되었음은 주지의 사실이다. 즉 제한된 자원과 우리가 살아가는 환경은 우리 세대만 사용하는 것이 아니라 우리를 이어 다음 세대, 그리고 그 다음 세대도 사용할 수 있어야 한다는 개념에서 '지속가능한 발전' 이란 새로운 모티브가 강하게 등장하였다. 이를 구현할 수 있는 하나의 방안으로 적정 기술이 힘을 받게 되었다. 이러한 사회적 분위기 속에서 앞에서 소개한 '중간 기술 운동'이 추동력을 얻게 되었는데, 이러한 움직임은 시간이 흐름에 따라 이름을 바꾸기도 하고, 새로운 형태로 나타나기도 하였다.

'Practical Action' 및 'Engineers Without Borders', 'KidStart' 등 여러 NGO 단체들이 활발한 사회 운동을 펼쳤으며, 2000년대 들어서는 민간 영역을 넘어 국제기구로까지 그 활동 영역이 넓혀졌다. UN은 200년에 2015년까지 달성해야 할 원조 목표를 담은 Millennium Development Goals을 발표하였고, 미국은 적정기술센터(National Center for Appropriate Technology)를 세워 정부 차원의 연구를 본격적으로 수행하기 시작하였다.

그러나 시간이 지나도 적정 기술 운동이 뚜렷한 성과를 보이지 못하자 점차 시들해지기 시작하였다. 적정 기술이 대량 생산 기술에 비하여 별다른 장점이 없을 뿐만 아니라 자원 소비의 관점에서도 결코 효율적이지 않다는 점이 지적되었다. 또한 제3 세계의 빈곤 문제를 해결하지 못할 뿐만 아니라 대량 생산법에 비하여 경제적으로도 비효율적이란 점이 지적되었다. 심지어는 제3 세계를 빈곤에 가두기 위한 음모라는 주장까지 대두되었다. 이와 같이 적정 기술은 한동안 경제적, 사회적으로 파급 효과가 컸으나 실질을 숭상하는 과학기술계에서는 처음부터 그 영향이 제한적이었다. 특히 이 시기에 새로이 등장한 IT 및 인터넷 기술이 급속도로 발전하면서 적정 기술은 끝내 대중의 관심 밖으로 밀려나게 되었다.

그러나 21세기에 들어와 인류 공동의 글로벌 화두로 기후 변화, 대체에너지, 환경보존이 부각되면서 지속가능한 발전이 강조되었다. 이에 덧붙여 인류 공존의 차원에서 소외된 계층에 대한 따뜻한 보살핌이 소중한 가치로 대두되면서 소위 말하는 '사람의 얼굴을 지닌' 적정 기술에 다시 관심이 모아지기 시작하였다. 한 국가 내에서뿐만 아니라 전 인류가 인류 공영의 차원에서 저개발국의 모든 소외된 계층에 대한 복지를 함께 고민해야 한다는 주장도 힘을 얻고 있다.

이렇게 복지가 보편화되면서 이를 위한 막대한 비용 조달이 문제로 떠오르게 되었다. 따라서 복지를 시행하는 효율적인 방안을 찾게 되었고, 이를 해결하는 하나의 방안으로 적정 기술이 다시 관심을 끌게 되었다. 또한 현대사회의 특징 중 하나로 손꼽히는 '다품종 소량 생산'을 위하여 종전의 대량 생산 방식이 아닌 적정 기술을 이용한 새로운 방식을 찾아야 한다는 '역행혁신(reverse innovation)' 이란 개념도 제시되었다. 즉 사회 저층이나 저개발국을 돕는 적정 기술에서 도출된 결과물을 활용하여 글로벌 시장에 진출할 수 있다는 내용이다. 대표적인 예로 GE China가 중국 현지에 적합하게 개발하여 중국의 보건소에 판매한 염가형 초음파진단기를 선진국의 의료시장에 출품한 경우를 들 수 있다.

우리의 해외 원조에 적정 기술을 활용하자

적정 기술은 우리나라에서 더욱 주목을 받게 되었는데, 그 배경에는 앞에서 설명한 복지론에 대한 논쟁과 함께 개발도상국에 대한 해외 원조가 중요한 국가적 이슈로 떠올랐기 때문이다. 우리나라는 오랫동안 선진국의 해외 원조를 받아오다 지난 반세기 동안 급속한 경제성장에 힘입어 2009년에는 OECD DAC 회원국이 되어 해외 원조 공여국이 되었다. 우리나라는 전후 해외 원조 수혜국에서 공여국으로 바뀐 유일한 나라로, 여러 개발도상국이 우리나라의 경제 발전에 남다른 관심을 보이고 있다. 우리나라의 해외 원조는 지금까지 국민총소득 GNI

의 0.12%에 불과하여 OECD국의 평균치인 0.28%에 미치지 못하고 있다. 특히 OECD가 권장하는 GNI 0.7%에는 한참 미치지 못하고 있다. 이에 따라 정부는 우선 2015년까지 해외 원조액을 GNI 대비 0.25%까지 인상하기로 하였다. 그리고 이렇게 늘어나는 해외 지원금을 어떻게 효율적으로 사용할 것인가를 논의하는 과정에서 자연스럽게 적정 기술에 관심이 모이게 되었다. 앞에서 설명한 것과 같이 많은 개발도상국은 우리나라가 과학기술에 기반하여 이룩한 경제성장에 깊은 관심을 보여 우리로부터 과학기술 분야의 지원을 원하고 있는 것으로 조사되있다. 한농안 세계에서 가장 많은 해외 원조를 제공한 일본은 대부분의 해외 원조 자금을 저개발국의 인프라 구축에 쏟아 부으면서 실제로는 자국의 기업이 해당국에 진출하여 지원금의 상당 부분을 다시 환수하는 정책을 펼쳐 왔다. 그 결과 수혜국의 반발이 심해 OECD에서는 최빈국을 지원할 때에는 이러한 구속력을 지닌 원조를 금한다는 결의를 하기에 이르렀다. 우리 정부는 이러한 예를 반면교사로 삼아 진실된 마음으로 다가가는 자세를 기본 방침으로 천명한 바 있다. 따라서 개발도상국이 가장 원하는 과학기술혁신 프로그램을 제공하는 하나의 방식으로 적정 기술의 활용을 생각하게 된다.

적정 기술의 미래는 젊은이의 열정에 달렸다

적정 기술은 성격상 대량 생산 체제의 경우처럼 일정한 패턴이 존재하지 않고, 적용 대상 지역의 특수성이 적절하게 반영되어야 한다. 앞에서 예로 든 난방

보조기는 몽골을 특정 대상지로 택하였으며, 정수기는 저개발국의 수자원 특성에 따른 필터를 선택하도록 설계되었다. 즉 적용 대상 지역의 사람과 자원 그리고 전통적으로 전해오는 기술에 기반하여 현지인이 필요로 하는 제품을 효율적으로 생산하는 기술을 개발한 것이다.

이러한 적정 기술을 개발하기 위해서 젊은 학생들에게 지구적 상황을 인식하고 필요한 적정 기술을 개발하려는 의지를 심어 주어야 한다. 이러한 취지에서 외국의 대학에서는 교과목에 적정 기술을 포함시키거나 관련 전문 연구센터를 설치하기도 하였다. 예를 들어 미국의 MIT에서 개설한 D-Lab 교과목에서는 교수가 학생과 함께 제3 세계의 대상국을 직접 방문하여 현지에서 필요한 기술을 연구한 다음 적합한 제품을 개발하고 제작하여 설치함으로써 현지에서 매우 높은 평가를 받았다.

국내에서도 적정 기술에 관한 활동이 꾸준히 전개되고 있는데, 예를 들면 서울대학교 기계항공공학부의 안성훈 교수는 몇 년 전부터 '소외된 사람들을 위한 제품 개발'에 관한 교과목을 운영하고 있다. 안 교수는 2011년 8월 학생들과 함께 네팔의 수도 카트만두에서 북쪽으로 120킬로미터 떨어진 라마호텔이란 마을에 처음으로 전깃불을 선사하였다. 이 마을은 랑탕국립공원 내 해발 2,478미터 고지에 위치한 오지로 히말라야 등반과 트래킹을 위하여 외국 관광객이 매년 1만여 명이나 다녀가는 곳이지만 문명의 혜택과는 거리가 먼 곳이다. 안 교수는 자신의 네팔 출신 박사 과정에 있는 학생으로부터 네팔에 전기가 들어오지 않는 곳이 많다는 이야기를 듣고 네팔 현지에 적합한 시스템으로 전기를 공급하기로 결정하였다. 그는 자신의 생각에 공감한 학부생 및 대학원생들과 팀을 결성하고 네팔 유학생과 카트만두 대학의 도움을 받아 우선 대상지로 라마호텔을 선택하였다. 이 마을은 국립공원 지역 안에 위치하고 있어 개발이 제한된 곳으로 앞으로 10년 안에는 전기가 들어오지 않을 것으로 예상되는 지역이다. 안 교수팀은 이 마을이 처한 상황을 세밀하게 분석한 다음 첨단 태양전지 패널로부터 전력원을 공급받고, 소비는 전력이 적게 드는 LED 전구를 이용하는 시스템을 구성하였다.

필요 예산은 4,500만 원으로 추정되는데, 한국연구재단의 개도국지원 과제 예산과 이 활동에 공감하는 동료 교수들의 쾌척으로 대부분을 지원하였고, 부족한 부분은 안 교수와 참여한 학생들이 자체적으로 충당하였다. 안 교수는 "2킬로와트의 전기로 한국에서는 히터 2개밖에 켜지 못하지만 네팔에서는 1년에 1만 명의 밤을 밝혀 줄 수 있다."라고 이번 봉사활동의 의미를 설명하였다.

그림 4 네팔의 라마호텔 마을의 전기공급 기념식

안 교수는 이에 그치지 않고 2012학년도 1학기 수업이 끝날 즈음에는 '소외된 사람들을 위한 제품 개발' 수업을 통해 부과한 제품개발에 대한 최종 발표회를 열었다. 네팔, 몽골, 베트남 등 외국 학생을 포함한 30여 명의 수강생들은 특정 지역을 대상으로 개발한 여러 가지 흥미로운 제품들을 선보였다. 그중에서 특기할 만한 것은 네팔의 고산 지역에 알맞게 개량한 우리의 온돌식 난방이었다. 이 프로젝트에 참가한 학생은 지난 2월 솔라봉사단으로 네팔에 갔을 때 난방 장치가 없어 추운 겨울에 고생하는 현지민을 보고 아이디어를 얻었다고 한다. 우선 간단히 설치할 수 있는 고구려식 쪽구를 기본 모델로 택하고 공기 통로인 고레 모델 몇 가지를 만들어 강원도 평창에서 모델을 설치한 다음 열화상 카메라로 온도 분포를 측정하여 그중에서 가장 효율이 좋은 온돌을 최종적으로 선정한 것이다.

그림 5 2013년 네팔의 50여 가구에 설치된 고구려식 온돌

서울대학교 공과대학은 이러한 교수 및 학생들의 활동을 지원하고 권장하기 위하여 2011년에 '공헌'이란 이름의 사회봉사 센터를 설치하였다. 이렇게 함으로써 공과대학생들이 배운 이론을 응용하여 '따뜻한' 기술을 개발하고 주위에 나누어 줌으로써 봉사의 참의미를 깨닫게 될 것으

로 예상된다. 이 센터의 활동은 국내에 머물지 않고 국외로 활동 무대를 넓혀 위에서 소개한 네팔의 오지에 전기를 공급하고, 인도네시아, 베트남 등 아시아의 오지에 빗물을 모아 식수로 사용하는 정화 장치를 설치하는 등 아시아의 소외된 이웃이 현대문명의 혜택을 보도록 지원하고 있다.

이는 한 가지 예에 불과하고 국내의 여러 대학에서도 이와 유사한 활동을 펼치고 있다. 또한 앞에서 소개한 것과 같은 여러 적정 기술 제품들이 만들어지고 있는데, 이러한 적정 기술은 완전히 새로운 것은 아니며, 비교적 긴 역사를 지닌 개념으로 몇 번의 기복을 거쳐 지금에 이르고 있다. 이러한 적정 기술이 21세기를 맞아 글로벌 이슈인 기후 변화, 에너지, 지구 환경 보존과 보편적 복지에 '사람의 얼굴'을 지니면서 얼마나 큰 공헌을 할지 주목된다.

찾아보기

ㅇ

100세 건강의 길잡이 유전체 정보

- A. Daly, et al, HLA-B*5701 genotype is a major determinant of drug-induced liver injury due to flucloxacillin. *Nature Genetics* 41, 816-19, 2009.
- A. Shuldiner, et al., Association of Cytochrome P450 2C19 genotype with the antiplatelet effect and clinical efficacy of clopidogrel therapy. *Journal of the American Medical Association* 302, 849-57, 2009.
- D. Ge, et al., Genetic Variation in IL28B predicts Hepatitis C treatment-induced viral clearance. *Nature* 461, 399-401, 2009.
- G. Cooper, et al., A genome-wide scan for common genetic variants with a large influence on warfarin maintenance dose. Blood 112, 1022-27, 2008.
- In Treatment for Leukemia, Glimpses of the Future. *New York Times*, July 7, 2012.
- One In A Billion: A boy's life, a medical mystery. *Journal Sentinel Online*, Dec. 18, 2010.
- R. Klein, et al., Complement Factor H polymorphism in age-related macula degeneration. *Science* 308, 385-89, 2005.
- The International Human Genome Sequencing Consortium, Finishing the euchromatic sequence of the human genome. *Nature* 431, 931-945, 2004.
- The ENCODE Project Consortium, An integrated encyclopedia of DNA elements in the human genome. *Nature* 489, 57-74, 11247, 2012.

- The SEARCH Collaborative Group, SLCO1B1 variants and statin-induced myopathy-a genomewide study. *New England Journal of Medicine* 359, 789-99, 2008.

건강한 식생활을 보장하는 과학기술

- 김현주, 김용수, 정명섭, 오덕환, 박경진, 전향숙, 하상도. 신기술 이용 식중독균 신속검출법 개발 동향 분석. J. Fd Hyg. Safety. 25: 376~387, 2010.
- 서울대학교 식품위생학실. 생각이 필요한 식품위생학. 수학사. 2012.
- 이진만. 식품산업의 가공기술현황과 전망. Bioin Webzine 2008-01-04http://www.bioin.or.kr/mng/NewsLetterView.do?num=164000, 2008.
- 이형주, 장해동, 이기원, 이홍진, 강남주. 기능성식품학. 수학사. 2011.

우리에게 따뜻한 의복을 제공하는 정밀 · 석유화학 기술

- 중소기업청, 화학공정 산업 로드맵 2012.
- 한국섬유공학회(편), "최신합성섬유", 형설출판사, 2001.
- 한국섬유화학공업협회 자료

스마트 혁명으로 진화하는 IT 서비스

- The Smart Grid: An Introduction by US DOE

행복한 삶에 기여하는 LED 기술

- 의료/환경용 LED 기술동향, 정보통신연구진흥원, 2010.12.
- 자동차 LED 조명 선택에서 필수로, Electronic science, 2012.07.
- LED를 기반으로 하는 광-의료기기 융복합 산업기술 및 시장 동향, 한국광산업진흥회, 2012.01.
- LED 조명과 소비자 가치, LG경제연구소, 2011.08.

아름다운 지구를 우리 후손에게

- 김경렬, 노벨상과 함께하는 지구환경의 이해 개정판(한국과학기술한림원 '석학, 과학기술을 말하다' 시리즈 2권), 자유아카데미, 2008.
- 크루첸, 그레델 저, 김경렬 이강웅 공역, 기후변동: 21세기 지구의 미래를 예측한다, 사이언스북스, 1999.

에너지 고갈을 극복하는 대체에너지 개발

- 국가에너지통계종합정보시스템, 에너지경제연구원, 2013.
- 신재생에너지센터, http://www.energy.or.kr/knrec/index.asp
- 한국수력원자력, http://www.khnp.co.kr
- 한국에너지기술연구원, http://www.kier.re.kr
- 2차 국가에너지기본계획 권고안, 국가에너지기본계획 민간워킹크룹, 2013.
- 2010년신재생에너지보급통계, 에너지관리공단 신재생에너지센터, 2011.
- Annual Energy Outlook 2012, US, EIA
- Annual Market Update 2010, Global Wind Energy Council(GWEC)
- World Energy Outlook 2011, EIA

국민의 삶을 편안하게 하는 환경산업기술

- 김명자, 「동서양의 과학전통과 환경운동」, 동아출판사, 1997.
- 월드워치연구소, 지구환경보고서 2004, p.10-11, 2004. 2.
- 주 케냐 대사관, 정종선 과장, 「리우 이후 20년간 지구환경 변화」
- Campbell-Lendrum, D, Saving lives while saving the planet: protecting health from climate change. Background paper prepared for World Economic and Social Survey, 2009.
- OECD, 「OECD Environmental Outlook to 2050. The Consequences of Inaction -

Summary in Korean」, 2012.
- Organization for Economic Cooperation and Development and Food and Agriculture Organization of the United Nations, OECD-FAO Agricultural Outlook 2010-2019. Paris: OCED; Rome: FAO, 2010.
- UN. World Population Prospects 2010. United Nations, 2011.
- UN/DESA, based on data from the Centre for Research on the Epidemiology of Disasters (CRED) International Disaster Database (EM-DAT), Universite catholique de Louvain, Brussels, (2009). Available from www.emdat.net.
- WWF, Living Planet Report 2010: Biodiversity, biocapacity and development. World Wildlife Fund, Gland, 2010.

국민의 마음을 즉각 반영하는 통계조사

- 김우철 외 9인, 통계학 개론, 제4개정판, 영지문화사, 2000.
- 박성현, 통계의 매력, 한국과학기술한림원 『석학, 과학기술을 말하다』 시리즈 13편, 자유아카데미 출판사, 2011
- 송문섭, 조신섭, Excel에 기초한 통계학 입문, 제 3판, 자유아카데미, 2010.

개발도상국을 돕는 적정 기술

- 슈마허, 작은 것이 아름답다, 이상호역, 문예출판사, 2001.
- 이길용, 네팔 전공봉사를 다녀와서(네팔-솔라 봉사단), 서울공대 권84, 2011 겨울.
- 허성용.하영란 등 역, 소외된 90%를 위한 디자인, 에딧더월드, 2011.
- Hazeltine, B and Bull, C Appropriate Technology, Academic Press, New York, 1999.
- http://ko.wikipedia.org/ 적정기술